JN131443

*Dr. Noda*の
宇宙料理店

野田学
Noda Manabu

プレアデス出版

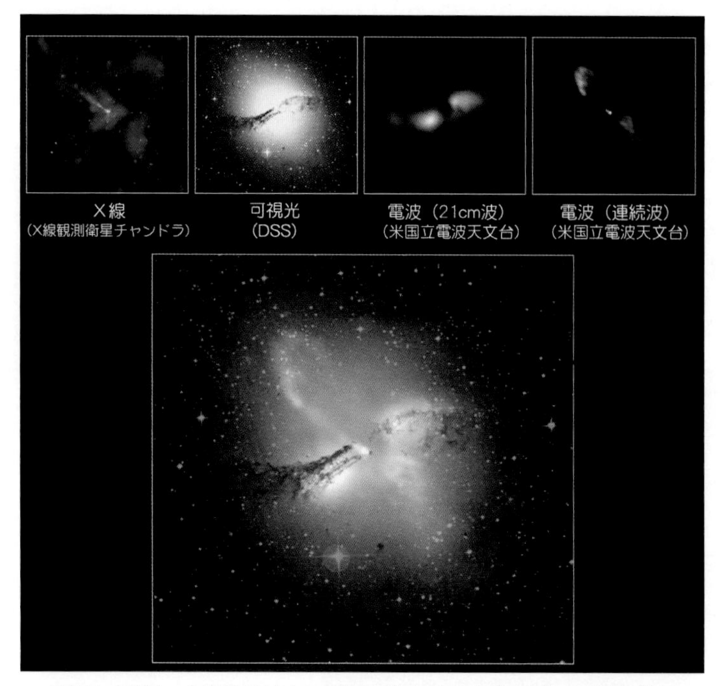

■カラー口絵1　多波長で見たケンタウルス座A。左から順にX線、可視光、波長21cmの電波、電波の連続波。それぞれの色は擬似的につけられたものであり、実際にこのようにカラフルに見えるわけではない。色分けをして重ねることで、場所によって成分が違うことやお互いの関係などがわかる。
(X線:NASA/CXC/M.Karovska et al. 可視光:Digitized Sky Survey U.K.Schmidt Image/STScI 電波(21cm線):NRAO/VLA/J.Van Gorkom/Schminovich et al. 電波(連続波):NRAO/VLA/J.Condon et al.)

■カラー口絵2　ハッブル宇宙望遠鏡で撮影されたケンタウルスAの中心部と近赤外線による四角内の拡大画像(右下)(E.J.Schreier (STScI), NASA and NOAO)

■カラー口絵3　可視光と赤外線の違い。可視光では、黒い袋の中は見えないが、熱い(あたたかい)モノからは赤外線が出ているので、赤外線で観測すると、袋の中の腕の様子がわかる(NASA/IPAC)

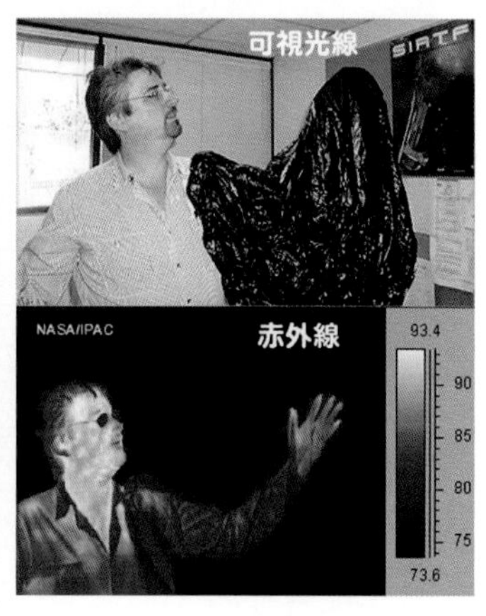

■カラー口絵4　11月4日にハンガリーで撮影されたホームズ彗星。コマは露出オーバーになっているが、淡いイオンの尾が右側に広がって見えている。(Ivan Eder)

■カラー口絵6　名古屋市科学館屋上の80cm望遠鏡で撮影したアルビレオ。色が分かりやすいようにピントを少しずらして星像を大きくしている。Canon EOS 5D 1/6秒露出。

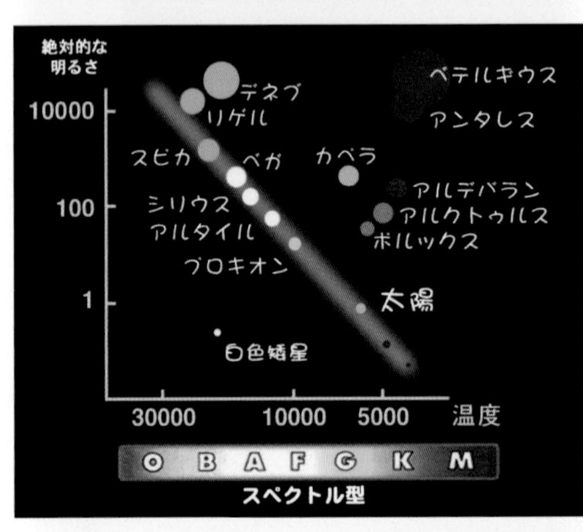

■カラー口絵5　横軸にスペクトル型（星の温度）、縦軸に距離に関係しない絶対的な明るさをとると、多くの恒星は左上から右下のライン上に並ぶ。これが主系列星で、この図はヘルツシュプルング・ラッセル図（略してHR図）と呼ばれる。左下は白色矮星、右上は赤色巨星で、冬の明るく赤っぽい一等星たちは赤色巨星である。（名古屋市科学館）

■カラー口絵7

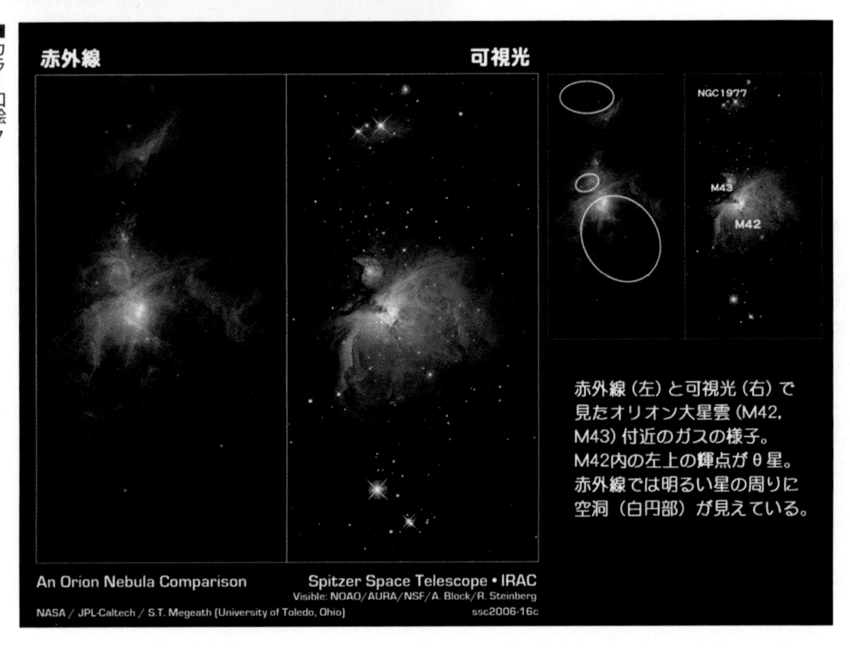

赤外線（左）と可視光（右）で見たオリオン大星雲（M42, M43）付近のガスの様子。M42内の左上の輝点がθ星。赤外線では明るい星の周りに空洞（白円部）が見えている。

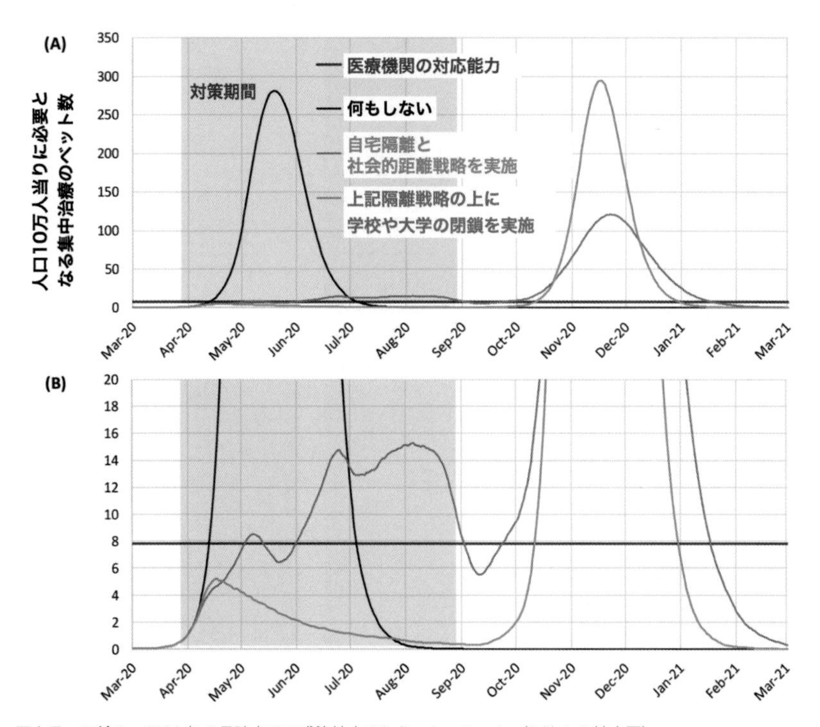

■カラー口絵 8　2020 年 3 月時点での感染拡大のシミュレーション（B は A の拡大図）
何もしなければ（黒線）早期に患者数が極端に増加し、医療機関の対応能力を超え医療崩壊に至る。多くの人が感染した後自然に収まっていき、その免疫が続く限り第 2 波はやってこない。感染を抑制する対策をした場合（オレンジと緑線）は、第 1 波の感染者は減り、対策が強いほど感染は広がらない。しかし、対策を解いてしまうと遠からず（このシミュレーションでは数ヶ月後）第 2 波がやってくる。第 1 波での感染者が少ないほど免疫保持者が少ないので、第 2 波の感染はひどくなる。赤線をひどく超えないためには、ワクチンが開発されるまで「対策」と「緩和」を幾度となく繰り返ことになる。
（英国インペリアルカレッジ・ロンドン COVID19 対策チームの論文 DOI：https://doi.org/10.25561/77482 より）

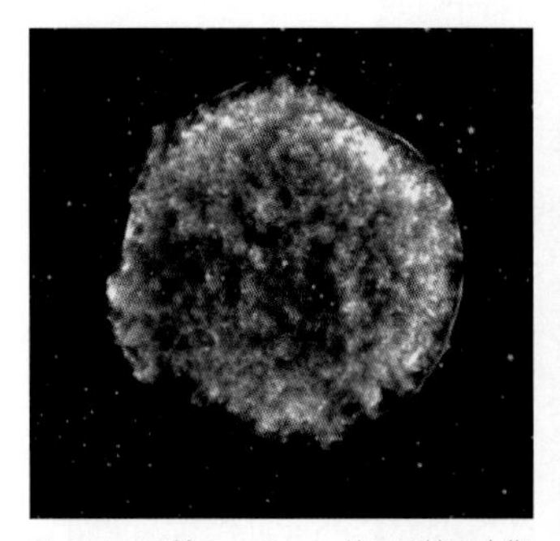

■カラー口絵 9　チャンドラ X 線天文衛星によるティコの超新星残骸。広がっている高温ガスは、温度が高くなるにつれて、赤、黄、青緑、濃紺、紫に色付けされており（紫色は 6,000 万度！）、可視画像と合成されている。（X 線：NASA/CXC/RIKEN & GSFC/T. Sato et al 可視光：DSS）

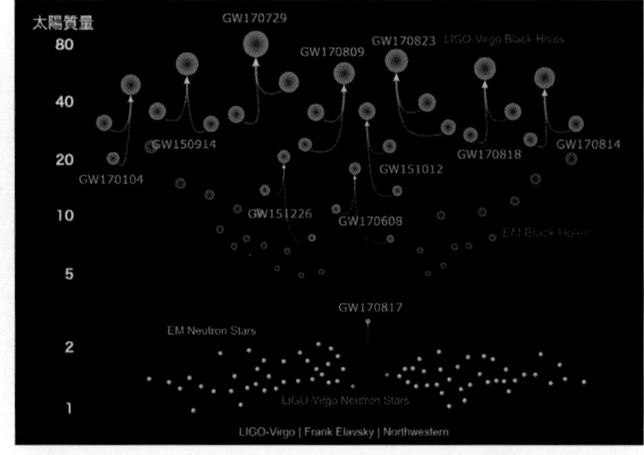

■カラー口絵 10　LIGO の第 1 期、第 2 期の観測で得られたブラックホールと中性子星の質量分布。縦軸が質量で横軸は特に意味はない。重力波ではなく、X 線などの電磁波によって測定されたブラックホールは紫、中性子星は黄色で表されている。（LIGO、O1/O2 カタログの図より）

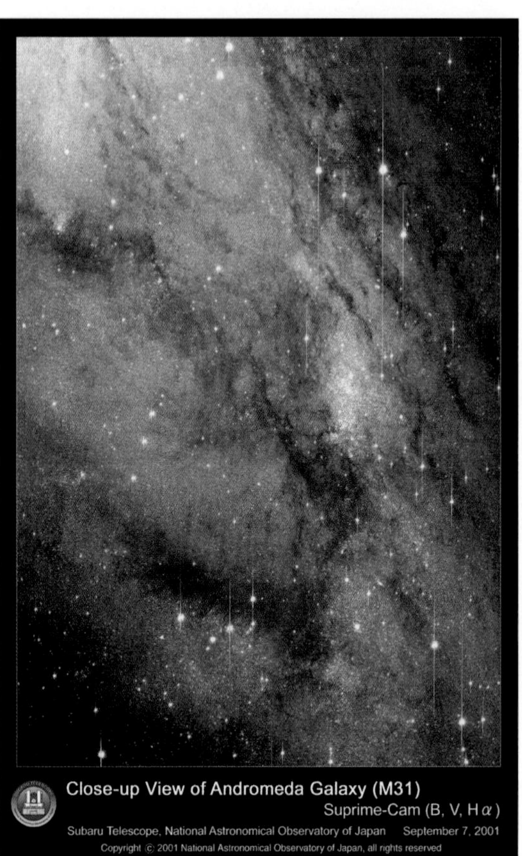

■カラー口絵 11
すばる望遠鏡の主焦点カメラ「Suprime-Cam」で撮影されたアンドロメダ銀河（国立天文台）

■カラー口絵 12
電子 1 個による散乱の模式図

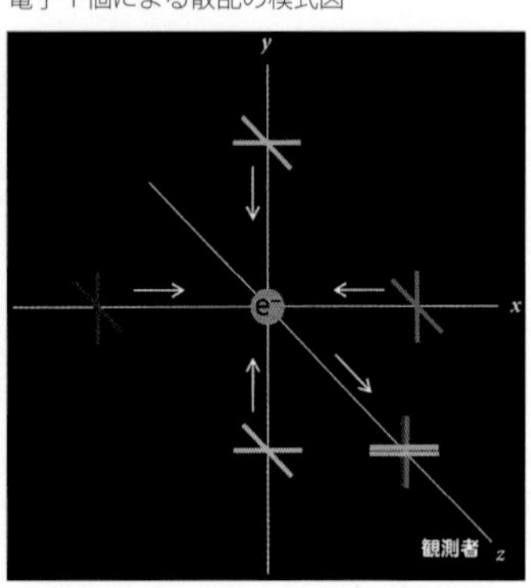

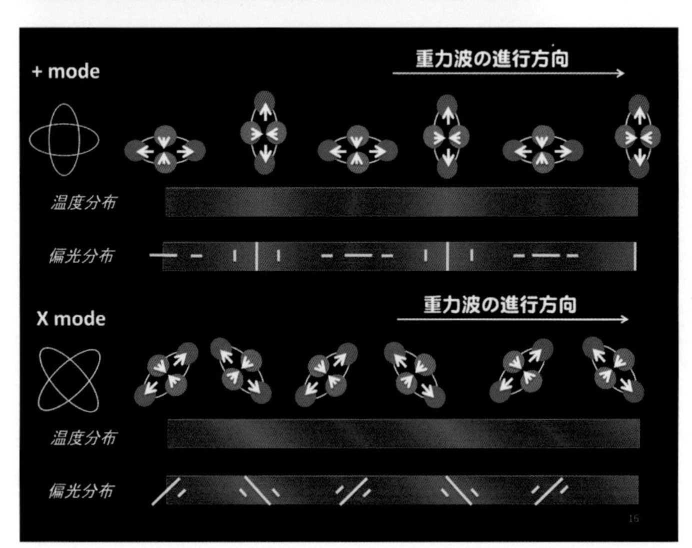

■カラー口絵 13
重力波による空間の伸び縮みが温度ゆらぎを引き起こし、そのパターンによって偏光が起きる。上が＋モード、下が X モードで重力波は左から右へと伝わっていく。

Dr. Nodaの宇宙料理店

まえがき

この「宇宙料理店」は1999年から20年以上に渡って名古屋市科学館の天文クラブの会誌（？）（これは「？」というタイトルの会誌です）に断続的に連載してきた記事をもとに、まとめ直したものです。

1999年春、名古屋市科学館の職員になって３年目の私は、科学館OBの山田卓先生、同僚の毛利勝廣学芸員と一緒に長野県、おんたけ市民休暇村のセントラルロッジにいました。天文ボランティア（ALC）の研修のためですが、3人での色々な話の中で天文クラブの会誌の新しい連載が話題になったのが、この宇宙料理店の始まりであったと記憶しています。

山田先生曰く「最近宇宙や天文の話題に難しい用語が多いので、それを優しく説明するようなものはどうだろう。例えば野田君がシェフになってそういった用語を解説して、最後に料理にして出してしまうとか……」

即そのアイデアを頂き、宇宙料理店の連載が始まりました。それから20年以上が経過し、山田先生は鬼籍に入られてしまい、名古屋市科学館は新館が建ち、私も還暦を迎える歳になりました。そして本書には69話分を掲載していますが、連載はまだ続いておりまして、この先ひそかに100話達成を目指しています。これも長きに渡り、多くの人たちに支えていただけたおかげです。よく続けてこられたものだと我ながら感慨を新たにしています。

この30年ほどは、天文宇宙の分野では様々な発見やノーベル物理学賞受賞などが続いた時代でした。例えば、

1995年　系外惑星の発見（2019年ノーベル賞）

1998-99年　宇宙の加速膨張の発見（2011年ノーベル賞）

2000年　すばる望遠鏡運用開始

2001年　しし座流星群の大出現

2002年　小柴昌俊氏、R・デービス氏、ノーベル物理学賞

「天体物理学への先駆的貢献、特に宇宙ニュートリノの検出」

2003年　WMAPチームによる宇宙論パラメータの精密決定

2006年　惑星騒動（惑星の定義と太陽系諸天体の種族名称を採択）

J・マザー氏、G・スムート氏、ノーベル物理学賞

「宇宙マイクロ波背景放射が黒体放射であることと非等方性の発見」

2008年　南部陽一郎氏、小林誠氏、益川敏英氏、ノーベル物理学賞

「素粒子および原子核物理学における対称性の破れの機構の発見」

「自然界においてクォークが少なくとも３世代以上存在することを予言する、対称性の破れの起源の発見」

2013年　ALMA望遠鏡運用開始

F・アングレール氏、P・ヒッグス氏、ノーベル物理学賞

「欧州原子核研究機構によって確認された素粒子（ヒッグス粒子）に基づく、質量の起源を説明するメカニズムの理論的発見」

2014年　原始重力波の発見騒動（BICEP2チーム）

2015年　梶田隆章氏、A・マクドナルド氏、ノーベル物理学賞

「ニュートリノが質量を持つことを示すニュートリノ振動の発見」

2016年　二重ブラックホール連星合体時の重力波の観測（LIGOチーム、2017年ノーベル賞）

2017年　二重中性子連星合体による重力波の多波長対応天体検出

2019年　ブラックホールの直接観測

2020年　R・ペンローズ氏、R・ゲンツェル氏、A・ゲズ氏、ノーベル物理学賞

「ブラックホールが一般相対性理論の強い裏付けであることの発見」

「我々の銀河系の中心にある超大質量コンパクト天体の発見」

など、枚挙にいとまがありません。

また、太陽系探査でも、小惑星からのサンプルリターンに相次いで成功したJAXA（宇宙航空研究開発機構）の「はやぶさ」(2010年)、「はやぶさ２」(2020年)、2014年～2017年のESA（欧州宇宙機関）「ロゼッタ」によるチュリモフ・

ゲラシメンコ彗星探査、2004〜2017年に及ぶNASA（アメリカ航空宇宙局）「カッシーニ」の土星観測、同じくNASAによる2015年の「ニュー・ホライズンズ」による冥王星直接観測など、数々の印象的な探査もありました。

きっと未来の人たちはこの20世紀末から21世紀初頭を振り返り、宇宙開発や天文観測の黄金時代と呼ぶに違いないでしょう。そんな時代背景の中で書いてきた拙文ですので、時代の匂いのようなものも含めて残しておけないかと考え、本文はできるだけ当時のままにし、新しい知見などは注釈に書き加えました。

ただ、難解な用語や現象を解説するのが本意ですので、年代順ではなく同様な分野はまとめて分かりやすく並べ直しています。掲載年月は各篇の末尾に記してありますので、それも合わせて楽しんでいただければと思います。

本書の出版に当たり、名古屋市科学館の学芸課天文係の歴代の皆さんに感謝します。天文クラブの会誌は、記事のアイデア出しから構成、執筆（外注記事を除く）、さらに編集・校正までのほとんどの工程を天文係のメンバーで行っています。ここで文章の書き方を学ばせてもらい、スランプ(？)に陥ったり料理に行き詰まった際には様々なサジェスチョンをいただいたりしたおかげで続けてくることが出来ました。特に「宇宙料理店」の生みの親である山田卓先生には学生時代から文章書きの「いろは」を教えていただきましたし、普段の私の文章力を知る元上司の北原政子さんには、「ゴーストライターがいるんじゃないの？」と、過分の評価をいただき、実力以上の気分で書き続けることが出来ました。私が推敲し終えたつもりの文章を服部完治氏はさらに読みやすくして下さり、目からウロコが落ちる思いをしました。そして、毛利勝廣氏は長年会誌の編集長を務め、有益なコメントを数多くしてくれました。本書が面白いと感じていただけたなら、それは皆さんのおかげであり、何か間違い等があった場合は全て著者である私の責任です。

プレアデス出版の麻畑仁氏にも深く感謝します。麻畑さんは私が2005年に「やりなおし高校の物理」を出版した際に、その内容を見ていち早く声をかけてくださった慧眼(？)の持ち主です。ただ私が超遅筆だということまでは見抜けなかったようで、知り合ってから15年以上の歳月が経ちましたが、一度も出版に至ったことがありませんでした。それでも諦めず、ずっと声をかけ続けてくださったおかげで本書を世に出すことが出来ました。

イラストは長岡理恵さんにお願いをしました。私は2005年から数年間、福島第一原子力発電所が事故を起こす前の古き良き時代の東京電力のネットコンテンツ、「星空教室」に協力していました。そこでイラストを手掛けておられたのが長岡さんです。コンテンツ制作を担当しておられた株式会社アイ・ラボからご紹介いただいたのがご縁となり、名古屋市科学館のプラネタリウムのコンテンツも描いていただいたりしています。今回も急なお願いだったにもかかわらず、二つ返事でご了承して下さり、私の稚拙な指示にも関わらずイメージあふれるイラストで返していただけました。

そんな旧知の方たちと一緒に仕事ができたのは、望外の幸せでした。

全ての方のお名前をここに書くことは出来ませんが、この場をお借りしてお世話になった多くの皆様に感謝いたします。

最後に、起伏のあった私の人生に新たな息吹を与えてくれた妻の由里にも深く感謝します。まだ４歳の娘が大人になった頃、本書から父親の仕事の一端を感じ取ってくれることを願いつつ。

2021年６月13日

野田　学

Dr.Nodaの宇宙料理店★もくじ

銀河・銀河団編 ★★★ 201

宇宙論編 ★★★ 225

基本原理・物理編

赤方偏移

いらっしゃいませ。本日より開店いたしました宇宙料理店へようこそ。

私、シェフのDr.Nodaでございます。宇宙の話の中にはブラックホールやダークマターといった耳慣れない言葉や、不思議な現象が出てくることがあります。宇宙をおいしく味わっていただくためにそんな素材を口あたり良くご紹介するのが、当店のモットーでございます。今後ともごひいきにお願いいたします。

ところで、今、表を救急車が走っていきましたね。近づいてくるときには高く聞こえていたサイレンの音が、遠ざかっていくときには低く聞こえることに気がつきませんでしたか？　この現象は1842年にオーストリアの物理学者ドップラーが発見したので、ドップラー効果と呼ばれています。

音は空気の波（空気の振動）として伝わります。波の山と山との間隔を波長と呼びますが、その間隔がせまい（波長が短い）と、その音は高く聞こえます。逆に波長が長いと、私たちには音が低いと感じます。

さて、音を出しながら音源（たとえば救急車）が動いているとき、音の波は音源の進む方向に押し縮められます。そこで、音源が近づいてくるときには、音の波長が短くなり、高い音に聞こえます。反対に、遠ざかっていくときには、音の波の間隔が引きのばされるので波長が長くなり、今度は、音が低くなったように聞こえるのです。

これは音だけではなく、１つの点から広がる波のすべてにおこる現象です。たとえば野球でピッチャーの球速を測るスピードガンは、電波のドップラー効果を利用しています。

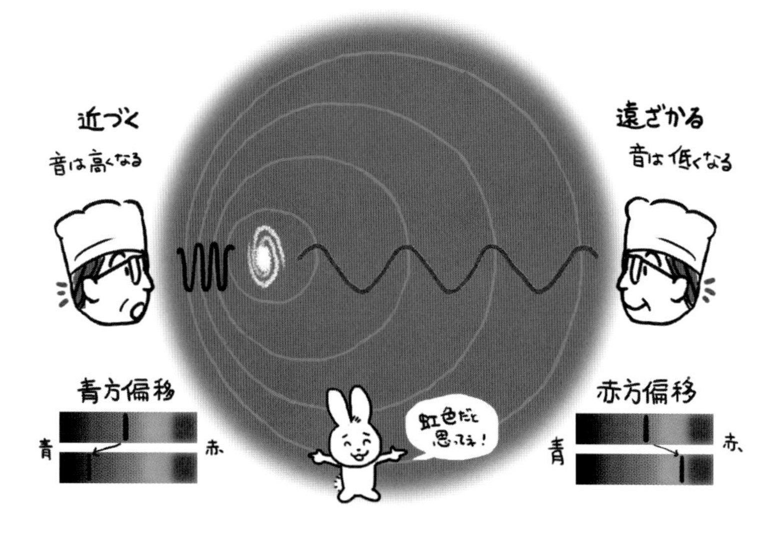

★ドップラー効果。
波源が近づく側は波の間隔が狭くなり、遠ざかる側は波の間隔が広くなる。

スピードガンからは電波が出ていて、その波は投げられたボールにあたるとはねかえってきます。はねかえってきた電波の波長は、ドップラー効果によって短い方へズレます。この波長のズレを測定することによって、ボールのスピードを知ることができるのです。ただしこの方法で測れる速度は、自分に向かってくる方向か、遠ざかっていく方向だけだということに注意して下さい。そこで、正確に球速を測るためには、バックネット裏でスピードガンを構えなければなりません。

天体からの光や電波も電磁波と呼ばれる波ですから、やはりドップラー効果を受けます。音は高さが変わりますが､光の場合はその色が変わります。光は、波長が短いと青っぽく見え、波長が長いと赤っぽく見えます。ある天体が地球に近づいているときは、ドップラー効果によって光の波長が短くなるので、その天体から出る光は青色の方へズレて見えます（青方偏移)。逆に遠ざかっている場合には、光の波長が長くなって赤色の方へズレます（赤方偏移)。こうして、天体の色を観測するだけで、その天体が地球に近づいているのか、遠ざかっているのか、その速度はどれくらいかが分かるのてす。

1910年代にアメリカの天文学者スライファーは、銀河からの光の多くが赤色の方にズレていることを見つけ、これをドップラー効果による赤方偏移だと考えました。つまり多くの銀河が私たちから遠ざかっているというのです。この観測を発展させて、アメリカのエドウィン・ハッブルは、1929年に遠くの銀河ほどより速く遠ざかっていることを見出しました。この発見は現在ではハッブル・ルメートルの法則[*1]と呼ばれ、宇宙が膨張していることの有力な証拠のひとつとなっています。

★膨張する宇宙のイメージ。風船を膨らますと、表面に描かれた銀河と銀河の間の距離は広がっていく。これを一つの銀河から眺めると、すべての銀河が自分を中心に遠ざかっていく（遠いものほどより早く遠ざかる）ように見える。

おっと、おしゃべりが長くなってしまいました。本日のおすすめはナスの赤方偏移焼きです。入荷したばかりの青紫色によくうれたナスを、光速の40％で私たちから遠ざかるように放り投げて焼いてみました。赤方偏移グリルでこんがり焼きますと、真っ赤な完熟トマト焼きとしてご賞味いただけます。

（1999年５月）

＊1　2019年まではハッブルにちなんで「ハッブルの法則」と呼ばれていましたが、ベルギーのジョルジュ・ルメートルの貢献も再評価され、これからは「ハッブル・ルメートルの法則」と呼ぶことが推奨されています。詳しくはP234をご参照下さい。

光の速度

いらっしゃいませ。宇宙料理店でございます。

先日ちょっと店内を改装いたしまして、照明を換えてみました。食材の自然な色合いをより楽しんでいただけるようにと思ったのですが、いかがでしょうか。

私たちは毎日便利に電気や光を使って生活していますが、光って結構不思議なものですよね。たとえば、光の速度は秒速30万km、1秒間に地球を7周半回ってしまうほど速いと言いますが、そんな速度を誰がどのようにして測ったかご存知ですか？

光の速さを最初に測ろうとしたのは、あのガリレオ・ガリレイです。1610年にガリレオは、覆いをかぶせたカンテラを持った二人の人物を数km離して立たせて、一方の人が覆いをはずして光を送り、もう一方の人は相手の光を見たら覆いを外して光を送り返すことにして、最初に光を送ってから相手の光を見る時間差で光の速さを測ろうとしました。しかし二人をいくら遠ざけても結果は同じでした。光が1秒間に地球を7周半回ってしまうことを知っている私たちからすれば当然のことで、いくら地球上で離れても、結局、人の反応速度を測っているにすぎないことになり、この実験は失敗に終わりました。

光の速さを最初に求めたのは、デンマークの天文学者レーマーです。1675年パリ天文台にいたレーマーは、木星の衛星イオの食と食の間隔が、地球が木星の軌道に近づいているときは早くなり、逆に木星の軌道から遠ざかっているときには遅れることを見いだしました。これを有限な速度の光が達する時間が、地球と木星の距離の違いによって変化するためだと考え、光速度として秒

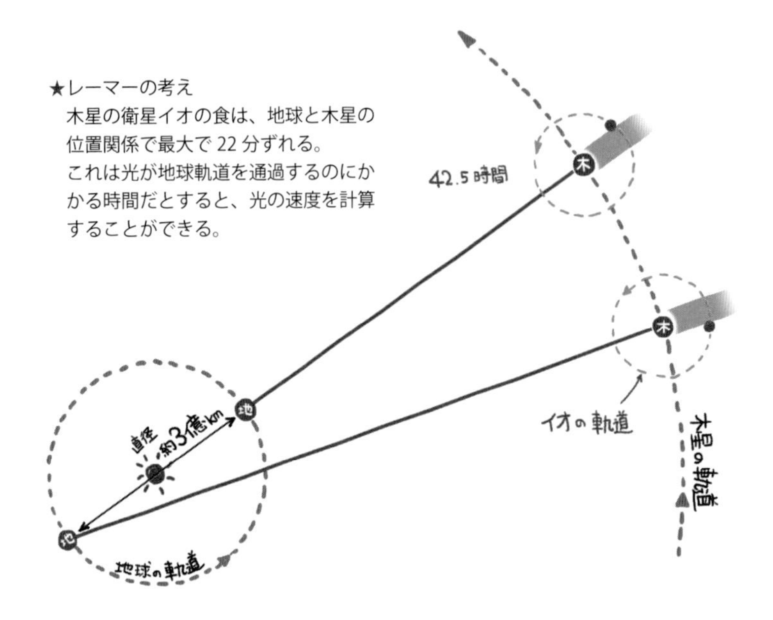

速21.1万kmという値を求めました。この値は現在知られている光速の7割ぐらいで正確ではありません。しかし、今から300年以上も前に現象を正しく理解し、ケタが合った測定をしたことだけでも素晴らしいことです。当時は光の速度は無限大という考え方が当たり前でしたので、レーマーは同時代の人達に認められないままに亡くなりました。時代を先取りするものは、いつの時代にあっても不遇です。

地上での光の速度の測定は、1849年フランスのフィゾーによって実現しました。彼は遠方に鏡を置き、光が反射して返ってくる通り道に回転歯車を用意して、歯車をだんだんと速く回していきました。歯車の凹部から出ていった光が返ってくる間に歯車の歯の半周期分だけ回ると光は歯車の凸部に当たって見えなくなります。この明るさの変化を利用して、秒速31.3万kmという値を求めています。この実験をさらに改良したのがフィゾーの助手をしていたフランスのフーコーです。彼は回転歯車のかわりに回転鏡を使いました。鏡の間を光が往復している間に回転鏡が回っているので、それに従って像の位置がずれます。フーコーは20m先に鏡を置き、回転鏡を1秒間に800回転させることによって、0.7mmだけ像の位置がずれることを確認しました。これにより、秒

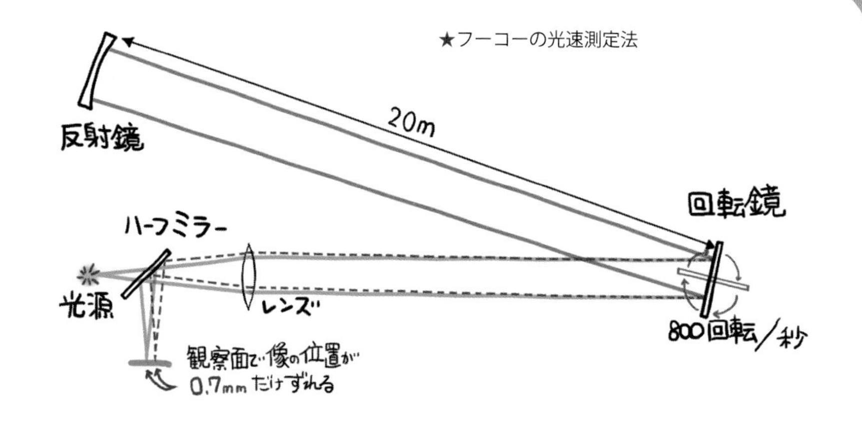

速29.8万kmを求めたのです。

その後、マイケルソンたちによって測定法が改良されたり、20世紀になって電波技術やレーザーを応用した別の方法による測定も行われて、秒速1m以下の精度での光速の測定が可能となり、現在では秒速29万9792.458kmという値が採用されています。

相対性理論によって長さや時間は座標系の取り方で伸び縮みする事がわかりましたが、光の速度は不変です。そんなこともあって、1983年の国際度量衡総会で光が1mという長さの定義に使われることになりました。すなわち、1/299 792 458秒の間に光が真空中を伝わる行程の長さを1mと定義したのです。私たちが普段何気なく使っているメートルやキロメートルという長さは、実は光の速度から決められているのです。

そこで今回は中華の大皿料理をご用意いたしました。中華といえば中央の回転テーブル。普段はテーブルを手で回してお好みの料理を取っていただくわけですが、今回はフーコーの実験にちなんで回転テーブルを電動にして1秒間800回転まで上げてみたいと思います。直径1メートルのテーブルの端は秒速2.5kmで回りますので、箸でお取りいただくには、かなりの運動神経が必要です。それ以前に遠心力で食材が飛ばされる危険性がありますので、十分ご注意いただきながら、ゆっくりとお召し上がり下さい。

（2000年7月）

光の粒子性と波動性

いらっしゃいませ。毎度ご来店ありがとうございます、宇宙料理店でございます。

先日は光の速度のお話をしながら中華テーブルを回しましたら、大変なことになってしまい、話どころではなくなってしまいました。本日も不思議な光の話を続けたいと思います。

光の正体は何だとお思いになります？　懐中電灯からの光線を見ていると、光る粒がピューッと飛んでいくと考えるとイメージしやすいですよね。つまり光は粒でしょうか？　一方、光をプリズムに通すと７色に分かれます。粒が分かれるのでしょうか？　また、１つの光源から出た光を２つのスリットに通すと明暗のしま模様ができますが、粒で説明できるのでしょうか？　ニュートン以来、光は粒であるという考え方が主流でしたが、1803年イギリスのヤングは初めてこのしま模様を観測し、光が波だとして説明をしました。２つのスリットから出てきた光の波の、山と山または谷と谷が重なりあったところは強め合い、山と谷が

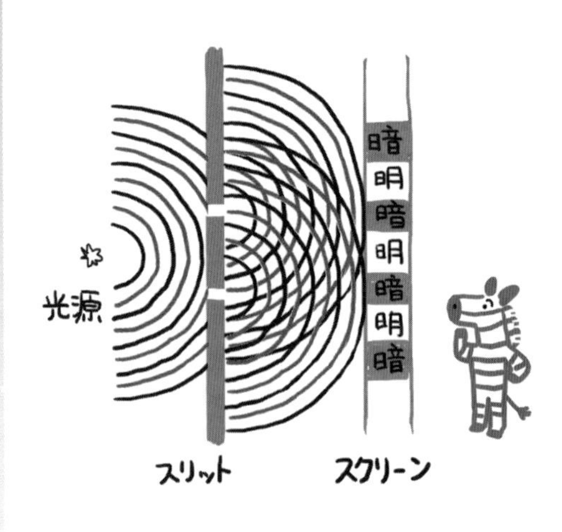

★光の干渉。波の重なりによってスクリーン上に明暗のしま模様ができる。

重なりあったところでは打ち消し合って、明暗のしまが生じる干渉現象であることを示したのです。ということは、やはり光は波なのでしょうか。

★光電効果。マイナスに帯電した「はく検電器」に波長の短い光を当てると電子が飛び出して、はくが閉じる（左図）が、波長の長い光を当てても変化しない（右図）。

20世紀に入ってドイツのレーナルトは、光をある種の金属の表面に当てると、電子が飛び出してくることを見いだしました。これは光電効果と呼ばれ、光の強さには関係なく、ある波長よりも短い波長の光だけで起こる現象です。1905年、アインシュタインはこの光電効果を説明するために、光はその振動数に比例する（波長に反比例する）エネルギーを持った粒（光量子）からできているとしました。金属から電子を飛び出させるには最低限必要なエネルギーが決まっており、波長の長い光はたとえ光量が多くても十分なエネルギーを持ちませんが、波長が短くなるにつれて光量子一粒あたりのエネルギーが大きくなり、やがて電子を叩き出すのに足るエネルギーとなると説明したのです。こうして光は波でもあり粒でもある、両方の性格を合わせ持つ不思議な存在であることがわかりました。

二つの光の波がちょっとだけずれていると干渉を起こすのですから、地球の運動方向に出された光とそうでない光を重ね合わせると、干渉のしま模様が見えるはずです。マイケルソンとモーレーは、1本の光を直角の2方向に分けて、正確に同じ距離を行って返ってくる装置を考案しました。地球は太陽のまわりを秒速30kmで回っていますから、地球の運動方向に出された光はもう一方の光より、わずかですが早く戻ってくるはずなので、波の山と山がずれて、干渉じまが見えるはずです。しかし実際にはいくら正確に計っても、向きをどの方向に変えても干渉じまは現れませんでした。これは10年以上もの間ちゃんとした説明ができず、当時の物理学者たちを悩ませていましたが、1905年にアインシュタインは光の速さは光源の速度によらず常に一定であるという「光速度不変の原理」を用いて説明しました。光の速さが光源の速度に関係ないならば、どの方向に向けられた光も地球の運動に関係なく、秒速30万kmで行って返ってくるので、波の山と山がずれることなくピタリと一致して干渉じまが生じないというわけです。アインシュタインはこの「光速度不変の原理」をもとに、特殊相対性理論をうち立てました。

光の正体を探ることが、現代物理学に欠くことのできない量子力学と相対性理論が生まれるもとになりました。その両者にアインシュタインが深くかかわっており、しかもこれらの論文が同じ1905年に出されています。1905年が「奇跡の年」と呼ばれるゆえんです。

そこで今回は特選和牛の薄切りをご用意いたしました。これを備長炭ならぬアインシュタイン炭で焼いてご賞味下さい。アインシュタイン炭は紫外線とマイクロ波が、ほどよくブレンドされた電磁波を放射いたします。まずは紫外線の光電効果により電子が飛び出し、あたりはマイナスイオンが増えてまいります。そして細いスリットを通ったマイクロ波が干渉を起こし、網焼き風にお肉をしましまに焼き上げます。マイクロ波は肉のうまみをのがさないだけでなく、多少焼きすぎても真っ黒にこげませんので大変健康的です。ただ、この赤線の範囲内はマイクロ波が照射されていますので手を入れますと、しま模様に焼けてしまいますので十分にご注意下さい。そこで特製の長い長い箸をご用意しました。これでお取りいただくと安全かと思います。

（2000年９月）

ウラシマ効果

いらっしゃいませ。宇宙料理店へようこそ。

気持ちの良い季節になって参りましたね。「実りの秋」「食欲の秋」などと申しますが、秋は新鮮な食材に事欠きません。お客様においしく召し上がっていただくために、旬の素材を安く仕入れるのも料理人の勤めと心得ておりますが、仕入れた食材を新鮮に保存することには頭を悩ますところです。日にちが経つにつれて鮮度が落ちるのは自然の原理。冷蔵庫に入っている賞味期限切れの食材を前に、「ああ、３日前に気づいていれば」と思ったことがない方は、まずいらっしゃらないと思います。しかし時間は誰にでも平等に過ぎるのですから、これもやむを得ないこととあきらめがちですが、そうでもありません。相対性理論によれば、時間の進み方はその人のいる系によって違います。動いている人の時計は、止まっている人の時計に比べて進み方がゆっくりになるのです。双子の兄がロケットに乗って宇宙旅行をして帰ってくると、地球で待っていた弟より年をとっていない、いわゆる「ウラシマ効果」が起こります。当店では「ウラシマ効果」を利用した冷蔵庫、「ウラ蔵庫」を使い、食材の時間を遅らせて鮮度を保っております。

論より証拠です。まずはこのサンマの刺身をご賞味下さい。ひと口でその鮮度がおわかりいただけると思いますが、いつ水揚げされたものだとお思いになりますか。実は５日ほど前のものなのですが、「ウラ蔵庫」を光速の99%にセットいたしますと、庫内の時間では１日も経っていないので、我々の時間で５日前のサンマがこのような新鮮なお刺身としてご賞味いただけるのです。

アインシュタインの相対性理論によると、真空での光の速度は誰が測っても一定です（光速度不変の原理）。これを認めると、ロケットの中と外ではちょっと奇妙なことが起こります。ロケットが速度 v で飛んでおり、ロケットの床から天井に向けて光を出したとします。ロケットの高さをLとすると、ロケット中の人（兄）にとっては、T = L/c秒後に光は天井に届きます。しかしロケットの外から見ている人（弟）にとっては、光は $l=\sqrt{L^2+v^2t^2}$ だけ進んでいるので、光の速度が一定ならば、t = l/c秒後に天井に届くように見えるはずです。l はLより長いので、t（弟の時間）はT（兄の時間）より大きくなります。同じ現象が弟にはより長く感じられる、すなわち弟の方が時の進み方がはやくなり、兄の時計がゆっくり進んだことになるのです。

ピタゴラスの三平方の定理さえ知っていれば、簡単に時間の遅れを計算することができます（下図参照）。

$$l^2 = L^2 + v^2t^2$$

ですから、これに $l=ct$, $L=cT$ を代入すると、

$$(ct)^2 = (cT)^2 + (vt)^2$$

さらにTについて整理すると、

$$T = t\sqrt{l-(v/c)^2}$$

となります。「ウラ蔵庫」を光速の99%（v = 0.99c）とし、t = 5日を代入すると、T = 0.7… なので、ウラ蔵庫内では 1 日も経っていないということになります。

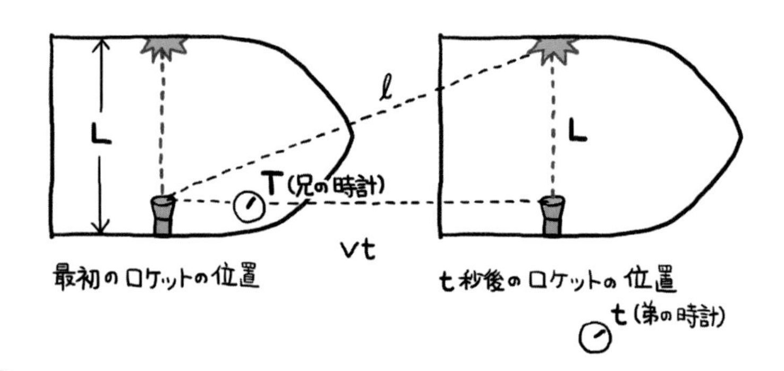

あ、はい、追加注文でございますか。ありがとうございます。申し訳ございませんが、残りのサンマは明日お出しする予定でウラ蔵庫をセットしてしまいましたので、現在は1光日ほどかなた、冥王星軌道の4倍ほど遠くを地球に向けて光速の99%で飛んでいることになります。従いまして残念ながら取り出すことができません。変わりといっては何ですが、今日水揚げされたばかりのサンマも入荷してございますので、こちらでいかがでしょうか。

えっ、そんなサンマがあるのなら、最初からそっちを出せって……

★ ウラシマ効果に対する補足 ★

ウラシマ効果（双子のパラドックス）は興味深い現象なので、相対論の話題の中で必ずといって良いほど取り上げられますが、混乱も多いようです。

「運動は相対的なのだから、弟が止まっていて兄がロケットに乗って飛んでいくことは、兄が止まっていると思って弟が地球ごと逆方向に飛んでいくと考えても良いはずである。とすると、お互いに相手が若く見えるだけで、ウラシマ効果は起こらない。」

といった主張を聞くこともあり、考えるほどに頭が混乱してくるのも事実です。それぞれの行程に着目して次の表のように整理すると少しは見通しが良くなります。兄が光速の60%で6光年離れた星まで等速直線運動をし、瞬時にUターンして、また等速直線運動で帰ってきたとしましょう。

まずは弟からすると兄は何年後に帰ってくることになるでしょうか。片道6光年を光速の60%で飛ぶわけですから、6/0.6＝10となり、片道10年の旅で、兄は20年後に帰ってきます。では、兄にとってはどうでしょうか。速度vで動いている人の時計は、$\sqrt{l-(v/c)^2}$ 倍だけ遅れます。vに0.6cを代入すると、$\sqrt{l-(0.6c/c)^2}=0.8$ ですから、片道8年、往復16年の旅となります。従って、地上で再会すると、4年も時計がずれていることになります。注意すべきは兄にとっての弟の時間です。等速直線運動の間は、まさに運動が相対的なので、弟からは兄が動いているように見えますし、兄からは弟が地球ごと動いているように見えます。すると互いに相手の時計が遅く見えるはずですから、兄が8年経って目的の星についたとき、兄からすると弟は、その0.8倍の6.4年しか経

っていないことになります。帰りも同じく6.4年なので、結局Uターン期間に

$$20年 - 6.4年 \times 2 = 7.2年$$

経過していることになるわけです。

		行き	Uターン	帰り	計
地球（弟）系での	弟の時間	10年	0年	10年	20年
	兄の時間	8年	0年	8年	16年
ロケット（兄）系での	弟の時間	6.4年	7.2年	6.4年	20年
	兄の時間	8年	0年	8年	16年

Uターン期間はなにが違うのでしょうか。この間兄は等速直線運動ではなく加速度運動をしているのです。一般相対論によると、加速度運動と重力場での運動は、同等に表すことができる（等価原理）ので、加速度運動期間は強い重力場にいるときと同じ現象が起きます。重力の強いところは時の進みが遅くなるので、兄からすると弟の時間が速く進むと考えれば矛盾がありません。実際一般相対論の公式に従って計算をすると、Uターン期間での年数は7.2年になります。また、瞬時にUターンすることは強い重力場に短期間いることに相当し、ゆっくりとUターンすることは比較的強い重力場に長くいることになるので、時間の遅れの効果としては同じになります。

以上のお話は、行程ごと（相対論の用語でいえば「同時」）に考えた場合です。決してUターン期間に兄から弟の時計が実際にぐるぐる回るところが「見える」わけではありません。相手の時計を「見る」ためには、光が届くまでの時間やドップラー効果を考えなければいけないので、これらの効果を考えあわせると、また違った時の進み方を「見る」ことになるのです。

立場によって時の進み方が違うのが相対論ですから、市販されている相対論の本を読む場合も、「誰」が「どの時計」を使っているのか、「仮想的な同時」か「実際に時計を見た場合」かを整理して考えるとわかりやすくなるでしょう。

（2002年９月）

対称性の破れ

いらっしゃいませ。宇宙料理店にようこそ。

この秋はうれしいニュースがありましたね。ノーベル物理学賞を３人の日本人（南部陽一郎さん、小林誠さん、益川敏英さん）が受賞しました。小林さん、益川さんのお二人は名古屋の小・中・高校を卒業後、名古屋大学で博士号を取られ、受賞につながる研究を名大の坂田研究室で行なっています。益川さんは2002年の「坂田・早川記念レクチャー」で名古屋市科学館にて講演されています。私も講演を聴かせていただきましたが、当時の物理学教室の民主的で自由闊達な雰囲気を実に楽しそうに話しておられました。

素粒子の極微の世界は、現実の世界と大分雰囲気が違っており、日常との類推ではイメージがしにくく、なかなかわかりにくいものです。フェルミオン、ボソン、メソンなどの専門用語やΔ^+やπ^0などの記号が飛び交い、両者の受賞理由に出てくる「対称性の破れ」なるキーワードも、なかなか聞き慣れません。しかし、私たちの身体をこまかく分割していくと、タンパク質

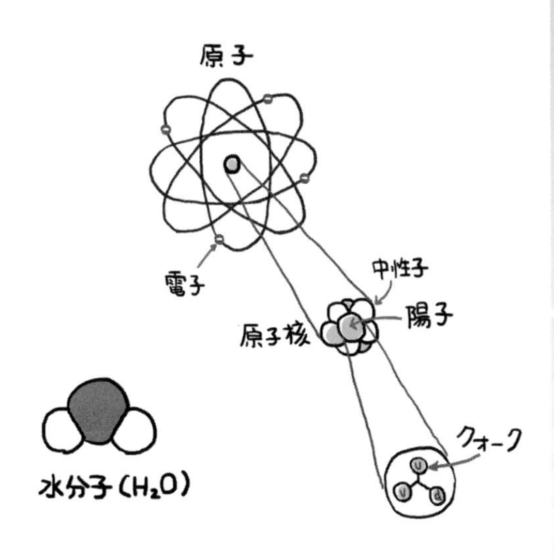

★原子（分子）からクォークまで

→炭素などの分子→原子→原子核→陽子・中性子→クォークと、最後にはクォーク（とレプトン）になってしまいます。言い換えれば我々もクォークからできているわけです。自分自身の成り立ちのことと思うと、少しは興味がわいてきませんでしょうか。

そもそもこの世の全ての粒子には、その反粒子が存在します。それらが出会うと対消滅してエネルギーになって、何も残りません。もし私たちの近くに反粒子だけでできている反物質があったら、私たちは反物質と反応してエネルギーとなり、消えてなくなってしまうはずです。しかし、そんなことは起こらず、この宇宙を見渡す限り反物質の世界はどこにも見あたりません。粒子と反粒子は同じように出来たはずなので、宇宙の進化の過程のどこかで反粒子は消えてしまったらしいのです。それがどうしてかを説明したのが、南部さんの「対称性の自発的な破れ」です。

例えば、図のようなつばがはね上がったメキシコ帽子（ソンブレロ）のようなポテンシャル場を考えてみましょう。真ん中のてっぺんにビー玉をそっと置いても、ちょっとした揺らぎでこのビー玉はどちらかの方向に落ちてしまいます。てっぺんに玉がある状態はどの方向に対しても対称性がありますが、ひとたび球が落ちてしまうと対称性は破られてしまいますね。自然はエネルギーの低い状態をとろうとするので、不安定な状況から安定な状況へと自発的に変化します。これが自発的対称性の破れです。別の例えとして、鉛筆の芯を下にして紙の上に立てた場合などがありますね。この場合も鉛筆はいつまでも立ってはいられず、どちらかの方向に倒れ、対称性はなくなってしまいます。

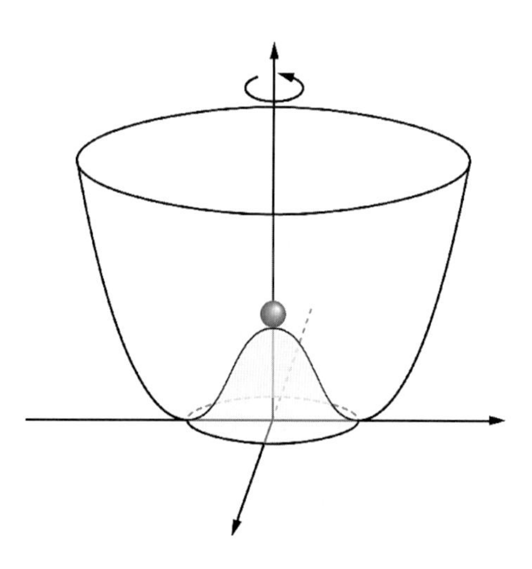

★ソンブレロ型のポテンシャル場
ビー玉が中央にある場合は対称性があるが、不安定なのでいずれかの方向に落ちてしまう。このときに対称性が破れる。

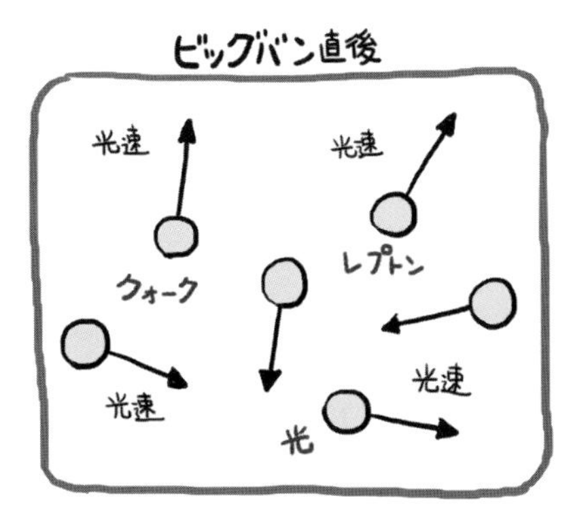

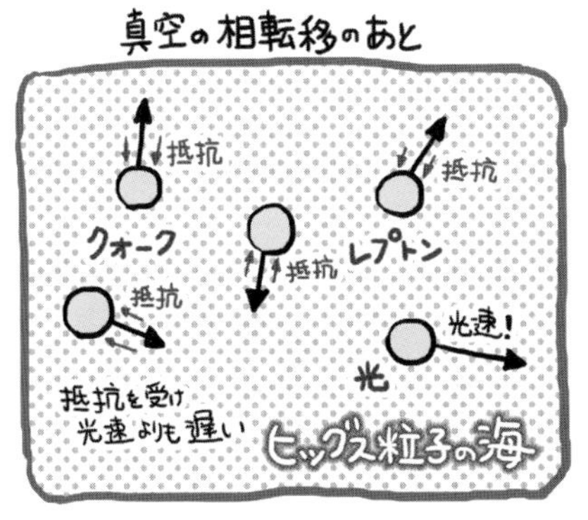

誕生直後の宇宙は、この真ん中のビー玉や、芯の先で立っている鉛筆のように、ある意味不安定な状態でした。そして、宇宙が膨張しエネルギーが下がるにつれて、自発的対称性の破れ（相転移）を起こし、粒子と反粒子それぞれを支配する法則にわずか違いが生じました。これを「CP対称性の破れ」と呼んでいます。この破れの本質は、未だ良くわかっていませんが、クォークが６種類あるならば、この破れが起こってもおかしくないことを理論的に説明したのが小林・益川理論なのです。当時（1970年代）は、実験からクォークは３つしかないと信じられていましたので、この仮説は大変大胆なものでした。しかし、その後のさらなる実験で残りの３つのクォークが見つかり（30年ほどかかりました）、小林さんと益川さんの予言が実証されたのです。

粒子と反粒子の非対称性（CP対称性の破れ）は100億分の１ととてもわずかです。つまり、クォークが100億＋１個できるのに対して反クォークは100億個。100億個のクォークと100億個の反クォークは衝突して対消滅し、最後にクォークが１個だけ残ります。100億分の１を生き残ったクォークでできている、それが我々なのです。

また、対称性の破れを使うと、質量の起源を説明することも出来そうです。この理論（標準模型）では、宇宙の誕生直後には、全ての素粒子が何の抵抗を受けることもなく、真空中を自由に運動できていたと考えます。抵抗がないということは質量がないと同じことと考えられるので、全ての素粒子に質量がなかったことになります。しかし、宇宙の誕生から、10^{-13}秒過ぎたころに、真空の相転移（対称性の破れ）が起こり、真空がヒッグス粒子の場で満たされてしまいました。これはちょうど水蒸気が冷えて、液体の水になる状況に例えられます。宇宙が膨張で冷えていくに従って、真空はヒッグス粒子の海になってしまったわけです。クォークやレプトンはこのヒッグス粒子によって、水の中を泳ぐ魚のごとく抵抗を受けるようになりました。この抵抗が質量として観測されていると考えるのです。なお、光はヒッグス粒子とは反応しないので、相変わらず光速で質量はゼロのままなのです。

こうした理論やクォークの性質をより詳しく調べるために、加速器が利用されています。陽子や電子を光速近くまで加速し、そのまま正面衝突させるのです。一瞬で温度は１兆度を超えるほどになり、壊れた粒子から寿命の短い粒子や反粒子が生み出されては消えていきます。そこにはあたかもミニ宇宙が再現されるのです。現在ヨーロッパでは、さらに強力な大型ハドロン衝突型加速器（LHC）による実験が準備されています。日本の研究チームもこのプロジェクトに参加しており、達成される温度は千兆度を超え、ミニブラックホールが出来るのではないかと話題にもなりましたね。この秋に本格的な実験開始予定だったのですが、トラブルが発生し、来年春に延期されています。いずれにせよ、宇宙が始まってから10^{-13}秒後の真空の相転移の時代の再現や、新しい物理につながる現象の発見が期待されています[*1]。

さて、またおしゃべりが過ぎました。今回はノーベル賞にちなんで、クラゲラーメンをご用意いたしました。ノーベル化学賞の下村脩さんも忘れてはいけませんからね。オワンクラゲが緑色に光る仕組みを解明し、クラゲの体内から、紫外線を当てると光る「GFP」というたんぱく質を発見されましたよね。

あの～、決してクラゲの方がクォークより料理を作りやすいから、クラゲラーメンにした訳ではありません。量子色力学を応用した三色ラーメンもご用意できますが、量子だけにどれだけ食べていただいてもお腹がふくれませんので……

自家製の手打ち麺にはクラゲが練り込んでありまして、コリコリした食感をお楽しみいただけます。また具材にはエビ、チンゲンサイのほかに、フカヒレのように見えるエチゼンクラゲやシロクラゲ、キクラゲにオワンクラゲも載っております。どれがオワンクラゲかですって。確かに見かけではよくわかりませんよね。そんな時には紫外線ライトを当ててみてください。緑色に蛍光を発したのがオワンクラゲです。

（2008年11月）

＊1　LHCは2008年に起きた故障の修復に時間を要し、2009年11月に再稼働を果たしています。その後衝突エネルギーを上げていき、2012年の実験ではヒッグス粒子を発見するなど、期待通りの成果を上げています。この歴史的な実験結果を受け、2013年には「素粒子の質量の起源に関する機構の理論的発見」でフランソワ・アングレール氏とピーター・ヒッグス氏がノーベル物理学賞を受賞しています。

質　量

いらっしゃいませ。宇宙料理店にようこそ。世界天文年の2009年がいよいよ始まりました。イタリアの科学者、ガリレオ・ガリレイが手製の望遠鏡を初めて夜空に向け、宇宙への扉を開いた1609年から、400年の節目の年です。

ガリレオと言えば、ピサの斜塔での落下実験も有名ですね。彼の時代はアリストテレスの力学が主流で、「重いものほど速く落ちる」と信じられていました。確かに重い鉄の玉と軽い鳥の羽を同時に落とすと、鳥の羽の方がずっとゆっくり落ちます。しかしこれは空気抵抗のせいであって、重いものも軽いものも本来同じ速度で落ちるはずだとガリレオは考えました。そこで彼は、ピサの斜塔のてっぺんに登り、大きい（重い）鉄の玉と小さい（軽い）鉄の玉を落とし、両者が同時に地面に着くことを示した、というのです。

どうやらこの逸話は本当のことではなく弟子の創作らしいのですが、ガリレオは次のように考えて実験前から確信を持っていたようです。

軽い球と重い球をイメージし、それを別々ではなく、ひもで結んで落としたらどうなるでしょうか。軽いものよりも重いものの方が早く落ちるならば、この２球を結んだ合計の重さは重い球ひとつ分よりも重くなるので、これをひとつのものと考えると、より早く落ちることになります。一方、重い球に注目してみると、遅いもの（軽いもの）と結んだのだから遅い側がブレーキになって最初より遅く落ちるはずです。このように、考え方によって矛盾した答えが導かれるということは、最初の仮定すなわち「重いものほど速く落ちる」が、間違っていることになるわけです。見事な「思考実験」ですね。

こうして考えてみると、「重さ」というものは、ちょっと不思議な概念です。

似て非なるものとして「質量」がありますよね。同じような意味を表す言葉としてしばしば混同して使われますが、何がどのように違うのでしょうか。また、地球の重さとか、銀河の重さなんて使われますが、体重計があるわけでなし、どのようにして測っているとお思いになりますか。

質量はもともとその物体にそなわっている量で、地球上だろうと宇宙空間であろうと、どこであっても変わることがありません。それに対し、重さ（重量）は地球（または天体）が物体を引っ張る力（重力）の大きさで、質量に重力加速度を掛けたものです。これらを表す単位を比べるとその違いがよりはっきりとしてきます。質量の単位はおなじみの「kg」ですが、重さの単位は「kg・m/s^2」で、力の単位を持っているのです。「重さ」は「力」なんですね。地球上では重力加速度は一定なので、質量と重さは比例します。そこで質量と重さを習慣的に同じ意味で使ってしまっているのです。ということは、「この箱の重さは20kgです」という表現は実は間違いで、「この箱の質量は20kgです」と表現すべきなのです。

ですから、別の天体に行った場合には、同じ質量のものでも重さが変わることになります。例えば月の上では、重力加速度は地球上の約6分の1なので、重さも6分の1になります。宇宙飛行士が、月面上を飛び跳ねるようにゆっくりとジャンプしながら移動する映像を憶えておられますよね。今年はアポロ11号の月面着陸から40周年の年でもあります。あの映像は、月面の重力加速度の小ささを私たちに実感させてくれました。

★微小重力下では重さはほとんど感じないので人差し指1本で人を支えることができる。1970年代のアメリカの宇宙ステーション、スカイラブにて。

また、宇宙空間にポツンと孤立している物体も同様に質量は変わりませんが、どこからも重力を受けていないので重さを持たないことになります。地球をめぐる宇宙ステーションの中でも、微小重力状態なので重さはほとんど０です。宇宙船の中で質量の大きなものを手の上にのせることは（重さはほとんど０ですから）楽に出来ますが、筋肉の力で前後に動かそうとすれば、（質量は同じなので）地球上と同じ腕の力が必要になります。

さて、地球の重さ、いやいや、地球の質量ですが、地球の大きさ（半径）と重力加速度の２つが測定できれば、計算で簡単に求めることができます。まずは万有引力の法則を表しておきましょう。２つの物体の質量をｍとＭ、物体間の距離をｒとすると、万有引力Ｆは、

$$F = GmM/r^2$$

となります。

一方、地上での落体運動は、重力加速度をｇとすると、質量ｍの物体にはたらく重力の大きさＦは、

$$F = mg$$

で表すことができます。地上においては両者は同じ力（質量Ｍの物体を地球とします）なので、

$$GmM/r^2 = mg$$

となります。これを整理すると

$$M = gr^2/G$$

です。

Ｇは万有引力定数として　$G = 6.7 \times 10^{-11}$［Nm^2/kg^2］
ｒは地球の半径、　$r = 6.4 \times 10^6$［m］（6400km）
ｇには地上の重力加速度　$g = 9.8$［m/s^2］
を代入すると、

$$M = 6.0 \times 10^{24} \text{ [kg]}$$

となり、地球の質量を求めることが出来るのです。

月の場合も、半径が地球の約４分の１、重力加速度が約６分の１ということが分かっていれば、その質量は地球のおよそ100分の１（正確には82分の１）と暗算で求めることが出来てしまいます。g（重力加速度）を求めるには、ものを落としてその時間を測定するだけです。それだけで、その天体の質量がわかってしまうのですから、なかなか面白いですよね。

またまたおしゃべりが過ぎました。本日は大分県の佐賀関で水揚げされた関サバを手に入れておりますので、お刺身と家庭料理風サバの味噌煮をお楽しみいただきたいと思います。味噌煮は骨まで食べていただけるぐらい柔らかく煮込んでございます。あれだけ長話しをしていたのに、調理が早すぎるですって。実は今回、圧力鍋ならぬ重力鍋を使っておりますので調理時間を圧倒的に短くすることができたのです。重力鍋は鍋の中の重力を自在にセットすることが出来る優れものでして、料理によっては0.1Gの小重力環境で全体をまんべんなく調理することも出来ます。今回は3Gにセットし、通常の重力の３倍の力を鍋の中にかけ、高い圧力のもと、より高温で煮込むことにより短時間で骨まで柔らかくすることが出来たのです。

えっ、圧力鍋も気密を保ち内部の蒸気圧を上げることによって120度ほどの高温で煮込むことが出来るけど、重力鍋と何が違うのかですって。

そっ、それは……

（2009年１月）

熱

いらっしゃいませ。宇宙料理店へようこそ。

寒くなってきましたね。私は先日、つい油断をして風邪を引いてしまいました。何だか節々に違和感があり、体がだるいなぁと思って体温を測ってみたら、38度。体温計は正確に体の不調を教えてくれます。しかし、何が伝わって、体温計の値が変化したのでしょうか？[*1]

19世紀初めまでは、熱素という目に見えず、重さもない粒子が存在し、その流れによって熱が伝わると考えられていました。例えば、100℃の水と0℃の水を等量混ぜ合わせた場合は、熱素が温度の高い側から低い側へと流れ込み、熱素の分布がならされたので温度が50℃になったと考えたのです。一見わかりやすい説明ですが、体温計のように接触させただけでも熱は伝わりますよね。熱素はモノをすり抜けて移動することができるのでしょうか？

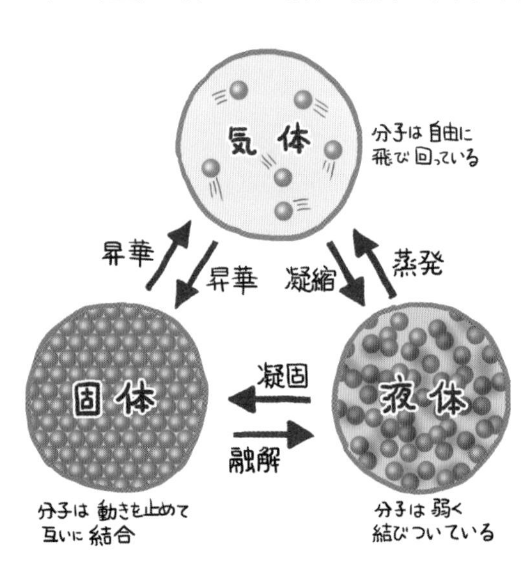

★物質の三態（固体、液体、気体）

その後、この熱素の存在の有無を実証するため、熱の出入りを極力抑えた空間での摩擦の実験が行われました。すると、熱は摩擦運動を続ける限り際限なく生み出されることが示されたのです。何もないところから粒子が無限に生み出されることはあり得ません。このことから、熱の本性は（モノを構成する分子の）運動であると考えられるようになりました。

例えば、水は温度が100℃以上になると、分子同士のつながりが切れて、分子がバラバラに飛び回る状態になります。これが水蒸気ですね。温度が下がり100℃以下になると、いくつかの分子が手をつなぐようになります。しかしその結びつきは弱いので、集団でひとつの固まりになったかと思うと、それがまたくずれたりして、自由に形を変えることができます。この状態が液体の水です。もっと温度が低くなって０℃以下になると、動き回れるだけの運動エネルギーを持てなくなり、水分子は動きを止めて互いに結合します。分子同士が結合すると固体になります。これが氷の状態です。結合した水分子はもはや動くことはできませんが、その場で回転したり、振動したりすることはできます。温度によって回転や振動の度合いが変化し、温度が下がるほど回転や振動がしにくくなっていきます。さらに温度を下げていくと、ついに回転や振動を全く

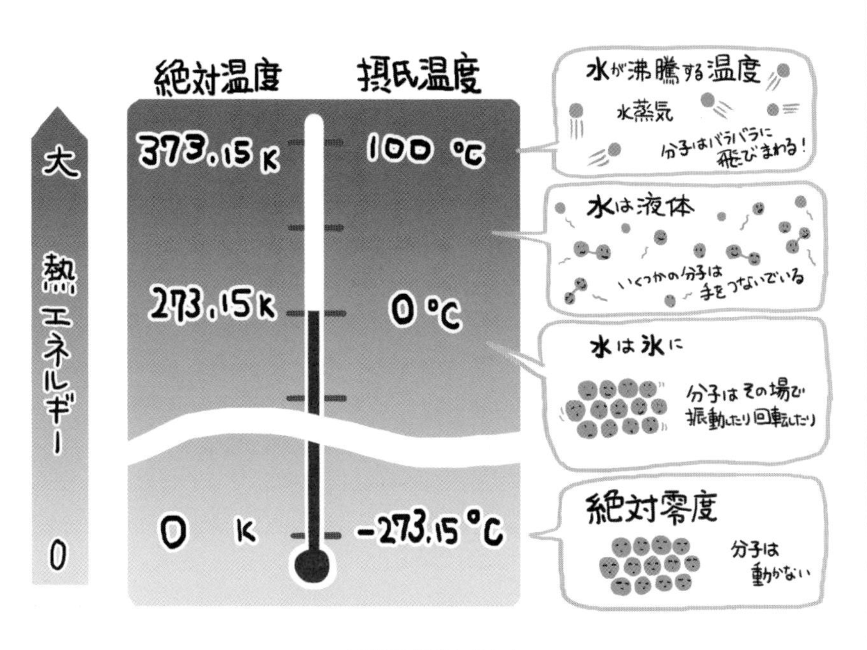

★温度の基準と表し方

しない、全ての運動エネルギーがゼロの状態を考えることが出来ます。これよりエネルギーの低い状態を考えることはできません。つまり、これ以下の温度を作り出すことは原理的に不可能（統計力学的な負の温度なら考えられますが……）なのです。これが絶対零度で、－273.15℃に相当します。この温度をゼロとし、温度の刻み幅は普通の℃（セルシウス度／摂氏）と同じにした温度の測り方が絶対温度で、単位をK（ケルビン）で表します。このように絶対温度は分子の運動などの物理的な状態を反映しているので、物理や天文の世界では、宇宙の背景放射が2.73Kとか、太陽の表面温度は約6,000Kとか、よく使われるのです。

この分子の運動するエネルギーとしての熱は、熱伝導、対流、放射という３つの方法で伝わります。体温計を腋に挟んだりして外気に触れさせず、体に密着させるのは熱を伝導で伝えるため。対流はやかんでお湯を沸かす時に経験しますよね。やかんを下から熱しているのに、全体がまんべんなくお湯になります。ただし対流の場合は熱を伝える媒質が必要です。それに対し放射の場合は媒質がない真空中でも伝わります。例えば月の表面温度は、日の当たる側で130℃（約400K）、日の当たらない側では－170℃（約100K）と言われています。日の当たる側は太陽からの放射で、日の当たらない側は放射冷却（放射によって熱が持ち去られること）によって温度が決まっているのです。

さて、本日は揚げアイスクリームをご用意いたしました。硬めに冷凍したアイスクリームに備長炭入りのパン粉をしっかりまぶし、少し黒ずんだ「汚れた雪だま」にしてあります。これをアイスクリームが融けないうちに油でサッと揚げるのが一般的な作り方です。今回はこれを最近話題のノンフライヤーで揚げてみたいと思います。ただし当店のノンフライヤーは熱風だけでなく、宇宙空間さながらに強い熱放射も同時に当てることが出来る特注品です。

さあ、これでセット完了。設定温度、タイマー確認良し、スイッチを入れます。強い太陽からの放射と太陽風を受けた彗星核のように、多少の放出物を出しながら、表面はさくっと、中はほんのりとろけた揚げアイスクリームの出来上がり、のはずですが……何も出てきませんね。うーん、ちょっと開けてみましょうか……あれっ、いつの間にやら炭化して小さくしぼんだ核だけになってしまいました。何やら不吉な予感が[*2]……

（2013年11月）

＊1　2013年時点ではワキに挟むタイプの体温計が一般的でしたが、2021年では新型コロナウイルスの感染拡大により非接触型の放射温度計が主流となってきています。

＊2　2013年末に大彗星になるかも、と言われたアイソン彗星の近日点通過前（11月17日）に書きました。イヤな予感が的中し、太陽接近時に核が崩壊し、アイソン彗星は明るくなりませんでした。P135をご参照下さい。

au（天文単位）

いらっしゃいませ。

私、シェフのDr.Nodaでございます。ようこそ宇宙料理店にお越し下さいました。

宇宙の話題でまず困るのが距離感ですよね。地球の衛星である月ですら38万kmも離れています。一番近い恒星のプロキシマ・ケンタウリでは40兆kmと途方もない距離なので、km単位で表すと、とんでもなく大きな数字になってしまいます。そこで天体までの距離は、秒速30万kmの光の速さで何年かかるかを表す「光年」がよく使われます。つまり、1光年＝30万km/秒×60秒×60分×24時間×365日〜9.5兆kmとなります。すると、先のプロキシマ・ケンタウリは約4.2光年で、イメージしやすい数字になりますね。

しかし、天文学者の間ではこの「光年」より「パーセク」のほうがよく使われます。それは直接観測される量から求めることができるからです。天体までの距離は、直接そこまで行って測ることは出来ません。従って、地球が半年で太陽を半周することを利用し、半年を隔てて同じ恒星を観測します。すると、地球の公転の直径分だけ離れた２点から観測したことになり、視差の分だけ見かけの位置がずれます。これを半分にした、公転半径（つまり太陽と地球の距離）分の角度が年周視差です。この角度がわかれば、あとは三角測量の原理で距離を求めることが出来ます。年周視差が１秒角（1/3,600度）となる距離を１パーセク（parsec）と定義します。パーセクは「視差（parallax）」と「秒（second）」を組み合わせてできた造語で、pcと略されたりもします。１パーセクはおよそ3.26光年なので、パーセクに3.26を掛けた値が光年です。より正確には、

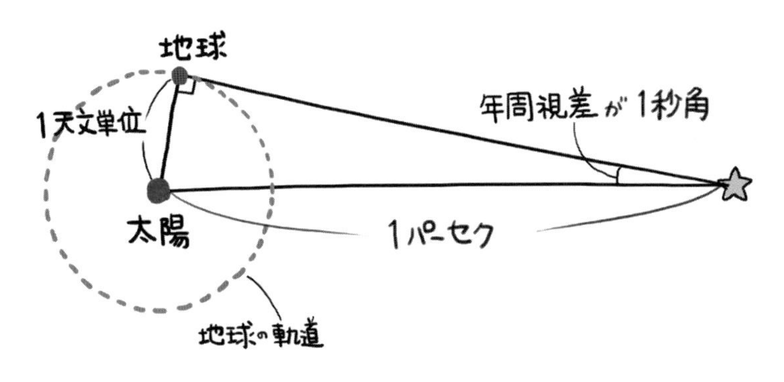

★パーセクと天文単位の関係

1パーセク ＝ 3.261 563 777光年

ですが、この換算値にも誤差を含みますので、観測された数値（視差）から直接求められるパーセクが研究者には好まれるのです。

このパーセクを使うと、アンドロメダ銀河までは780kpc（キロパーセク）、おとめ座銀河団の中心付近にあるM87銀河までは16Mpc（メガパーセク）といった具合に表されます。kやMは位取りの接頭語で、３桁ごとにk（キロ）、M（メガ）、G（ギガ）、T（テラ）、P（ペタ）となります。最近ではコンピュータのハードディスク容量やスマートホンのデータ通信量などでおなじみになってきましたね。

太陽と地球の距離は天文単位と呼ばれます。その長さで見込む角度が１秒角となるような距離を１パーセクと定義するわけですから、天文単位がきっちりと定義されていないと、全てがあやふやになってしまいます。もともと地球と太陽の平均距離として定義されていましたが、これまではモデルや観測などに基づいて経験的に決められており、3mほどの誤差がありました。そこで、2012年に北京で開催された国際天文学連合の総会で、１天文単位の定義が72年ぶりに変更されました。

「１天文単位とは、149 597 870 700m（１億4959万7870.700km）のことである。」

これにより精度は何と12ケタ、1mの誤差も許さず正確に定義されたことに

★白金 90%、イリジウム 10% の合金で作られたメートル原器。フランスで 30 本のメートル原器が作られ、1889 年の国際度量衡総会で No.6 が国際メートル原器とされ、No.22 が日本に配布された。1960 年まで 1 メートルの基準として用いられた。現在では産業技術総合研究所に重要文化財として保存されている。

なります。またこの直接的な定義は、天文単位は観測によって決定される値ではなくなったことを意味します。天文単位をm（メートル）に対して固定した値として定めることとなったのです。

こうして最後は、1mの定義の問題に行き着きます。1mは、元々地球の子午線の、赤道から北極までの長さの1,000万分の1と定められ（つまり、地球一周4万kmです）、実際の測量に基づいてその長さの基準として「メートル原器」が作られ、1889年に国際的に採用されました。その後、度々定義が改定され、現在のメートルの定義は、1983年に

「1メートルとは、1秒の 299 792 458 分の1の時間に光が真空中を伝わる行程の長さ」

とされました。この299 792 458m/秒は、光の速度にほかなりません。光の速度で距離を測る光年よりもより直接的な単位としてパーセクを考えたのですが、その正確さを追い求めてみたら、また光の速度に戻ってきてしまいました。とかく定義というものは厄介なものですね。

そして天文単位を表す記号としては、これまで慣例的に「AU」や「ua」が使われたりしていましたが、2012年の国際天文学連合の決議に基づき、小文字の「au」のみに統一することが2014年の国際度量衡委員会で決められました。

「au」と言われると、某通信会社の三太郎が登場する「ネギが毎月もらえる……」CMを連想してしまいます[*1]。当店も九条ネギを毎月入荷いたしておりますので、本日は新鮮なネギを丸ごと表面が真っ黒になるまで炭火で焼いた、黒

焼きをご用意いたしました。縦に切れ目が入れてありますので、一枚皮を開いてお召し上がり下さい。中は白くて九条ねぎ独特のとろみと自然な甘みをご堪能いただけます。さらには素材の味が勝負のネギのたたきやネギの開きもご用意いたしました。「ひらいただけか〜い！」とおっしゃらず、ご堪能下さい。

（2016年５月）

＊１　au三太郎CM「ネギ編」https://www.youtube.com/watch?v＝iYhLNegBVY4

エネルギー準位

いらっしゃいませ。

本日はようこそ宇宙料理店にお越し下さいました。最近は太陽が面白いですね。太陽の活動に合わせておよそ11年周期で増減を繰り返す黒点がよく見えています。ただし、直接見るのは大変危険ですから、投影された太陽像を名古屋市科学館で見るのが安全でお勧めです。屋上の太陽望遠鏡からの光を真空パイプで６階展示室に導き、今の太陽の姿が見られるようになっています。太陽の表面温度が約6,000度に対し、黒点は約4,000度。まわりより温度が低い部分が暗く見えるのです。また展示室の壁面にはその光の一部を使って実際の太陽のスペクトルも投影されています。太陽は青から赤まで連続的に光を放っています（連続スペクトル）が、その光の中の所々に黒い線が見えています。これが吸収線（または暗線）で、太陽の大気に含まれる原子が特定の波長の光を吸収しているのです。

プラスの電気を帯びた原子核の周りをマイナスの電気を帯びた電子がまわっている、というのが原子のイメージですね。しかし、電子はどんな軌道でも自由に回れるのではなく、特定のとびとびの軌道しか回れません。この軌道をエネルギー準位と呼び、内側から順番にn＝１，２，３，４，……と自然数であらわします。nが大きな軌道ほどエネルギー準位は高く、その軌道を回る電子は、より大きなエネルギーをもっています。そして、ついに電子が原子核から離れてしまうと電離状態になります。電子はちょうど準位間のエネルギーに相当する波長の光を吸収すると高い準位に飛び上がるのです。この時、電子に吸収された波長は連続スペクトルからいなくなるので黒い線、すなわち吸収線となります。この吸収線（つまりはエネルギー準位）はそれぞれの原子に固有なので、

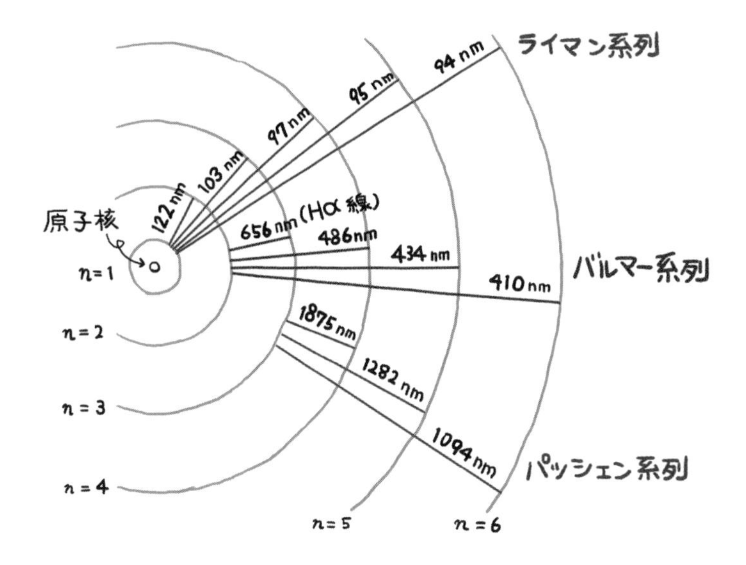

★水素原子のエネルギー準位。n ＝ 2 と n ＝ 3 との間で電子が行き来すると Hα 線となる。n ＝ 1 との差はライマン系列、n ＝ 2 との差はバルマー系列、n ＝ 3 との差はパッシェン系列と呼ばれる。

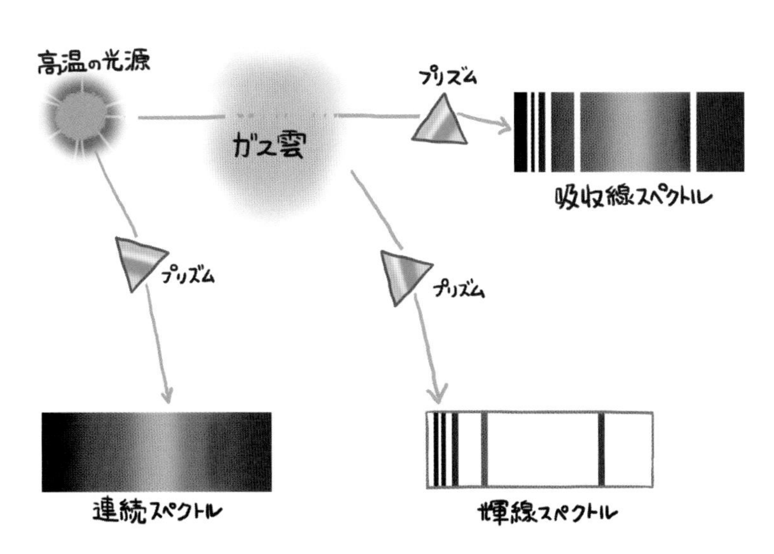

★高温の物体からの熱放射は、様々な波長の光を連続的に含んでいるのでプリズムなどで分光すると、連続スペクトルになる。手前のガスを透かして熱放射を観測すると、ガスに含まれる元素の吸収線が現れ（吸収線スペクトル）、ガスのみからの放射を分光すると同じ元素の輝線が観測される。

吸収線の観測からそこに含まれる原子を特定する事ができるのです。

しかし、電子はいつまでもエネルギーの高い興奮状態ではいられません。より安定なエネルギーの低い状態に戻ろうとします。この時にはエネルギー準位間に相当する波長の光を放つのです。これは輝線と呼ばれ、波長は吸収線とピッタリ一致します。同じ波長の光を同一の原子が吸収したり放出したりするので、結局何も変わらないようにも思えますが、希薄なガスが吸収線を生じるか、輝線を放つかは、そのガスの状況によります。ガスの背後に十分温度が高く連続スペクトルを発するものがある場合は、ガスはそのエネルギーを利用出来るので特定の波長を吸収します。ガスが非常に高温で背後に何もない場合は、励起状態を続けるエネルギーがないので、徐々に準位を下げていくことしか出来ません。この際に輝線スペクトルを生じるのです。

太陽からの輝線で代表的なものにHα線があります。太陽の主成分である水素原子が放出する波長656nmの赤色の光です。このHα線で見る太陽は、可視光での太陽とはずいぶん表情が違います。可視光では文字通り明るい光の球「光球」が見えていますが、Hα線では光球の外側を薄く包み込む「彩層」が見えています。この彩層から炎のように外に吹き出したものがプロミネンスで、

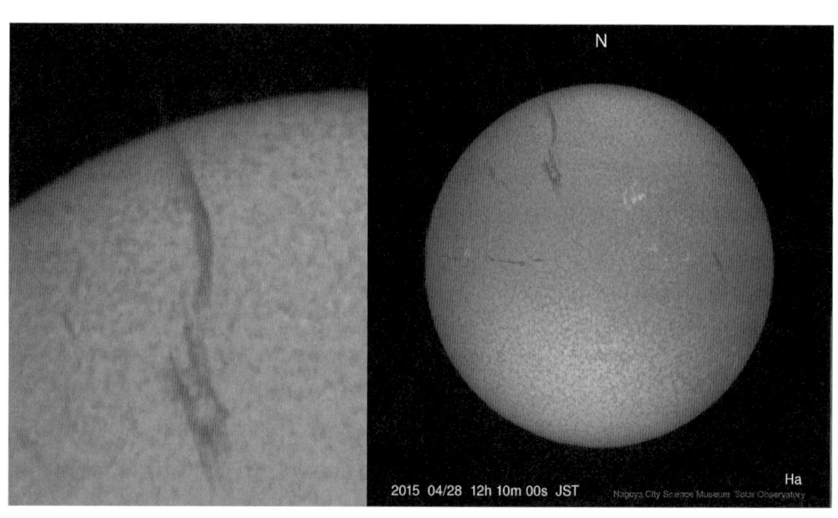

★ 2015年4月28日12時10分の太陽Hα画像。右が全球で、中央より左上に大きなダークフィラメントが見える。そのダークフィラメントが太陽像の外にはみ出しプロミネンスとして見えている。左はその拡大。

太陽表面の激しい活動の様子も垣間見られます。また、太陽の表面には暗いスジ模様も見えますが、これはダークフィラメントと呼ばれ、本質的にはプロミネンスと同じ噴出したガスです。背後に光源がなければ明るく見え（プロミネンス）、光源があると暗く見える（ダークフィラメント）、輝線と吸収線と同じ理屈です。名古屋市科学館の太陽望遠鏡で2015年４月28日に撮影されたHα画像ではダークフィラメントとプロミネンスが繋がっており、同じものであることがはっきりと分かります。活動が激しい時の大きなガスフィラメントでなければ中々見られない、貴重な画像です。

さて、本日はポップコーンの素をご用意いたしました。普通のポップコーンは、小粒で種皮の硬いトウモロコシの爆裂種を乾燥させた粒を使います。スーパーなどに、この種を封入したアルミ箔製の簡易なフライパンタイプのものがありますよね。火にかけてしばらくするとパンパンと連続的にはじける音がして、ポップコーンが出来上がります。いつ爆ぜるかは分かりませんし、あたりに飛び散ると危ないので封をしたまま作りますが、当店のトウモロコシは量子爆裂種でとびとびの値のサイズで揃っています。これをフライパンに一様になるように敷き詰め、フタをせずに火にかけますと、限界吸収熱量が小さいものからいっせいに弾け、同じ高さまで飛び上がります。まずは10cmモノ、次は50cmモノ、さらには1m、2mと……おっと、種皮の亀裂の入り方がランダムなのを忘れておりました。同じ高さにまっすぐ上がるところをご覧いただこうと思ったのですが、飛んで行く方向が定まりません……おっとっと！

危険ですので半径2m以内に立ち入られないようにお願いします。

（2015年５月）

ニュートリノ

いらっしゃいませ。宇宙料理店へようこそ。

東大名誉教授の小柴昌俊さん、やりましたね。ついにノーベル物理学賞をお取りになられました。受賞理由は「宇宙ニュートリノの検出へのパイオニア的貢献」ですが、なにぶん相手は幽霊粒子とも言われるニュートリノ。耳慣れては来ましたが、実体は良くわかりません。「物質とほとんど反応しないために体も地球も素通りする」と言われても、「はて？」と思ってしまうのですが、そもそも「物質と反応する」とか「そこに物があると感じる」とはどういうことなのでしょうか？

私たちは「赤いリンゴがある」と目で物を見ることができます。それは、リンゴが反射する赤い光を私たちの目が感じることができるから。目の網膜の細胞がその光に反応するからです。触って硬いと感じるのも指先の触覚を司る神経が圧力に反応するからです。どのような形であれ、モノとの反応があってはじめてその存在がわかります。「反応しないモノ」はそこにあってもその存在は全く気づかれません。「そこにない」との差がないわけですから気がつきようがないわけです。「ほとんど反応しないモノ」は、時々は反応してその存在が見つかるわけですから、たまにあることがわかる、まさに幽霊的存在ということになります。

しかしこの硬い地球を素通りすることなんてできるのでしょうか？　我々の住むマクロの世界の感覚では全く不可能に思えますが、ミクロの世界ではそれが可能となります。物をどんどんこまかく分割していくと、その物としての性質を持つ最小単位、分子にいきつきます。分子はさらに原子に、原子は原子核とその周囲を回る電子に分けられます。原子の直径（電子がまわっている軌道）

はおよそ１千万分の1mm、原子核はその１万分の１の大きさしかありません。原子核を太陽の大きさにたとえると、電子はおよそ冥王星軌道あたりをまわっていることになります。その間は何もないわけですから、ミクロの世界は実はスカスカなのがわかります。原子核はより小さな陽子や中性子から成り、陽子や中性子はさらに小さな素粒子「クオーク」からできていると考えられています。クオークはもはや現在の技術では大きさが測定できないぐらい小さな粒子です。問題のニュートリノもそれ以上分割することのできない素粒子のひとつです。素粒子にとってこの世界は障害物がほとんどないスカスカの世界と言っても良いでしょう。

原子の大きさを半径100kmとしてみます。すると原子核は半径数m、その中の陽子は半径1m、陽子の中のクオークがニュートリノと反応する範囲はなんと半径1mmにすぎません。名古屋－大阪間を走る２台の車がたまたま正面衝突するよりもぶつかる確率は低いのです。1987年２月23日、大マゼラン雲での超新星

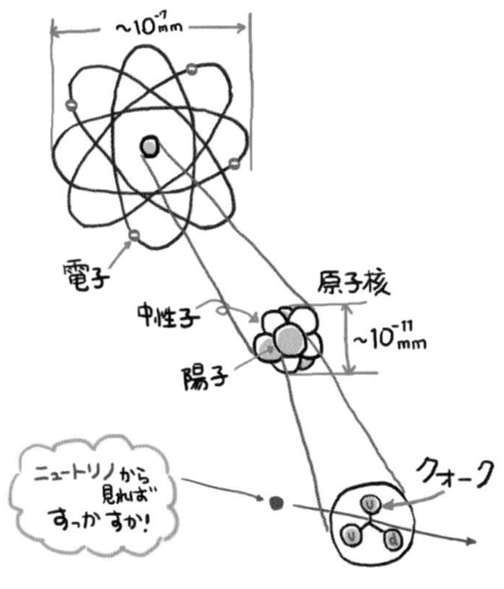

★原子の構造

★大マゼラン星雲に現れた超新星 SN1987A（中央右手の極めて明るい星）。
小柴さんが東京大学を定年退官する直前の 1987 年２月 23 日にニュートリノが地球に届き、可視光でも明るくなった。ヨーロッパ南天天文台、１メートルシュミット望遠鏡での撮影。（ESO）

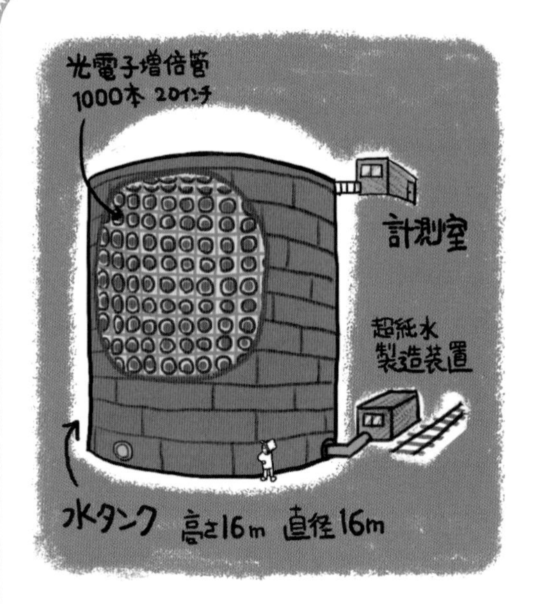

★カミオカンデ検出器の概要

爆発（SN1987A）では10^{58}個ものニュートリノが放出され、$1cm^2$あたり100億個ものニュートリノが地球を日本の裏側から突き抜けていきました。私たちの体も例外ではなく、その瞬間に数兆個のニュートリノが通り抜けていったはずです。カミオカンデのおよそ2000トンの水の中を10^{16}個のニュートリノが通り過ぎ、そのうちのわずか11個が水分子内の陽子と反応をして、光電子増倍管により観測されたわけです。

そんなニュートリノを身近に感じていただくために、今回は特製の「イクラ」をご用意しました。これは、岐阜県神岡町を流れる神通川に戻ってくる珍種のシャケから取られたものです。SN1987Aのような地球でも観測できるニュートリノ・バーストはまれにしか起こりませんが、宇宙にはニュートリノが充満しており、今現在も毎秒10^{20}個のニュートリノが地球を突き抜けています。このシャケはそんなニュートリノを、広い太平洋を回遊している間に捉えては生体濃縮し、卵という我々の目に見える粒子にするのです。まさにニュートリノ・イクラと言っても良いような逸品です。ニュートリノ・プロテクターでコーティングされたスプーンをお使い下さい。素粒子独特の細やかな味わいが、お口の中に広がるはずです。のどを通ったイクラは、すべて体を突き抜けてこぼれ落ちてしまいますので、カロリー０の究極のダイエット食としてお召し上がりくださいませ。

（2002年11月）

ニュートリノ振動

いらっしゃいませ。宇宙料理店へようこそ。

私、シェフのDr.Nodaでございます。先日、お客様からお手紙をいただきました。

「宇宙料理店ではいつも楽しくディナーを頂いています。複雑な料理なので、私の頭脳は毎回消化不良をおこし、下痢ばかりしています。」

おそれ入ります。食材は新鮮なものを十分吟味いたしておりますが、刺激的な味付けも心がけておりますので、たまにお体に合わない方も……それでも何度か食していただくと、「くせになる」とのお声もちょうだいしておりますので、もうしばらくお付き合いいただきたく存じます。

「……こんどは、ニュートリノに実は質量があるらしいという話を、平凡な頭脳にも理解できるよう料理して出してください。」

承知いたしました。ニュートリノは調理が大変難しい食材ですが、それだけに料理人の腕の見せどころかと思います（と言いながら包丁を持つ手が汗ばんでおりますが）。

なぜニュートリノが食材として難しいかと申しますと、幽霊粒子と呼ばれるように何でも突き抜けてしまうこと（これは先回ニュートリノ・イクラで味わっていただきました）、そしてニュートリノ同士が入れ替わってしまう（振動を起こす）からなのです。ニュートリノは素粒子の一種であり、フレーバーという量子数によって、電子ニュートリノ、ミューニュートリノ、タウニュートリノの３つのタイプに分けられますが、生まれた電子ニュートリノがずっとそのまま電子ニュートリノでいるわけではありません。時間が経つとミューニュートリノに変化し、また電子ニュートリノに戻ったりするのです。

★スーパーカミオカンデの内部
（東京大学宇宙線研究所 神岡宇宙素粒子研究施設）

高速の宇宙線が大気中の原子核と衝突すると中間子が作られ、その中間子が崩壊すると電子ニュートリノとミューニュートリノが作られます。このように地球の大気中でもニュートリノがつくられている（大気ニュートリノ）のですが、この電子ニュートリノとミューニュートリノが作られる割合は、理論的には1:2になります。ところが実際に測ってみると、1:1.2にしかなりません。ミューニュートリノの数が足りないのです。そこであのカミオカンデの後継機、スーパーカミオカンデを使って、ニュートリノのタイプごとに、やってくる方向の違いで数え直してみました。すると、神岡の上空からやってくる下向きのニュートリノと地球を突き抜けてやってくる上向きのニュートリノの比は、電子ニュートリノでは1:1であったのに、ミューニュートリノでは1:0.5だったのです。宇宙線はどちらからも同じようにやってきますから、神岡から見て上向き下向きで差が出るはずがありません。電子ニュートリノはまさにその通りになっており、何の不思議もないのですが、ミューニュートリノはなぜ下向きが上向きの２倍もあるのでしょうか？

そこで、ミューニュートリノが地中を長く走ってきた分だけタウニュートリノに変わったのではないかと考えられたのです（ちなみにスーパーカミオカンデでは、電子ニュートリノとミューニュートリノは測ることができますが、タウニュートリノは測ることができません）。このように、ニュートリノが別のニュートリノに変わってしまうことをニュートリノ振動と呼びます。その振動の割合は、

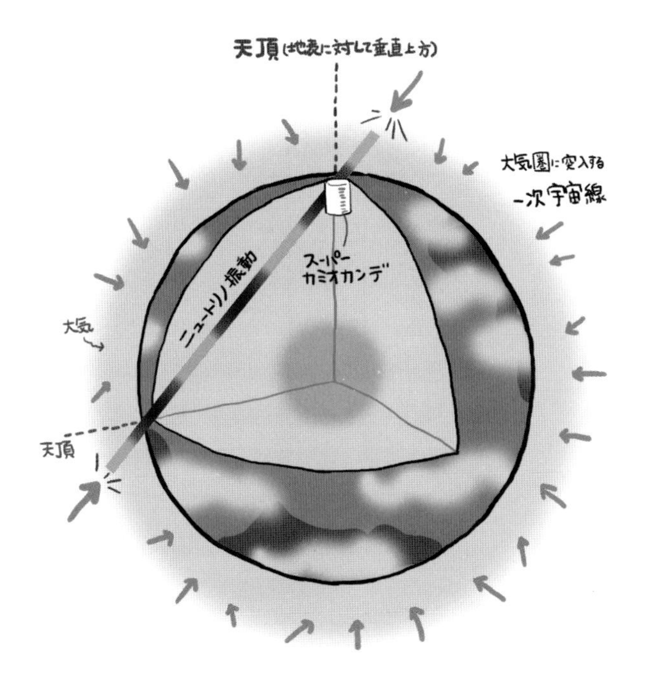

★宇宙線からつくられる大気ニュートリノとニュートリノ振動の様子

ニュートリノが走った距離（つまり時間）とともに変化するだけでなく、ニュートリノの質量にも関係することが理論的にわかっています。従って、もしニュートリノに質量がなければ、どれだけ走ってもニュートリノは変化しませんが、質量があれば変化（振動）しても良いということになります。大気ニュートリノの数の差は、まさにミューニュートリノとタウニュートリノが振動している、すなわちニュートリノに質量がある証拠なのです。

太陽からやってくる電子ニュートリノの数も理論値に比べて少ないことが1960年代から知られていました。これも電子ニュートリノが地球に届くまでに、ミューニュートリノに変わってしまい、その分だけ電子ニュートリノの数が減ってしまったと考えれば説明がつくわけです。

スーパーカミオカンデで得られた観測結果は精度が良く、ニュートリノに質量があることが確実になりました。1998年の国際学会ではじめてその結果が報告されたとき、300人余の会場の研究者から拍手が鳴りやまなかったほどだ

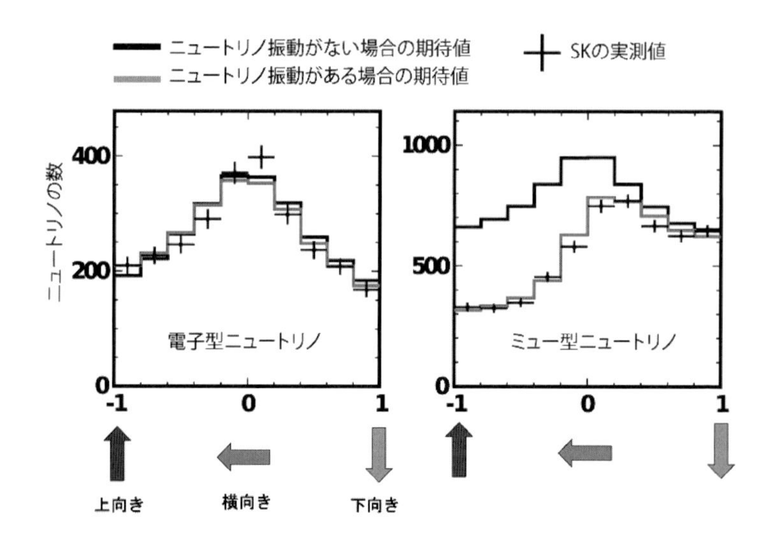

★スーパーカミオカンデ（SK）で観測された型別、方向別のニュートリノの個数（十印）。それぞれのグラフで、左側が地球を突き抜けてやってくる上向き（飛行距離約 13,000km）、右側が上空からやってくる下向き（飛行距離約 15km）のニュートリノ。上向きのミューニュートリノの実測値が理論的な期待値の半分ほどになっている。（東京大学宇宙線研究所 神岡宇宙素粒子研究施設）

ったそうです。

そこで本日は、そのニュートリノ振動を舌で味わっていただくために、電子ニュートリノには塩、ミューニュートリノにはコショウ、タウニュートリノには砂糖のテイストとフレーバーを与えたニュートリノ調味料で、ステーキを焼いてみました。お肉はもちろん最高級の飛騨牛。神岡町特産の飛騨牛はニュートリノを逃がしませんので、隅々までニュートリノ調味料がしみ込んでおります。余計なソースはいっさい使わず、肉のうまみを引き出す微妙な塩とコショウのブレンドをお楽しみ下さい。ただしお口に運ぶタイミングをあやまりますと、ニュートリノ振動によって砂糖味になってしまうことが間々ございます。十分にお気をつけ下さい。

（2003年５月）

望遠鏡・観測技術編

大気の揺らぎ

いらっしゃいませ。宇宙料理店へようこそ。私、シェフのDr.Nodaでございます。当店では宇宙をおいしく味わっていただくために、宇宙・天文に関する不思議な現象や物理用語を口当たり良くご紹介するのがモットーです。これからもごひいきにお願いいたします。

さて、宵の明星の金星も見えなくなり、宵の南空には木星がひときわ目立っていますね。そしてその下にはさそり座の一等星、アンタレスがあります。アンタレスはキラキラとまたたいているのですが、木星はまたたかずにじーっと光っていますよね。この違いは天体の見かけの大きさの違いによるものです。

まずは地球の大気の様子を考えてみましょう。太陽から地球に降り注ぐ熱量は場所によって異なってます。この地域差により、大気中に1m ～ 1kmといったスケールの温度ムラが生じます。これが風の流れや大気の対流によってか

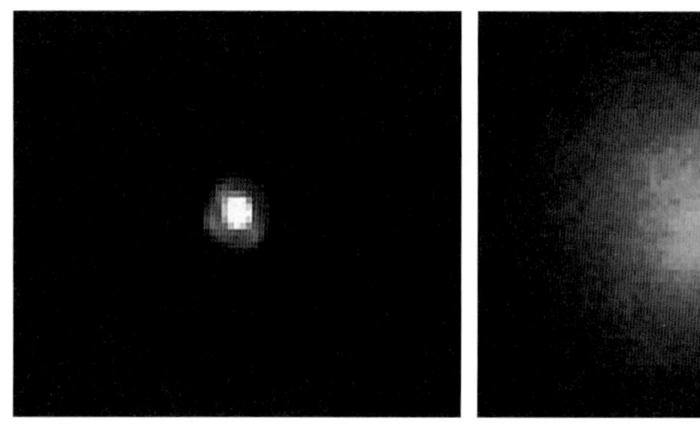

★大気の影響でぼやけた星像（右）と元の星像（左）。（国立天文台）

き回され、次第に小さなスケールの温度ムラになって行きます。すると、温度のムラごとに光の屈折率が違いますから、そこを通過する天体からの光の進路や角度が光路ごとにわずかに揺らぎます。これを私たちは星のまたたきと感じ、露出時間の長い写真を撮ると、瞬間瞬間の光があたる場所がある範囲内でばらつくために星像がぼやけてしまうのです。

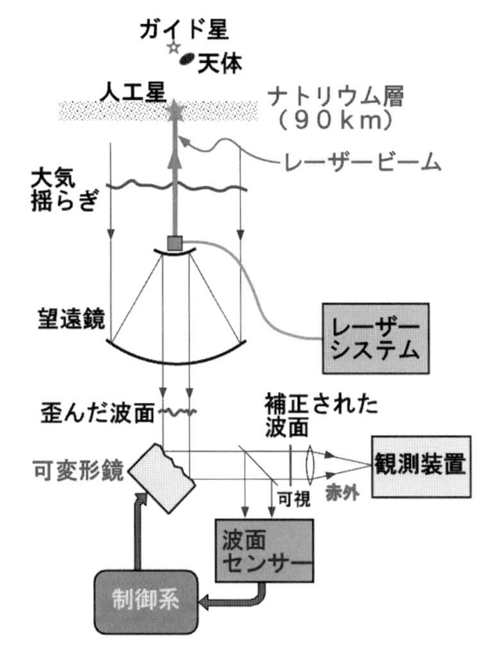

★補償光学系のシステム図。(国立天文台)

このばらつきのサイズはおおよそ数秒角程度です。これに対し最近の木星の見かけの直径は40秒角程度。約10倍も大きいので、少々光の道筋が揺らいでも、木星の大きさの範囲内に収まってしまいます。よって大変遠くにあるためにほとんど点光源である恒星に対し、大きさのある惑星は、またたかないように見えるのです。

星のまたたきは、肉眼で見る分には風情のあるものですが、天体観測には大敵です。大気のいたずらで光のあたる位置がばらつき、像がぼけてしまうのですから当然ですよね。そこで研究者達は、大気の揺らぎをキャンセルする方法を考えました。それが補償光学です。

今度は光を波として考えてみましょう。十分遠方の天体からの光は、宇宙空間ではほぼ平面波として伝わってきます。波の山と谷が規則正しく繰り返されているわけですね。しかし、地球の大気に入ってくると、小さなスケールの温度揺らぎによって波面が乱れてしまいます。この乱れを実時間で計測し、それに合わせて反射鏡の形をわずかに変形させて波面の乱れを元に戻す技術です。

日本のすばる望遠鏡も1990年代から補償光学の研究を行い、昨年の10月に

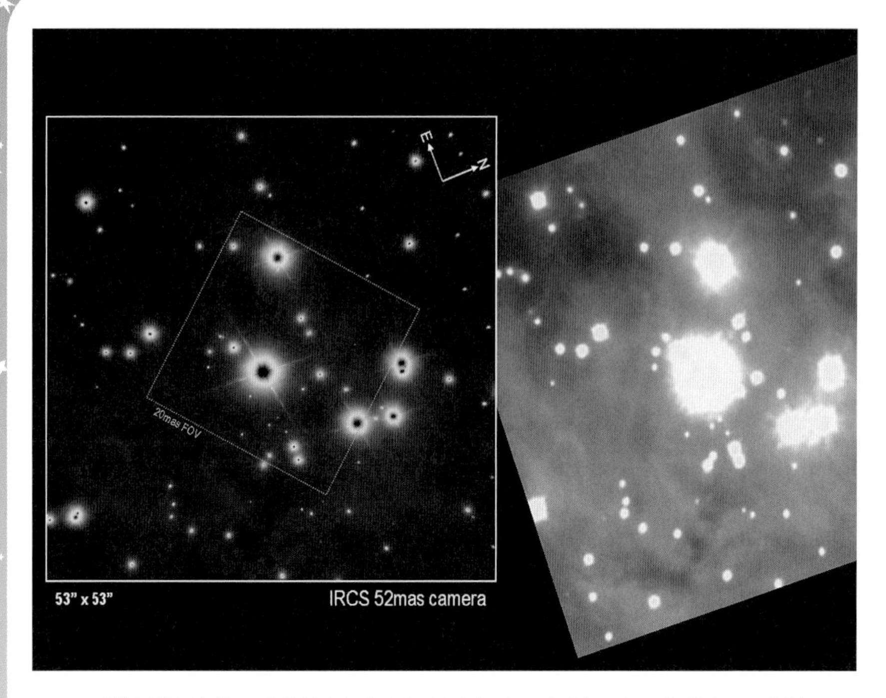

★補償光学系を使って撮影されたオリオン星雲内のトラペジウム（左：解像度 0.06 秒角）と使わなかった場合の画像（右：解像度 0.6 秒角）。（国立天文台）

は188素子の補償光学系を開発しました。観測したい天体の近くのガイド星からの光を188分割し、それぞれの波面のずれを計算し、与えた電圧によってわずかに伸び縮みする性質を持つ「ピエゾ素子」で作られた可変形鏡を188箇所で制御するのです。これを１秒間に1,000回繰り返し、刻々と変わっていく波面の乱れを戻しているのです。これにより分解能は10倍良くなり、望遠鏡本来の性能が引き出せるようになりました。

目標天体の近くにガイドとなる星がない場合も心配ご無用です。高度90kmの上層大気中にあるナトリウム層にレーザーを当て、ナトリウム原子を発光させて人工的なガイド星にしてしまう「レーザーガイド星」も、実用段階に入っています。望遠鏡からレーザービームを放てば、いつでもどこでも好きな場所にガイド星を作ることが出来るのです。一昔前には出来なかったことが新しい技術で次々と実現化され、観測現場も大きく様変わりしています。

さて、ゆらゆらと光を放つものと言えば、ホタルイカ。ちょっと季節が過ぎてはおりますが、この５月に富山県の滑川漁港で水揚げされた生きたままのホタルイカです。当店にはウラシマ効果を使って、時間の進みを遅らせる「ウラ蔵庫」がありますので、これを使って時間の進みを遅くしてみました（P11参照です）。このホタルイカを10パイほどワイングラスに盛りつけますと、ホタルイカが興奮し発光いたします。これに薄くのばした酢みそをかけ、そのまま飲み干すようにお食べください。

★レーザーガイド星生成用のレーザービームを放つすばる望遠鏡（国立天文台）

コリコリとした歯ごたえ、ほんのりとした甘みをご賞味いただけます。ただし他店での生食は十分お気をつけください。ホタルイカの消化器には旋尾線虫の幼虫が寄生していることがあり、生食で感染するおそれがあります。もちろん当店では心配ご無用です。特製の「輝星注射」を１パイずつしてありますので、寄生虫は全て輝星のような発光物質に変性し、発光に彩りを添えております。

（2007年７月）

ウェーバー・フェヒナーの法則

いらっしゃいませ。

宇宙料理店へようこそお越しいただきました。シェフのDr.Nodaでございます。最近地震のニュースをよく耳にする気がしませんか。６月25日(日)の朝７時過ぎにも長野県王滝村と木曽町を震源とするマグニチュード5.6の地震がありましたね。名古屋は震度２でしたが、突き上げるような揺れに驚かされました。地震としてはさほど大きくはなかったのですが、直下型だったせいか、御嶽山中腹の「おんたけ休暇村」のセントラルロッジは建物にダメージを受け、休館が続いています。ご来店の皆様にも毎年ご案内しております「おんたけ天文教室（星座教室）」ですが、今年は残念ながら中止になってしまいました。天の川が綺麗に見える場所で20年近く続いてきた催し物だけにとても残念です。一日も早いセントラルロッジの再開を待ちたいと思います[*1]。

さて、そんな天の川がよく見えるようなところでも、肉眼でギリギリ見えるのはおよそ６等星まで、と言われますが、この星の等級はどのように決められているのでしょうか。元々は古代ギリシアの天文学者ヒッパルコスが「明るい星を１等星、かろうじて肉眼で見える暗い星を６等星」として、感覚的に分類したものです。19世紀になってイギリスのポグソンが光の量を実際に測定した結果、１等星と６等星は光の量が100倍違っていることがわかりました。５等級の差が明るさで100倍の比になっている、つまり１等級が$100^{1/5}=2.51$倍に相当する光の量の比になっているのです。

ここで「差」ではなく「比」が出てくるのは不思議な気がしますが、これは私たちの日常の中での刺激の感じ方にヒントがあります。私たちはどのような

★おんたけ休暇村での星空（いて座からわし座にかけての天の川）

状態でも測定値が「10」増えたら、同じように「10」増えたと感じるわけではないのです。例えば、10g持っている所に10g追加されると重くなったことが直ぐにわかりますが、100g持っている所に10g増やされても、あまり大きな変化とは感じられません。差としては同じ10gですが、「10g → 20g」の変化は２倍、「100g → 110g」の変化は1.1倍です。「10g → 20g」の変化と同じくらいの変化を感じるためには、２倍に相当する「100g → 200g」の変化が必要なのです。このように私たちは変化を「差」ではなく「比」で感じ取っています。この刺激の物理的な量に対する感じ方（感覚量）の違いは、ドイツの心理学者ウェーバー（Weber）が見出し、その弟子のフェヒナー（Fechner）が

$$(\text{感覚量}) = k \times \log(\text{物理量}) \qquad k\text{は比例係数}$$

という式で表しました。「比」の関係は、式で表すと「対数（log）」になります。これはウェーバー・フェヒナーの法則と呼ばれます。

星の明るさもこの式で表わされ、具体的には

$$(\text{等級}) = -2.5 \times \log(\text{光の量})$$

となります。2.5の前にマイナスがついているのは、等級の場合は数字が大き

くなると暗くなる（光量が減る）からです。音の大きさや臭いも私たちは「比」で感じています。音圧レベルを「デシベル」で表したりしますが、物理的な音圧に対して

（デシベル）＝ 20×log（音圧）

の関係があります。深夜の街中や図書館は40デシベル、静かな乗用車や普通の会話が60デシベル（40デシベルの10倍）、地下鉄の車内が80デシベル（40デシベルの100倍）、電車が通るときのガード下が100デシベル（40デシベルの1000倍）といった具合です。臭いに関しては「臭気指数」が

（臭気指数）＝10×log（臭気濃度）

と定められています。感覚の種別によって単位なども違っているので、比例係数は様々な値になりますが、いずれも式の形はウェーバー・フェヒナーの法則です。進化の中で生存競争を繰り返してきた私たちは、幅広い範囲の刺激をとらえられないと生きてこられなかったはずです。しかし、刺激を全て同じレベルで処理しようとすると、脳には膨大な負担がかかってしまいます。そこで、10の中では１以上の変化を感じ取り、100の中では10以上の変化のみを感じ取るといった、対数的な変化のとらえ方を身につけてきたのでしょう。

さて、味覚も我々の五感のひとつですから、ウェーバー・フェヒナーの法則が成り立つはずです。そこで本日は辛さを調整できる麻婆豆腐をご用意いたしました。

中華料理屋さん、カレー屋さんなどで辛さをオーダーできるお店はよくあります。例えば、カレーのCoCo壱番屋さんも１辛～10辛まで辛さのオーダーが出来ます。辛さの度合いが１辛の何倍と定量的に表されていて良く工夫されているのですが、尺度がちょっと曖昧ですね。そこで、当店では唐辛子の辛さを測るスコヴィル値を辛さの尺度としました。１スコヴィル値を０等級とし、星の等級と同じく2.51倍値が増えるごとにマイナス等級が増えてまいります。例えば金星は－4等（0等級の約40倍）前後の明るさで朝夕に見られますので、金星級は約40スコヴィル値、ちょっと辛いかなと言った程度です。こ

辛さ（ベース）		
	辛さの度合い	
甘口	辛さが苦手な方や、お子さまにもオススメ。	
普通	一般的な中辛程度	ココイチのスタンダード。
1辛	一般的な辛口程度	もうちょっと刺激が欲しいという方へ。
2辛	1辛の約2倍	後から辛さがじわじわと広がる辛口。
3辛	1辛の約4倍	激辛！そろそろ限界？
4辛	1辛の約6倍	超辛！極辛！好きな方はやみつき。
5辛	1辛の約12倍	辛さに挑戦！！という方向け。辛さと勝負。
6辛	1辛の約13倍	
7辛	1辛の約14倍	
8辛	1辛の約16倍	
9辛	1辛の約18倍	
10辛	1辛の約24倍	

★CoCo 壱番屋のホームページより　http:www.ichibanya.co.jp/menu/order.html

れが半月級でしたら－10等級なので約１万スコヴィル値に跳ね上がり、およそタバスコソースの辛さです。さらに、満月級（－12.6等級）は約12万スコヴィル値でハバネロの実レベルですから、かなり上級者向けです。そして太陽は－26.8等級ですので、太陽級の約480億スコヴィル値まで天体の等級に合わせてオーダーいただけます。等級によって辛さの違う麻婆豆腐、名付けてマーボートウキュウでございます。

ただし、太陽は危険ですから絶対に見つめないでください、じゃなくて、食べないでくださいね……

（2017年７月）

＊１　おんたけ休暇村には口径60cmの望遠鏡があり、天の川が見られる星空を魅力の一つとしています。名古屋市科学館と共催で毎年夏に宿泊タイプの天文教室（星座教室）を行っていましたが、2017年６月の地震でセントラルロッジの閉館を余儀なくされました。閉館は３年近くに及びましたが、2020年６月８日にリニューアルオープンし、再び美しい星空を楽しめるようになりました。

見かけと絶対等級

いらっしゃいませ。宇宙料理店へようこそ。

夏の大三角も西に傾いた秋の星空は､何となく物悲しい感じがしますね。「秋の四辺形」やカシオペア座には１等星がないので、ちょっとさびしく感じるのでしょうが､そもそも星の明るさは、どのように決められているのでしょうか。

星の明るさを最初にランク付けしたのは、ギリシアの天文学者ヒッパルコスです。彼は紀元前150年頃、特に明るい星を１等星、肉眼で見られる最も暗い星を６等星とし、全天の星を６段階に分けました。この頃は、等級ごとの明るさの違いは、明るさの差（等差級数）であると考えられていました。しかし、19世紀になって、イギリスのジョン・ハーシェルは、各等級の星の明るさを定量的に測定して、１等星の明るさ（光量）は６等星の明るさの100倍であり、等級ごとの明るさは、等比級数になっている事を見つけました。

１等星は６等星の100倍明るいということは、その間の５等級の明るさの比が100倍ということです。よって、１等級ごとの明るさの比は、$100^{1/5}$＝2.5118……、およそ2.5倍となります。つまり６等星より約2.5倍明るい星は５等星で、更に約2.5倍明るい星は４等星（６等星より約６倍明るい）という具合に、３等星は６等星の約16倍、２等星は約40倍の明るさになります。この等比級数は一見不自然に思えますが、実は「人の感じ方の感覚の強さは、与えられた刺激の強さの対数に比例する」という、ウェーバー・フェヒナーの法則として心理学の世界でも有名なものであることは、先回お話しましたね。

さて、１等星よりも約2.5倍明るくなると、さらに数字が小さくなるので０等星となります。０等星よりも約2.5倍明るい星は－1等星です。ちなみに満

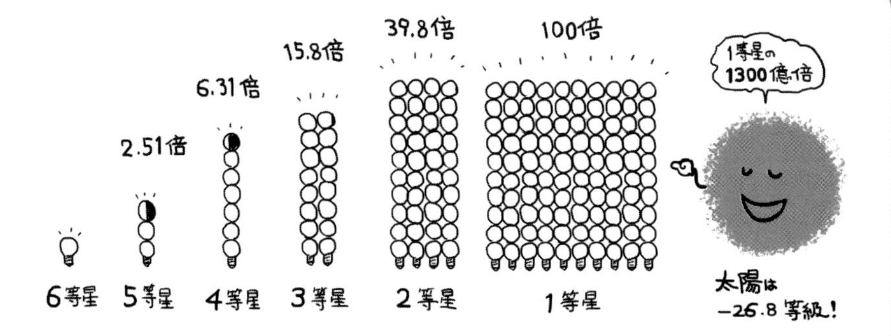

★星の明るさ（等級）の違い

月は１等星よりおよそ25万倍明るく−12.6等級、太陽は１等星より1300億倍も明るく−26.8等級となります。

夜空を見上げて明るく見えるからといって、その星自身が絶対的に明るいかというと、必ずしもそうではありません。遠いものは暗く、近いものは明るく見えるのは星でも同じです。星自身の明るさを比較するためには、同じ距離にあるものとして比べる必要があります。地球から32.6光年の距離での明るさを「絶対等級」と呼び、これで星本来の明るさを表すことにしています。「32.6」光年は半端な数字のように思えますが、これは10パーセクという切りの良い距離でもあります（パーセクについてはP28を参照して下さい）。

見かけの等級が−26.8等級の太陽は、絶対等級では4.8等級となります。銀河系の中の非常にありふれた星の一つにすぎないと言われる所以です。また、「秋の四辺形」の４つの星は、見かけの等級が各々2.1（αAnd）等級、2.4（βPeg）等級、2.5（αPeg）等級、2.8（γPeg）等級とほぼ明るさのそろった四角形ですが、絶対等級で表すと、0.3（α-And）等級、−1.2（βPeg）等級、0.0（αPeg）等級、−3.1（γPeg）等級となり、3.4等級（23倍）間にばらつく、かなりにぎやかな四辺形であることがわかります。

さて、見かけと実際の味が違っていることは、食材の世界でも大いにあります。そこで本日は、「蜂の子飯」をご用意いたしました。蜂の子と言えば、もちろん地蜂（クロスズメバチ）の幼虫ですよね。地蜂は「へぼ」とも呼ばれ、

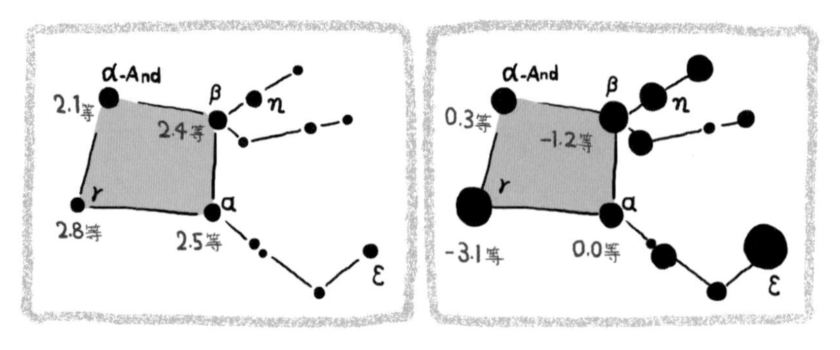

★見かけの等級でのペガスス座（左）と、絶対等級でのペガスス座（右）。10パーセクより違い量が多いので、全体的に明るくにぎやかな印象になり、どこが四辺形だかわからなくなってしまう。

綿を先につけた糸で結んだ鶏の生肉などの餌を、地蜂のいる山中に置き、その餌を持って帰巣する蜂を、白い綿を目印に山中を追いかける「へぼ追い」としても有名です。見かけはちょっとグロテスクですが、蜂の子はタンパク質、脂肪、炭水化物、ビタミン、ミネラルなどを豊富に含み、栄養価が非常に高い「食材」で、信州では高級珍味として重宝されています。特に、味つけした蜂の子を炊きたてのご飯に混ぜる「蜂の子飯」は、信州の郷土料理としても知られています。味つけ法など詳しくお話ししたいところですが、想像力の逞しい方はそれだけで食欲が減退してしまうことがありますので、まずは黙ってお試しください。頭を真っ白にして食していただければ、意外と「いける」はずです。この味にはまってしまった方は、更なるチャレンジとして生食はいかがでしょうか。当店は新鮮な食材がモットーですので、生きた蜂の子もご用意しております。

プチッとした歯ざわりと、その後に訪れるほんのりあたたかな甘い食感が、幸せな気分にしてくれます……

（2006年11月）

電磁波・スペクトル

いらっしゃいませ。本日も宇宙料理店へようこそ。

本日はとっても新鮮な鮎を手に入れましたので、塩焼きをご賞味いただきたいと思います。明るいところで見ますと、どうです、素材のよさが一目瞭然です。

ところで、私たちがこうしてものを見ることができるのは目が光を感じるからです。星が輝いて見えるのも、星から光がやってきているからです。そもそも光とは何ものなのでしょうか。

教科書的に言えば、光は電磁波と呼ばれる真空中を伝わる波の一種です。でもこれではなんだか良く分かりません。私たちが日頃、目にする波といえば、静かな水面に小石を落としたときに生じる円形の波があります。光もそういった波なのですが、伝えるものがなくても伝わるという一風変わった性質を持ってます。水面にできる波は水がなければ伝わりませんし、声や音も空気を伝わる波ですが、空気がないところでは伝わることができないので聞くことができません。このように普通、波はそれを伝えるもの（媒質）を必要としますが、光は媒質を必要としないのです。真空中でも秒速30万Km（地球7周半分の距離）という、この世界で一番速い速度で伝わる、電場と磁場をともなった波（電磁波）が光なのです。

さて、光は波と波がどれほど詰まっているかによって呼び名と働きが変わってきます。波の山から山、または谷から谷は波長と呼ばれ、波のこみ具合を表します。波長が長い光は電波と呼ばれ、障害物をうまく乗り越えたり、建物の中に入り込みやすい性質があり、テレビやラジオの放送に利用されています。目に見えないので電波と光は別のものと思いがちですが、実は波長が違うだ

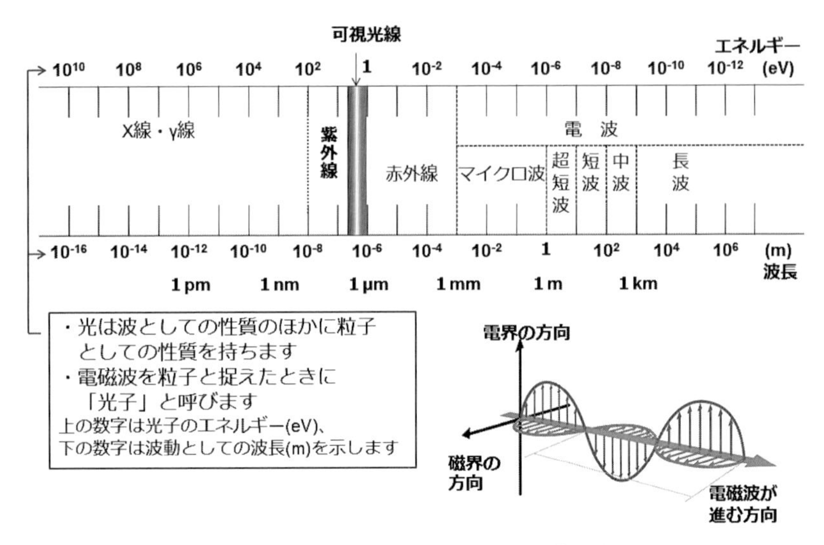

★電磁波の分け方（環境省ホームページより）

け（といっても桁外れに違うのですが）で、同じ電磁波の仲間なのです。波長の短い電波は「マイクロ波」とも呼ばれ、電子レンジに利用されています。波長1.2ｍのマイクロ波を食物に当てると、食物中に含まれている水の分子が１秒間に20億回以上も揺さぶられます。この時の摩擦で熱が発生し、食物を温めたり調理したりすることができるのです。

もう少し波長が短い光は赤外線と呼ばれます。相変わらず目には見えませんが、私たちは熱として赤外線を感じとることができます。さらに、波長が0.77～0.38μm（1μmは千分の1mm）の光を私たちは目で感じることができます。従ってこの波長帯の光を「可視光」と呼んでいます。私たちの目は波長の長い可視光を赤く感じ、波長の短い方を青く感じます。虹は「赤橙黄緑青藍紫」と七色に並んで見えますが、これは水滴の屈折によって波長の長い順に並んだ光が色の違いとして見えているのです。マイクロ波では1ｍの中に波は１個程度しかありませんが、可視光まで波長が短くなると、1ｍの中におよそ２百万個の波がつまっています。

さらに波長が短くなると紫の外の光という意味で、紫外線と呼ばれます。日焼けの原因としてもおなじみですね。波長の短い光は、光の一粒あたりのエネルギーが大きくなるので、だんだん生命体に有害になってきます。その性質を逆に利用して紫外線は殺菌にも使われています。

もっと波長が短くなると、人間の肉を突き抜けるほどのエネルギーになり、X線と呼ばれます。しかし、骨や歯は突き抜けることができないので、特殊なフィルムを使うと骨の様子を撮影することができます。この性質を利用してX線はレントゲンとして医療に使われています。さらに波長の短い光はガンマ線と呼ばれます。地上では自然にはほとんど存在しません。ガンマ線が発生するようなところは、宇宙でもエネルギーの満ちあふれた荒々しい場所に限られています。

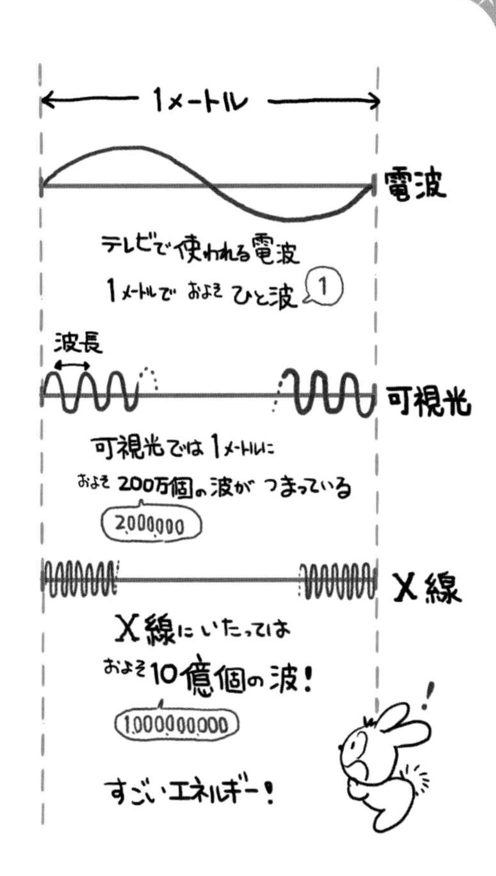

そこで、本日は“全波長”魚焼きグリルを使います。紫外線が殺菌と同時に表面を焼き上げ、X線で骨の様子を観察しながらマイクロ波が全体を加熱いたします。さらに遠赤外線を多量に含む赤外線が中までこんがりと焼き上げ、その様子は可視光で見る事ができますので生焼け、焼けすぎということがございません。柔らかい身がお好みの方にはガンマ線で組織を適度に破壊してお出しいたします。お好みの焼き加減をお申し付け下さい。

では、ごゆっくりとお楽しみ下さいませ。

（1999年７月）

アルゴスの目

ボンジュール、宇宙料理店へようこそ。

あっ、すみません。ついフランス語が出てしまいました。実は私、パリの中心街にある名門料理店との業務提携の話がございまして[*1]、昨年の11月にフランス・パリへ行ってまいりました。♪枯れ葉よ～　とシャンソンでも口ずさみたくなる晩秋のパリは少しもの悲しい風情もありましたが、ボジョレー・ヌーボーの解禁日も重なり、ワインを楽しみながら、様々なフランス料理を学んでまいりました。しかし、その中でも一番印象に残ったのが４つ星レストランのディナーではなく、通訳をお願いした方のお宅に招いていただいての生ガキパーティーでした。ご夫婦とその友人の方の心にしみいるようなもてなしが素材の味を何倍にも引き出したかのようで、料理は調理法や素材の良さだけでなく、もてなしの心と会話、その場の雰囲気がいかに大切であるか、あらためて教えられました。

さて、大皿の上に敷きつめられた氷の上に、これでもかとばかりに盛られたシェルつきのカキは、まるでたくさんの目のようで、アルゴスを連想してしまいました。ギリシア神話に登場する巨人アルゴスのことですが、ご存じでしょうか？　パノプテス（「すべてを見る」の意）のアルゴスとも呼ばれ、全身に100の目があったとも言われる怪物です。私たちが宇宙を見る「目」も、技術の進歩によって望遠鏡が身近

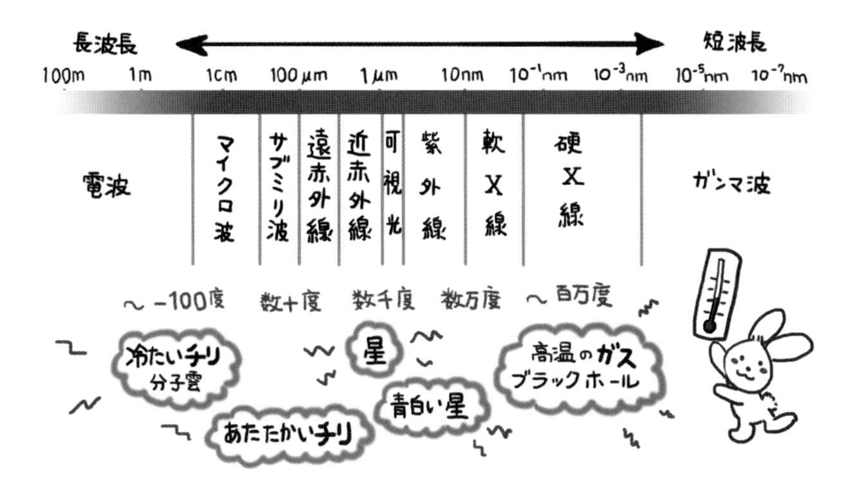

★いろいろな天体と温度、そこから主に放出される電磁波の関係。

なものとなり、質・量ともに飛躍的に増大してきました。また、検出器の技術が進歩したことによって、X線から電波までの色々な波長の「目」を持つようにもなりました。

そもそもX線や普通の光、電波などは同じ電磁波の仲間であり、電磁波の波長によって短い順にX線、紫外線、光（可視光）、赤外線、電波と呼ばれています。電磁波が発生するメカニズムには色々ありますので例外もありますが、温度を基準に考えますと、波長の短いX線は数百万度にもなる非常に高温のガスやブラックホールといった高エネルギー領域から放出されます。紫外線は数万度の青白い星から、可視光は1万度〜数千度の普通の星から強く放出されます。さらに波長が長くなると温度の低い領域が主体となりますので、赤外線は恒星に暖められた数十度〜マイナス百度ぐらいの比較的暖かいチリの分布が、電波ではマイナス250度ぐらい（絶対温度で数十度）の冷たいチリや、光の届かない分子雲の分布がわかります。また、可視光はガスやチリがあると吸収されてしまいますが、波長の長い赤外線や電波はあまり吸収されませんので、ガスやチリの中まで見通すことが出来ます。このように電磁波の波長によって見えるモノが違いますので、同じ天体でもどの波長で見るかによって様相が大きく変わってきます。例えば電波銀河として有名なケンタウロス座A（NGC5128）を見てみましょう。（カラー口絵１をご参照下さい。）

ケンタウロス座Ａは距離1100万光年の楕円銀河です。左から２番目の画像が可視光で見た姿です。星が丸く集まっており、左右少し斜めに暗い亀裂が見えます。隣の波長21cmの電波画像では、可視光での亀裂の部分が明るく見えています。この波長21cmの電波は、あたたかい領域にある中性の水素原子が強く放射しますので、ここに帯状に濃いガスとチリがあって可視光をさえぎっていることが分かります。特定の波長ではない電波の連続波では、チリの円盤と垂直方向に延びるジェットが見えています。これは高エネルギーを持つ電子が発する電波で、同じようなジェットが一番左のＸ線でも見えています。そのジェットは銀河の中心核から発し、銀河の円盤部を取り囲むように２つの円弧のような構造もＸ線で見えています。この円弧の直径はおよそ25,000光年であり、Ｘ線で見えていることからその温度は数百万度にも達します。以上のことから、１億年ほど前にケンタウルス座Ａに小さな渦巻き銀河が飲み込まれ、

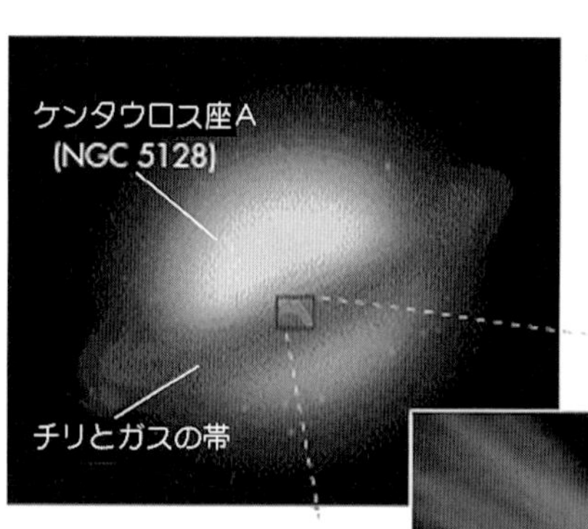

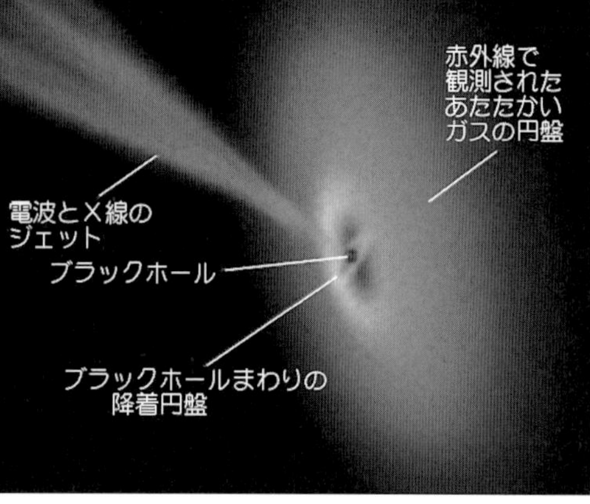

★多波長の観測から予想されるケンタウルス座Ａの全体像とその中心部。中心部のあたたかいガスの円盤は、銀河の円盤面に対してほぼ垂直に傾いている。（NASA より）

これが引き金となって銀河の中心核が激しく活動し始め、１千万年ほど前にその中心核で大爆発が起こったと考えられています。その爆発で両極方向には高エネルギージェットがのび、銀河の円盤方向には秒速500kmほどで衝撃波が突き抜けていき、その衝撃波面がＸ線の円弧として見えているのです。

さらにハッブル宇宙望遠鏡でその中心部を詳しく見てみましょう。（カラー口絵２をご参照下さい。）ハッブル宇宙望遠鏡ならではの高解像度画像は美しさすら感じさせてくれますが、可視光では厚いチリのせいで中心部を見通すことは出来ません。ところが赤外線では厚いチリを通して奥深くをのぞき込むことができます。こうしてその内奥に熱いガスの円盤が存在することが分かりました。この円盤の直径は130光年もあり、太陽の10億倍の質量を持つ超巨大なブラックホールを大きく取り巻いていると考えられています。

このように現代のアルゴスの目を使うことによって、隠された天体の真の姿を浮かび上がらせることができるのです。

さて、私がパリで食したのは、フランスのカキの産地で有名な大西洋に面したシャトライヨンからの産地直送ものでした。生ガキは新鮮さが一番ですので、当店では志摩から本日水揚げされました的矢のカキをご用意しております。海のミルクとも言われますプリプリの身に、レモンをきゅっとしぼっただけでも十分美味ですが、お好みに合わせてエシャロットビネガーをかけてお召し上がり下さい。フランスのレストランでもこのビネガーは定番でございます。

そして、カキには白ワイン。きゅっと冷たくひやしたシャブリがやはりお勧めでございます。私がパリから持ち帰りましたラングドック・ルシヨン地方（地中海に面した南フランス地方）の白ワインもございますので、よろしければお申しつけ下さい。こちらはライ麦パン（パン・ド・セーグル）を薄切りにしたものでござい

ます。バターを薄く塗ってお召し上がりいただきますと、カキのお味がいっそう引き立ちます。サラダにはナント（ロワール・アトランティック地方）産のマッシュが一番かと思いましたが、日本では手に入りにくかったので、クレソンを使っております。サラダのソースは、白ワインビネガーにサラダ油をベースにしまして、ディジョン粒マスタードを……

あ、もうお帰りですか？　ちょっとおしゃべりが過ぎたようですね。申し訳ありませんでした。ちなみにパリでの通訳は、関西出身で長くフランスにおられる方でしたのでフランス語と大阪弁、私が名古屋弁と下手な英語を話しておりまして、何ともエキセントリックな会話になりました。

では、気をつけてお帰り下さいませ。

メルシー、ア・ラ・プロシェンヌ（「まいど、おおきに！」）

（2004年１月）

＊1　2003年３月、名古屋市科学館とフランス、パリの「発見の宮殿」との間で交流計画が合意され、これに基づいて2004年度から３年間にわたり、発見の宮殿のプラネタリウムにおいて、名古屋市科学館の学芸員による日本語解説のプラネタリウム投影が行われました。これに先立ち、現場での課題を解決するために単身パリへ初めて赴き、冷や汗をかきながら様々な視察と調整をしてきました。

赤外線

いらっしゃいませ。宇宙料理店へようこそ。

先日友人とお昼頃、お店に入りランチを注文しましたら、クリームコロッケが出てきました。まず友人がはしで小さく切って口に入れたのですが、これが揚げたてで、とっても熱い。ハフハフ言っているので、「落ち着いて食べないからだよ、しょうがないなぁ」なんて笑って、私は十分注意しながらかみついたつもりだったのですが、中から予想以上に熱いクリームが上くちびるにとろりと流れ出し、「あづーっ」と、今度は私が笑われる羽目になってしまいました。

モノが熱いか冷たいか、見た目にはなかなかわからずに、不用意に触ってやけどをすることがあります。しかし、熱いモノからは赤外線が出ていますので、赤外線を観測してやれば、それが熱いかどうかすぐにわかります。さらに言えば、目に見えていなくても熱いモノがあれば、赤外線を観測することによって、その存在がわかってしまうのです。（カラー口絵３をご参照下さい。）これは太陽系外の惑星探しにも使われている方法です。

そもそも、どこかの恒星系の惑星の観測は大変難しいものです。恒星からの光は十分強くても、まわりを回っている惑星は、この恒星の光を反射しているだけですから、遠くから見ると恒星（中心星）より格段に暗く、しかも中心星にほとんど重なってしまいます。そこで、惑星からの光を直接観測するのではなく、惑星がまわりを回ることによって起こる中心星のふらつきを観測して、2005年現在で140個ほど[*1]の太陽系外惑星が見つかっています。しかし、これは間接的な証拠にすぎないので、本当にそこにあるのかどうか、やはり直接惑星からの光を見たくなります。そこで赤外線の出番です。

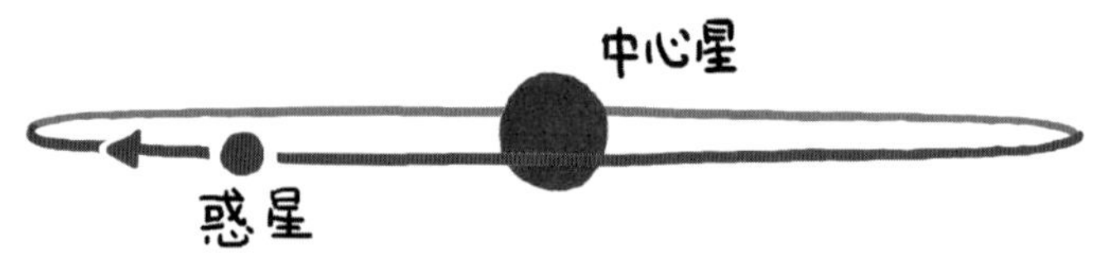

太陽系は木星や土星といった、ガスでできた大きな惑星が外の方を回っていますが、木星サイズの大惑星が中心星のすぐそばを回っている恒星系も知られています。この場合、惑星は中心星からの光でかなり熱くなっているはずです。熱い惑星からは赤外線が強くでているので、光では見えなくても赤外線なら見える可能性があるわけです。このような、主星の間近を公転する重い木星のような惑星は「ホットジュピター」と呼ばれています。

アメリカの研究者たちは、NASAの赤外線観測衛星「スピッツアー宇宙望遠鏡」を使って、ホットジュピターがあると思われるペガスス座の恒星、HD209458b（距離153光年）を観測しました。惑星が見えている時と、中心星の向こう側に行ってしまって見えない時とで観測し、その差から、惑星からの赤外線を導き出したのです。それによると、この惑星の表面温度は絶対温度で約1,100度。ホットジュピターは本当に大変熱い惑星だったのです。同じような観測は、489光年離れたこと座のTrES-1星でも行われ、やはり熱い惑星が確認されています。今後さらに別の波長の赤外線観測などを組み合わせると、温度だけでなく惑星大気の組成なども見えてくるかもしれません。

そこで本日は、一口サイズのカニクリームコロッケをご用意いたしました。アメ色になるまでじっくり時間をかけて炒めて十分に甘みを引き出した玉ネギと、極上のズワイガニの身。特製ベシャメルソースとのハーモニーをご堪能下さい。当店の料理は全て作りたてですので、大変お熱うございます。赤外線ビューアーで温度をご確認の上お召し上がり下さい。

ただし、赤外線でわかるのは表面温度のみです。それだけで判断して一口サイズをお口に入れて勢いよく噛まれますと、あつーいベシャメルソースがお口いっぱいに広がりますので、充分にお気をつけ下さい。

（2005年５月）

＊１　観測技術の向上やケプラー衛星（次ページをご参照下さい）など太陽系外惑星探しに特化した観測衛星も打上げられており、2021年１月現在で4,000個以上の系外惑星が見つかっています。

ケプラー衛星

いらっしゃいませ。宇宙料理店へようこそおいで下さいました。昨年は新店舗のオープンで慌ただしい年となりました。今年は基本に立ち返り、じっくりと料理に精進したいと思っています。今年もよろしくお願いいたします。

最近太陽系外に、地球に良く似た惑星を発見したというニュースを耳にしますね。例えば2011年12月5日にハビタブルゾーン（液体の水が安定に存在できる領域、生命居住可能領域）にある惑星として「ケプラー 22b」が発見、確認されました。この惑星の直径は地球の2.4倍ほどで公転周期は290日です。太陽に似た星のハビタブルゾーンを回る系外惑星としては、これまででもっとも小さいものです。続いて、12月21日には地球とほぼ同サイズの系外惑星として「ケプラー 20e」「ケプラー 20f」が発表されました。ケプラー 20eは直径が地球の0.87倍で公転周期は6.1日、ケプラー 20fは地球の1.03倍で周期が19.6日の惑星です。周期が短いことから主星の近くをまわる、非常に高温の惑星と見られています。さらに1月12日には「KOI-961」という赤色矮星にも、地球の0.78倍、0.73倍、0.57倍という地球よりも小さい3つの惑星が発見されたとの発表がありました。

これらはNASAの系外惑星探査衛星「ケプラー」による成果です。観測方法はいたってシンプルで、望遠鏡をある天域に固定し、数10分に1回の割合で撮像を繰り返すだけです。焦点面には1024×2200素子のCCDが42枚並べられており、視野は105平方度です。これは、はくちょう座とこと座の方向のそんなに広い天域ではありません。しかし、ケプラー衛星の主鏡は1.4mもあり、その集光力で16等星までを観測することが出来ます。その数およそ15万個。

これらの星の明るさの変化を1万分の1のレベル（12等星の場合）で監視し、惑星が恒星の手前を横切る時に恒星がわずかに減光する現象から惑星を見つける（トランジット法）のです。

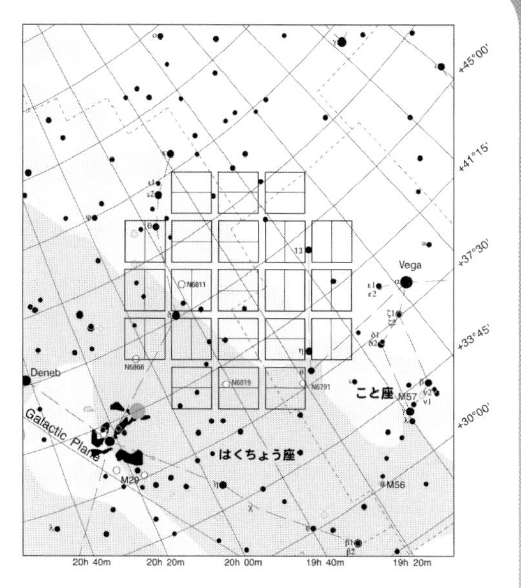

★ケプラー衛星の観測天域。四角は2枚一組のCCDで、21組ある。太陽や月の光に邪魔されないように黄道面から外れ、かつ星の多い天の川付近が選ばれている。（ケプラー衛星のHP [http://www.nasa.gov/mission_pages/kepler/overview/index.html] より）

さて、惑星による減光であれば周期的に繰り返されるはずです。ケプラー衛星では3回以上の減光の観測で、惑星の存在の可能性ありと見なしています。2009年5月から本格的な観測をはじめており、その初期の頃は、周期が短く恒星からの距離が近い大型の惑星ばかりが見つかっていました。打上げから2年以上の現在は、順次、長い周期の惑星が3周するだけの時間が経過し、これらの発見が可能になってきているのです。このような状況なので、いまのところ「ハビタブルゾーンにある、地球と同じような惑星」の発見には至っていませんが、それも今や時間の問題と言っても良いでしょう。

トランジット法は系外惑星の軌道面をほぼ真横から見る場合に限り、惑星を観測することが出来ます。惑星の軌道が中心の星と視線上偶然重なる確率は、太陽と同程度の大きさの星の周囲を1天文単位（つまりハビタブルゾーン）の距離で地球型惑星がまわっている場合、約0.5%となります。つまり、この条件の惑星系が1つ発見されれば、他に200個の惑星系が存在するはず、ということになります。1月12日現在でケプラー衛星が発見した惑星系候補星は2326個。その半分に本当に惑星があるとして、その200倍ということになると、ほぼ観測総数の15万個と同数になります。つまり、ケプラー衛星の観測から、ほぼ全ての恒星が惑星系を持っていると結論づけられるのです。これはすごい

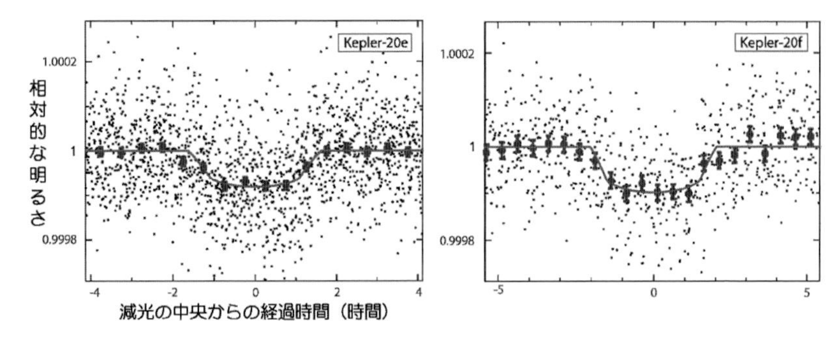

★ケプラー 20e（左）とケプラー 20f（右）の観測データ（黒点）。惑星の周期に合わせて何周期分モノデータを重ね合わせてある。これを 30 分ごとに区切って平均する（誤差棒つきの黒丸）と、グラフの中央付近で暗くなっていることが分かる。実線は観測によって求められた惑星モデルによる減光カーブ。（Nature 482, 195-198（2012）より）

発見ですよね。

次は、「その中で生命に適した環境を持つ惑星はどれくらいか」という疑問です。今のところケプラー衛星の観測で確実にその存在が確認された系外惑星は35個。そのうちハビタブルゾーンにあるものはケプラー 22bひとつです。と言うわけで、まだ統計的に不確かですが、サンプル数が増えるに連れて、より確かな見積もりが出来るようになっていくでしょう。

昔から「継続は力なり」と言いますが、一見単純で地味な観測を継続してやり続けることの重要性をケプラー衛星は教えてくれている気がします。料理も同じです。お客様には失礼ですが、来る日も来る日も同じ材料で同じものを作り続けるので、つい創作料理などと言って奇を衒ったことをしたくなるのですが、その危うさを気づかせてもらいました。

そこで本日は自戒の念を込めて、だし巻き卵を作ってみました。薄く敷いた卵が焼けたらくるくると巻いていき、空いたところにサラダ油を敷いて、再び卵液を薄く敷きます。半熟状態で巻いて、再び空いたところにサラダ油を敷いて……と同じ単純作業を繰り返すのです。今回はこれを200回繰り返せるよう、一枚が超薄型のだし巻き卵にしてみました。切った断面でも、ほとんど層が分からないぐらいです。いかがでしょうか。

えっ、それがもう奇を衒った料理になっているって……

（2012年 1 月）

輝線スペクトル

いらっしゃいませ。今日も寒いですね、ようこそ宇宙料理店へ。外の温度計は３度を指していますが、これは一体何を測ってこの温度を表示しているのでしょうか。

以前ご来店の際にもお話させていただきましたが、熱は分子の運動状態を表しています。ミクロの目で見ると、空気の分子が温度に応じた速度で飛び回っており、頻繁にそこにある物体に衝突しています。例えば昔ながらの寒暖計を置いておくと、その先端の球部に空気の分子がぶつかります。その際にガラスを介して運動エネルギーが中のアルコール分子に伝えられ（熱伝導）、アルコールが温度によって膨張・収縮して液面が上下します。この場合、正確な測定のためには外気になじませる（測定したいものとの接触を良くする）必要がありますが、最近はインフルエンザ対策などで非接触型の放射温度計もよく目にするようになりました。非接触であれば、原理的にはどんなに遠く離れていても温度が測れますから、宇宙での温度測定にはこの方法が使われています。

2016年２月に打ち上げられ、その後事故が起きてしまったＸ線観測衛星「ひとみ」が、事故前に２億５千万光年も離れているペルセウス座銀河団の試験観測を行っており、７月にその結果を発表しました。銀河団は100個以上の銀河と全体をおおうガスから出来ています。そのガスの温度は１千万度～１億度と超高温なのですが、この温度は放射されるＸ線から見積もられています。気体や固体に関わらず、ものは温度に応じた放射をします。これが理想的であれば黒体放射になり、絶対温度で300度だと赤外線、１万度だと紫外線あたりにピークを持つ放射になります。従ってもっと波長の短いＸ線を強く出す天体は、

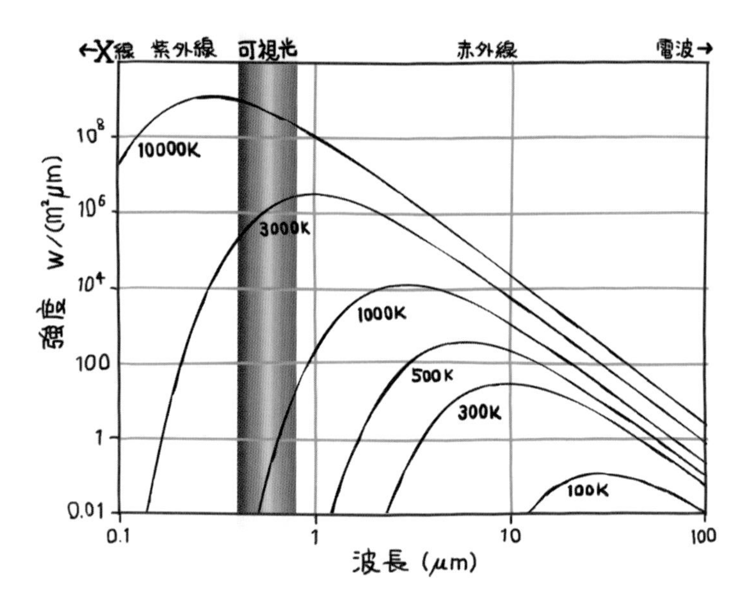

★それぞれの絶対温度（K）での黒体放射のスペクトル。
温度が高いとピークの位置が短波長側へずれる

1千万度を超えることになるのです。これほど温度が高くなると、原子は正の電荷を持つイオンと負の電荷を持つ電子にバラバラになって（プラズマ状態）、激しく動き回っています。このような熱によるランダムな運動（熱運動）で自由に飛び回っている電子とイオンが出会うと、電磁気力によってお互いに影響を及ぼし合います。しかし、イオンの質量の方がはるかに大きいために、イオンはほとんど動かず電子の軌道が曲げられます。このときに電子から光（光子）が放出されます。これは、熱運動している電子がイオンのまわりでブレーキ（制動）をかけられて出す放射という意味で、熱制動放射と呼ばれています。

もし、このような熱放射に対してプラズマの密度が高ければ、放射された光子は別のイオンのまわりを運動している電子に吸収されてしまいます。その結果、プラズマと放射はお互いに十分やり取りができ、スペクトルは黒体放射になります。しかし、プラズマの密度が低いと、熱制動放射の光子がそのままガスを抜けてくるので、熱制動放射のスペクトルが見えることになります。従って、ガスの広い波長範囲の放射スペクトルを観測すると、ガスの濃さと温度が

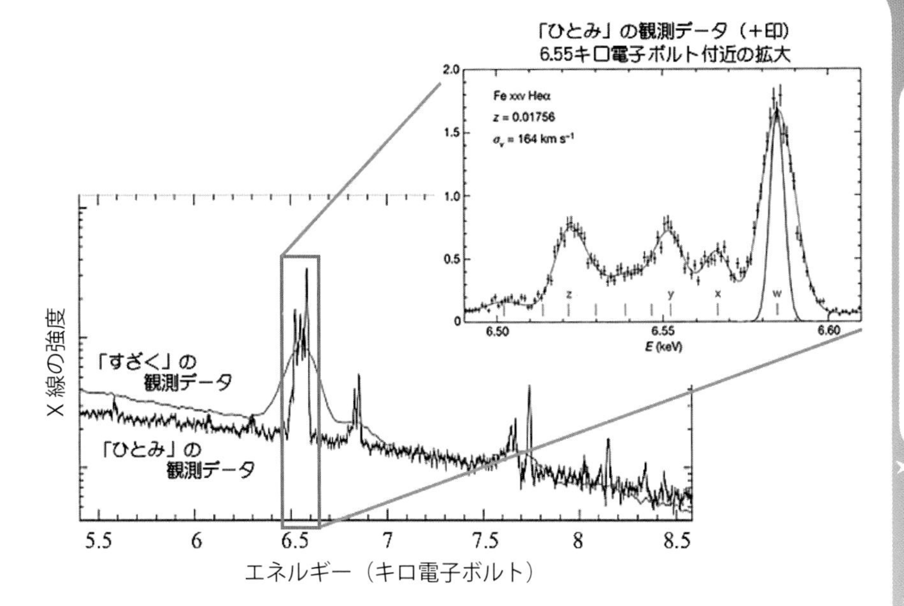

★「ひとみ」と「すざく」の分光観測の解像度の比較。「すざく」ではなだらかに広がった輝線が、「ひとみ」では４本の輝線（x、y、z、w で指示）に分離されている。w には分光器由来の線幅が示されており、観測データはそれよりも幅広い。（Hitomi collaboration 2016, Nature, 535, p117 より）

分かるのです。

また、イオンの運動からもガスの温度を推定出来ます。高温のガスの中に鉄やニッケルなどのイオンも存在し、それぞれのイオンに特徴的な輝線を放出します。温度が高いと個々のイオンは様々に異なった、ランダムな速度を持って激しく運動しています。運動するイオンからの放射は、ドップラー効果のために近づいてくる場合はエネルギーが高い方にずれ、遠ざかる場合は低い方にずれます。従って、温度が高くてガスが大きく乱れた運動をしている場合はその速度を反映して、輝線の幅が太く観測されるのです。逆に温度が低いとガスの運動が鈍くなります。ドップラーシフトも小さくなるので、線幅が細くシャープになります。

これまでのX線での観測では、輝線の線幅よりも分解能が悪かったので、輝線からガスの運動状態を知ることが出来ませんでした。しかし、「ひとみ」の

X線分光器は一世代前の「すざく」のものより20倍以上の精度を持っており、これまでは分離出来なかった何本もある輝線スペクトルを分解し、その線幅を測ることが出来たのです。そして、銀河団の中心付近のガスは結構静かな運動状態にあることが分かりました。中心部では巨大ブラックホールを持つ銀河がジェットを噴き出しているにもかかわらず、です。こうしてペルセウス座銀河団の温度やガスの運動の一端を知ることが出来ましたが、謎がさらに深まることにもなりました。そもそも、こうした高温のガスを銀河団につなぎ止めておくためには強い重力が必要なのですが、可視光で見えている銀河だけでは質量が不足しています。その10倍ほどは必要なので、電磁波を出さない（目に見えない）ダークマターの存在が議論されているのです。

さて、本日は鶏の唐揚げをご用意いたしました。「たかが唐揚げ、されど唐揚げ」です。当店のものは秘伝のタレによる下味を十分時間をかけて滲み渡らせ、油温を170度ほどにキープして２度揚げしておりますので、外はカラッと、中はジューシーに仕上がっております。どうぞご賞味下さい。

えっ、中まで火が通ってないですって……そんなはずは……あぁ、本当に骨のあたりに赤味が残っていますね。うーん、十分熱が行き渡っているはずなのに、真ん中付近が予想より温度が低い現象に行き当たるなんて……身近なところから2.5億光年先まで、宇宙には不思議が満ちています！

（2017年１月）

T2K実験

いらっしゃいませ。宇宙料理店、Dr.Nodaでございます。今年もノーベル賞の季節がやってまいりましたが、昨年に続き[*1]物理学賞を日本人の研究者が取られましたね。梶田隆章先生、あの2002年に「天体物理学とくに宇宙ニュートリノの検出に対するパイオニア的貢献」でノーベル賞を取られた小柴昌俊先生のお弟子さんです。今回の受賞理由は「ニュートリノが質量を持つことを示すニュートリノ振動の発見」。小柴さんは「私の研究を受け継いだ者の中からノーベル賞を受賞する者がさらに出るであろう」と言われたそうですが、まさに先見の明があるお言葉でした。ちなみに同時受賞は一部門３人までという規定があり、今回はアーサー・マクドナルド氏と共同受賞でしたが、「残る一枠」は梶田さんの兄弟子、2008年に大腸ガンで亡くなられた戸塚洋二さんに、という粋なはからいではないか、などと言われましたね。

当店でも小柴さんが受賞された際にニュートリノイクラと飛騨牛のステーキの二品をメニューに加えております。特に飛騨牛のステーキの際にはテイストとフレーバーが時間とともに変化するニュートリノ調味料で味付けをいたしました。ニュートリノ振動を利用した調味料ですが、私にも先見の明が……

さて、ニュートリノは素粒子の一種であり、フレーバーという量子数によって、電子ニュートリノ、ミューニュートリノ、タウニュートリノの３つの「世代」に分けられます。それらが飛行中に入れ替わってしまうのがニュートリノ振動です。一方、スーパーカミオカンデは岐阜県の神岡鉱山にある巨大水槽で、ニュートリノが引き金となる微弱な光を捉えることができます。大気ニュートリノの観測では、電子ニュートリノは予想通りであったのに対し、ミューニュートリノは遠方から来るものの数が少ない事がわかりました。この現象は、「ミューニュートリノがタウニュートリノに振動したので、距離に応じて数が減り、電子ニュートリノは変化しなかった。」と解釈するとうまく説明できるのです。しかし、相手は自然現象ですから、大気中でミューニュートリノが「等方的」に作られることを仮定しています。より確かなものにするためには出所もキッチリと押さえる必要があります。そこで、茨城県つくば市にある高エネルギー加速器研究機構（KEK）の加速器でニュートリノを作り、それを250km離れた地下1000mに位置するスーパーカミオカンデで直接的に観測しようという、K2K（KEK to Kamioka）実験が1999年から2004年まで行われ、振動現象が確認されました。

この実験をさらに50倍のニュートリノビームでグレードアップして行ったのがT2K（Tokai to Kamioka）実験です。茨城県東海村にある大強度陽子加速器施設（J-PARC）のシンクロトロンで発生させた大強度ニュートリノビームを295km離れたスーパーカミオカンデに打ち込み、生成点であるJ-PARCとスーパーカミオカンデそれぞれでの観測結果を比較することでニュートリノ振動をより精密に直接観測します。生前、戸塚さんは「ノーベル賞なんて、いずれ誰かがもらえるからそれでいいんだよ。無念なのは、もっともっとやりたい実験があることなんだ。せめてT2K実験で、実際に東海村から神岡にニュートリノビームが飛んでいくのを見てから死にたいなぁ。」と言われていたとか……

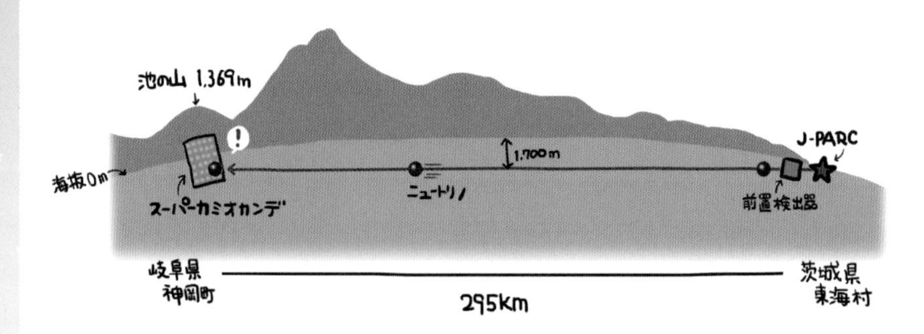

★T2K実験を地球の断面から見た概要。J-PARCで人工的に発生させたニュートリノを前置検出器で確認し、295km離れたスーパーカミオカンデに向けて発射している。

その期待に違わず、３年間でビームと同期したニュートリノ事象が総計532個検出され、そのうちの28個で電子の生成が確認されました。この数の少なさが、いかに難しい実験であるかを物語っています。これまで、太陽ニュートリノの観測によって電子型からミュー型への振動が確認され、大気ニュートリノ観測やK2K実験などで、ミュー型からタウ型への振動が確認されてきました。このT2K実験で最後に残されていた電子型の出現現象（ミュー型から電子型）も確認されたことになります。物質の構成要素である素粒子は「クォーク」と「レプトン」に分類されており、ニュートリノはレプトンに属する粒子です。クォークもニュートリノと同じように３つの世代を持っています。これまでの実験で、クォークは３世代の混合が起きること、そしてCP対称性が破れていることが確認されています。ニュートリノの世界でも、同じことが起きていることがわかれば、この宇宙にどうして反物質が見当たらないのか、という謎にまた一歩迫る事ができると期待されています。

さて本日は、T2K実験よろしく、高速で食材を打ち出して、お客様のお手元に届いた時にはすっかり調理されている（振動を起こしている）、なんてパフォーマンスをご覧頂きたいと思います。名づけて「T2s（Time 2 seconds）クッキング」。えっ、YouTubeで同じようなものを見たことがあるですって!?

おおっ、「３秒クッキング」ですね[*2]。NTTドコモが2014年11月に公開した

Webプロモーション動画で、爆速エビフライ篇と、爆速餃子篇がありますね。圧縮空気で空中に射出された食材が瞬時に調理される、料理番組風の動画で、世界最大級の広告賞「カンヌライオンズ国際クリエイティビティ・フェスティバル」で2015年のゴールドとシルバーを受賞しています。

これから素材にエビ団子を使い、火薬を使ってより高速に打ち出し、２秒でエビ団子フライを作ってご覧に入れたいと思います。えっ、動画を見てマネをしただけだろうって……違います、違います！　この動画の存在を知らずに考えていたら、偶然同じ方法になっただけです。決して盗用やパクリではありません……

（2015年11月）

＊１　2014年のノーベル物理学賞は「高輝度で省電力の白色光源を可能にした青色発光ダイオードの発明」で赤崎勇氏、天野浩氏、中村修二氏が受賞されました。

＊２　「３秒クッキング」爆速エビフライ篇：
https://www.youtube.com/watch?v = YNsvQ__HfgU
「3秒クッキング」爆速餃子篇：
https://www.youtube.com/watch?v=4ViwSeuWVfE

宇 宙 線

いらっしゃいませ。宇宙料理店にようこそ。今日は北風が強く、寒くなってきましたね。しかしこんな寒い日こそ空気が乾燥して、冬の夜空の星たちの美しさが一層引き立ちますね。

さて、その星からの光なのですが、光は電磁波の一種と考えると、その星から文字通り光速で、電場と磁場の振動する波が何十年もかけて宇宙空間を伝わり、ここにやってきているわけですね。その電磁波は波長によってγ線、X線、紫外線、光（可視光線）、赤外線、電波などに呼び分けられています。例えば目で見える光とケータイに使われる電波とは、感覚的に全く別物にしか感じられませんが、物理的には同じ「波」なのです。

同じように宇宙からやってきて「線」がつくものに、宇宙線もあります。こちらも目に見えませんが、波ではなく、実体のあるミクロな粒子です。1912年にオーストリアのヴィクトール・ヘスが5千メートルまで気球を上げ、高度が高くなるほど測定される放射線量が増えることを示しました。これにより、地面からだけではなく、宇宙からもある種の放射線がやってきていることが証明され、宇宙線と呼ばれるようになったのです。ちなみにヘスはこの宇宙線の発見で、1936年のノーベル物理学賞に選ばれています。

このミクロな粒子の正体は、物質を構成している原子核や素粒子などの粒子です。その90%程は陽子（水素原子核）で、残りのほとんどはヘリウム原子核（放射線のα粒子と同じ）です。こうした粒子が宇宙空間で加速され、地球の大気に光速に近い速度で飛び込んできて高層大気中の酸素分子や窒素分子に衝突します。そのエネルギーで原子核が破壊され、中間子と呼ばれる新たな粒子

★国際宇宙ステーションの日本実験棟「きぼう」の船外実験プラットフォーム(左側)。2015年10月6日撮影。船外実験プラットフォームの一番左端の突き出した長方形の白い箱型が「高エネルギー電子、ガンマ線観測装置(CALET)」。(JAXA/NASA)

を多数作り出します。これらの中間子もまだまだ高速なので、すぐに周りの原子核に衝突して、さらに多数の粒子をねずみ算的に増やし、地上の半径数百mから数kmのエリアに降り注ぐのです。こうして二次的に大気で作られる粒子の中にニュートリノも含まれており、このニュートリノが振動することをスーパーカミオカンデのチームが発見し、昨年の梶田隆章教授のノーベル物理学賞受賞につながっているのです。

このように、宇宙から地球に飛び込んでくる宇宙線が一次宇宙線、大気と反応して作られる大量の粒子が二次宇宙線です。こうした現象は特別なことでなく日常的に起こっていますから、私たちの体やその辺りを二次宇宙線はいつもすり抜けています。(痛くもかゆくもありませんが。)それを目に見えるようにしたのが、名古屋市科学館の天文館5階に展示されているスパークチェンバーや霧箱ですね。霧箱の中にはアルコールの気体が入れてあり、装置内部の上下に

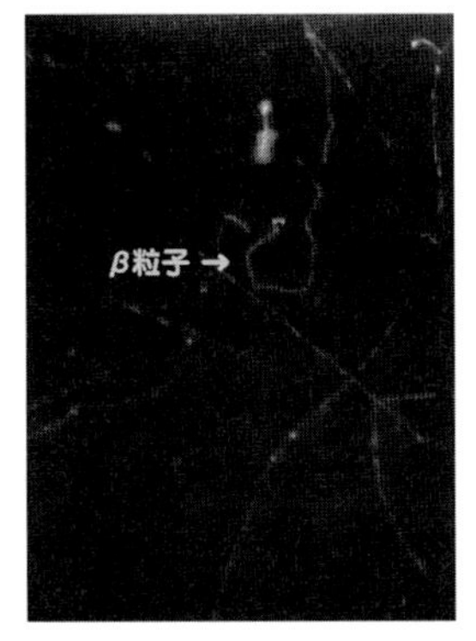

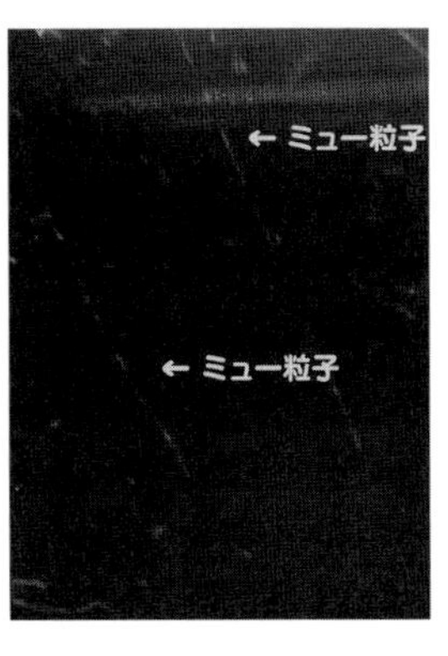

★名古屋市科学館天文館 5F 展示室で稼働中の霧箱で撮影された粒子の飛跡。時々面白い飛跡がリアルタイムで見られる。（名古屋市科学館）

温度差をつけ、気体が液体になる直前の不安定な過飽和状態に保ってあります。宇宙線が箱の中を通るとイオンが発生し、その刺激でアルコールの気体が集まって液体になります。これが雲のように白い飛跡となって見えるのです。ただし、地球由来の放射線も区別なく白い飛跡を描くので注意が必要です。α粒子は太く短く、β粒子（電子）は細くて不安定な線を描きます。これに対し宇宙線由来のミュー粒子は、電子のおよそ200倍の質量がありエネルギーが大きいので、長くまっすぐな線を描くことで判別できます。

こうして宇宙線の存在は、地表までやってくる二次宇宙線のおかげで分かったのですが、もともとの一次宇宙線は玉突き現象の中で粒子の種別やエネルギーといった固有の情報の多くを失ってしまいます。エネルギーの低いものは太陽から、よりエネルギーの高いものは超新星爆発によって加速されていると考えられていますが、そのメカニズムはまだよくわかっていません。やはり、一次宇宙線を直接宇宙空間で観測する必要がありそうです。

昨年（2015年）の８月19日に「こうのとり」５号機が打ち上げられ、国際宇宙ステーションに長期滞在中の油井亀美也宇宙飛行士がロボットアームを操作して見事にドッキングさせて話題になりましたね。この５号機の積み荷のひとつに「高エネルギー電子、ガンマ線観測装置（CALET）」がありました。このCALETは、日本で初めての宇宙空間での本格的な宇宙線観測装置で、高エネルギー宇宙線の加速の源や暗黒物質の探索などでの新発見が期待されています。暗黒物質が未発見の重い素粒子であるならば、暗黒物質が消滅する際に発生する高エネルギーの粒子が、宇宙線として銀河内を飛び交っているはず、と考えられているからです。

さて本日は、特製の霧箱をご用意いたしました。この中には過飽和のアルコール気体だけでなく、そば粉と強力粉をよくこねて十分コシのある状態にしたそば麺を、分子レベルの超微細粒子にしたものを浮遊させてあります。放射線が箱の中を通るとアルコールの気体が集まって液体になると同時に、粒子も分子間力で凝集し、麺としての形を成したところで自らの重みで下に落ちます。これを集めてさっと茹でたものをご賞味いただこうと思います。不ぞろいですが、自然の造形としてお楽しみ下さい。長くて真っ直ぐなものが「当たり」、宇宙線由来の麺です。

えっ、そばがアルコール臭いですって。それは……

（2016年1月）

重力波

いらっしゃいませ。宇宙料理店へようこそ。

毎日蒸し暑い日が続いていますね。ムシッとした暑さかカラッとした暑さか、目に見えなくても私たちは湿度を結構敏感に感じることができます。

では、空間の伸び縮みはどうでしょう。真っ直ぐな線が目で見てゆがむぐらいの空間のひずみならすぐ気がつくでしょうが、ほんのわずかなものならば、何も気にすることもなく日常生活を送ることになるでしょう。事実2015年９月14日、日本時間の午後６時50分45秒に空間の伸び縮みの波である重力波が地球を通り過ぎました。私の目の前でも一瞬空間がひずんだはずですが、全く気づきませんでした……。

そして先日、２例目の重力波が検出されたとの報道がありましたね。とは言っても、２月12日の初検出（2015年９月の現象）のニュースに比べると格段に扱いが小さかったのですが、６月16日に米国のレーザー干渉計型重力波検出器「LIGO」が2015年12月26日にも重力波を検出していたことが発表されました。実はLIGOは10月12日にも重力波シグナルの候補を観測しています。こちらは信号が弱く確実ではないので、あくまで候補なのですが……。

１例だけでは、千年に一度の出来事をたまたま偶然に観測したのか、毎年起こっている珍しくもないことだったのか、推定のしようがありません。従って「初」は確かに大事ですが、「２番目」もその頻度を推しはかる上で非常に重要なのです。何でも「１番が良い」「１番じゃなければ価値が無い」わけではありません。統計上のデータを稼ぐことはその現象を理解する上で欠かせないことなのです。今回、観測が行われた４ヶ月間ほどの間に重力波イベントが２例または３例ということになると、ブラックホールの合体は結構よく起こってい

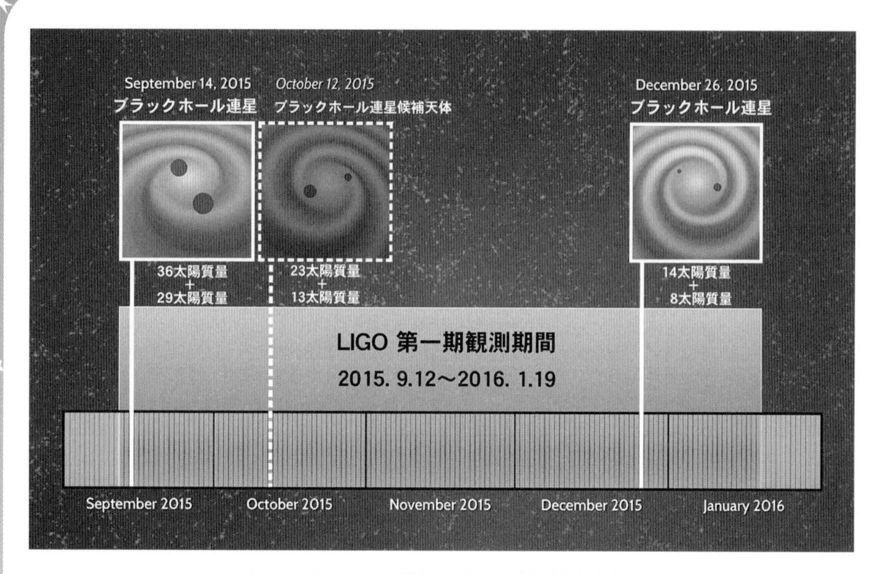

★LIGOの第一期観測期間と重力波の観測日（LIGO）

ると考えて良さそうで、私たちの周囲の空間はかなりの頻度で揺さぶられていることになります。

もともと重力波が検出できるとしたら、それは中性子星同士の合体によるものだろうと考えられていました。強い重力で原子自体が押しつぶされ、電子が原子核にめり込んで中性子ばかりになった天体が中性子星です。超新星爆発の残がいとして有名な「かにパルサー」など多数見つかっていますし、その連星も天の川銀河内に10個ほど発見されています。それに対し、より強い重力のもとで出来るブラックホールは光すら出て来られないわけですから、確実な存在証拠はありません。X線の観測などから、太陽質量の10倍以下のブラックホール候補天体や、銀河の中心にある100万太陽質量を超える超巨大ブラックホールは考えられてきましたが、10太陽質量～ 100万太陽質量のブラックホールは、存在がほとんど確認されていませんでした。従って、そんなブラックホール同士の連星とか、その合体の頻度など推定のしようがなかったのです。にもかかわらず、１例目は13億光年彼方での太陽質量の36倍と29倍のブラックホールの合体、２例目は距離14億光年での太陽質量の14倍と８倍の合体と発表されました。

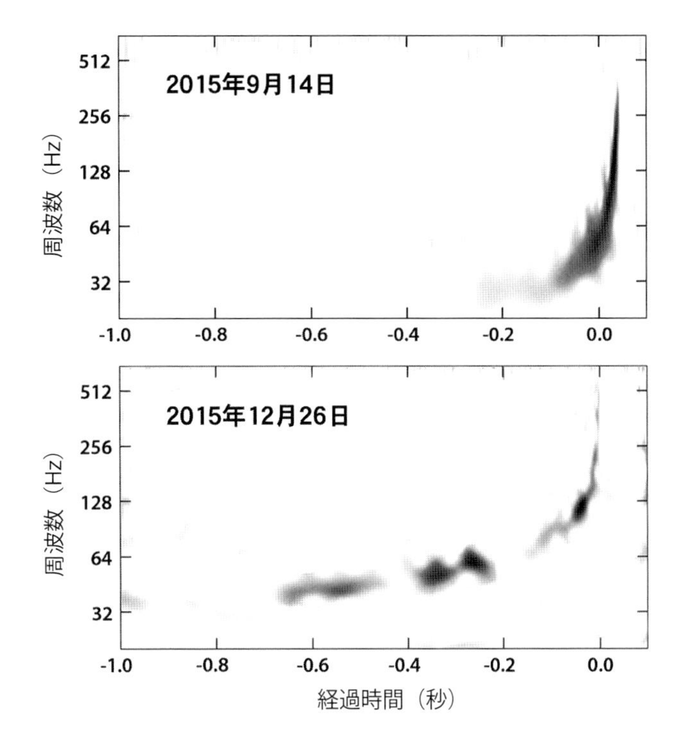

★重力波の周波数変化。横軸０秒が合体時で、それぞれの周波数の波の振幅の大きさを濃度で表している（LIGO ホームページの動画より）。

では、なぜブラックホールと断定できたのでしょうか。それは重力波の波形です。例えば１例目の場合は、最終段階の重力波の周波数が150Hzでした。これは合体直前で連星系は毎秒75回、互いに回り合っていたことになります。この速度は２天体が遠く離れていては不可能なことです。計算によると、太陽の質量の36倍と29倍のものが350kmまで接近しないと、この回転数は生み出せません。ということは中心間の距離が350kmになっても衝突しないほどコンパクトな天体ですから、これは中性子星でも不可能で、ブラックホール同士しかありえないことになるわけです。発生源での重力波の大きさ（振幅）は連星の全質量で決まります。これが空間を伝わって私たちのもとに届くわけですから、その弱まり具合から距離も推定することができるのです。

合体後のブラックホールの質量は、１例目は太陽質量の62倍、２例目は21

倍と見積もられており、合体前の個々のブラックホールの足し算の質量と比べると、各々太陽質量の３倍と１倍のエネルギーが瞬時に重力波になったと考えられています。１秒にも満たない時間で太陽質量ほどの物質が全てエネルギーに変わるわけですから、これは途方もないことです。「光に換算すると、観測可能な宇宙全体の光を合わせたよりも明るく輝いたことになる」なんて言われたりもしますが、あまりに凄すぎてピンと来ませんね。「３太陽質量のエネルギーとは、太陽が今の明るさで輝き続けると仮定すると、約50兆年分である」、こちらの方がまだ分かりやすいでしょうか……。

ともあれ、今回の重力波の検出によって太陽質量の10倍以上のブラックホールの存在が証明され、ブラックホール同士の連星系も沢山ありそうだということが分かってきました。ブラックホール同士の連星系が特別な存在でないならば、次は、138億年の宇宙の進化の中で無理なくこうした天体が誕生するプロセスを考えることになります。さらに重力波源を特定し、ガンマ線バーストなどとの関係も明らかにしたい所です。日本の重力波望遠鏡KAGRAの試験観測も始まりましたし、ヨーロッパにはVirgoがあります。今私たちは、こうした重力波天文学の夜明けに立ち会っています。未来の子孫達は2016年を重力波発見の年として記憶することになるのでしょう。

さて、本日は巨大な漏斗状のナベをご用意しました。表面は名古屋市科学館の展示品の「惑星の動きと引力」のようにつるつるしておりまして、中心に近づくほど傾斜が急になっております。展示品ではボールを斜めに打ち出しますが、当店ではナベを回転させながら丸く練った紅白のお餅をナベのふちの両側からそっと入れます。空間が静止していて私が回っているのか、空間が回っていて私が止まっているのか、まさに相対論の世界です。お餅は最初はゆっくりですが、徐々に速度をあげて中心に落ちていき、最後にはぶつかり合体して真ん中の穴から下のお皿へ落ちていきます。ブラックホールでは合体した後、もとの成分がどのように混じり合うか知るすべがありませんが、出来たお餅の紅白の混ざり具合で、合体の様子がイメージ出来ますね。草餅やアンコの玉もご用意してありますので、様々なバリエーションをお楽しみ下さい。

（2016年７月）

マルチメッセンジャー天文学

いらっしゃいませ。宇宙料理店にようこそ。シェフのDr.Nodaでございます。今年（2017年）のノーベル物理学賞、下馬評通り重力波に関する研究に授与されましたね。アメリカの重力波観測器LIGOグループのワイス、バリッシュ、ソーンの３氏に決定したことは記憶に新しいところですが、その興奮も冷めやらぬ10月16日に、中性子星同士の合体による重力波とその天体が放つ光の初観測の報もたらされました。

今年（2017年）の８月17日（だから重力波源はGW170817と命名されています）に観測されたもので、重力波検出としては５例目となりますが、これまでの４例はブラックホール同士の合体によるものでした。ブラックホール同士の合体がこれだけの頻度で起こっていることは予想外で実に興味深いものですが、可視光を含む電磁波はブラックホールからは出てこず、他の手段では確認のしようがありません。これに対し二重中性子星連星の合体では、ガンマ線バーストや新星（ノバ：連星をなす恒星から白色矮星の表面に降り積もったガスの核爆発による増光現象）の約千倍の明るさに達する「キロノバ」と呼ばれる現象も観測されるのでは、と予測されていました。

今回の重力波信号の継続時間は約100秒。１秒未満であったブラックホールの合体からの信号とは明らかに違っています。太陽の1.1 ～ 1.6倍の質量の中性子星が合体したとすると、コンピュータ・シミュレーションと良く合うのです。

さらに、重力波の到来から約２秒後に、ヨーロッパ宇宙機関の天文衛星「インテグラル」とNASAのガンマ線天文衛星「フェルミ」が小規模なガンマ線で

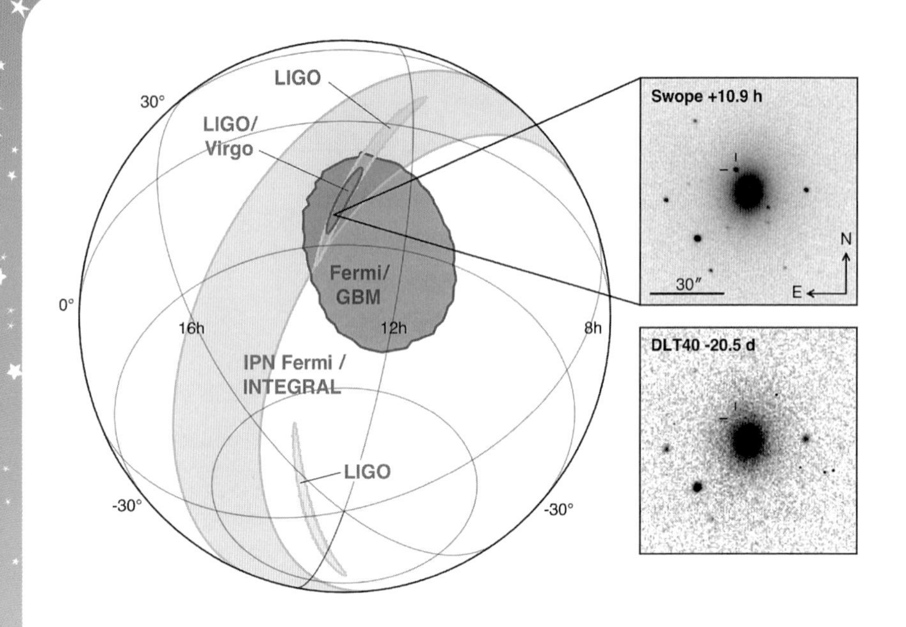

★天球図上で表した各観測器での重力波源の推定位置。LIGO だけでは円弧状の２ヶ所で広範囲に広がっているが、LIGO と Virgo を組み合わせることによってかなり狭い範囲に特定できていることがわかる。実際この範囲内に GW170817 が見つかった。（LIGO Scientific Collaboration, et al. 2017, ApJL, 848, L12 より）

の発光現象を観測しました。これこそ中性子星連星の合体の際に発生すると期待されていたショートガンマ線バースト（継続時間の短いガンマ線バースト）に違いありません。そして今回はアメリカのLIGOグループの２機の観測器だけでなく、ヨーロッパの重力波観測器Virgoでも重力波が捉えられていました。３点観測によりかなり絞り込まれた重力波の到来天域が、世界中の電磁波観測グループに伝えられました。

およそ11時間後、約50個の候補銀河を順に観測していたカリフォルニア大学サンタクルーズ校のチームは、５個目（1.3億光年離れたうみへび座の銀河NGC4993）でついに、以前には存在しなかった輝く点を発見したのです。これが史上初めて観測された重力波源からの電磁波です。その後、約70台の天体望遠鏡や天文衛星が数週間にわたってNGC4993に向けられ、X線、紫外線、可視光線、赤外線、電波と非常に幅広い波長での観測と、時間変化を追う観測

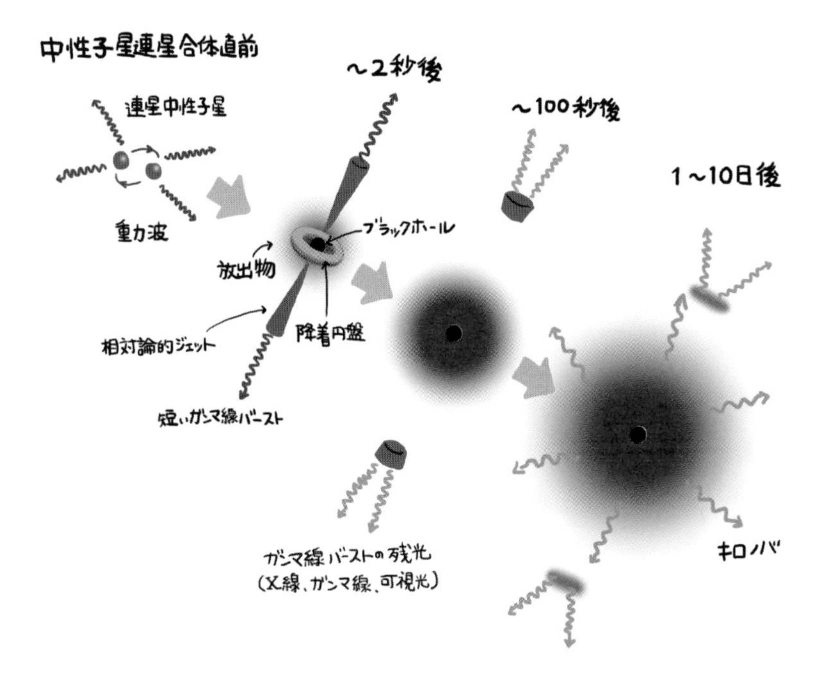

★中性子星連星合体の時間経過と、それぞれの段階で期待される
さまざまな放射

が続けられました。日本でもJ-GEMと呼ばれる重力波追跡観測チーム（Japanese collaboration of Gravitational wave Electro-Magnetic follow-up）が組織されており、国際宇宙ステーションの「きぼう」に搭載された「全天X線監視装置（MAXI）」や「高エネルギー電子・ガンマ線観測装置（CALET）」のほか、地上望遠鏡群が観測を行ないました。

その結果、GW170817の明るさの変化は、「rプロセス」を伴うキロノバ放射の理論予測に良く一致することがわかりました。鉄よりも重い元素は恒星内部の核融合では十分に作られないことはよく知られていますが、より重い元素を作るためには鉄などの原子にまず中性子が捕獲されなければなりません。この反応には二種類考えられていて、ゆっくり進む反応が「sプロセス」、素早く進む反応が「rプロセス」です。rプロセスでは金やプラチナなどの原子番号が大きい元素が合成されることが予想されており、主に超新星爆発で作られると考えられてきましたが、理解が進むにつれ超新星爆発だけでは説明がつかないこともわかってきていました。そこで中性子が過剰に存在する二重中性子星連星の合体こそがrプロセスの本命ではないかと予想されていたのです。GW170817の明るさを説明するためには、なんと地球質量1万倍分の金やプラチナのような**r**プロセス元素が作られたことになるのです。

このように、GW170817で観測された現象は、中性子星連星の合体によって起こるとされる重力波、ガンマ線バースト、**r**プロセスで生成された放射性元素の崩壊で発生する電磁波といった、理論上予測されていたキロノバの特徴が余すところなく検出され、重力波源でどのような物理現象が進むのかが良く理解できるようになりました。従来の光や電波などの電磁波の観測だけでなく、重力波や宇宙ニュートリノなどマルチな観測手法を活用する「マルチメッセンジャー天文学」が幕を開けたと言われるゆえんです。

さて、料理の世界では、煮たり焼いたり蒸らしたり、「マルチ」な手法で食材の美味しさを引き出すのはお手のものです。本日は三陸気仙沼で水揚げされた新鮮なさんまをご用意しました。まずは刺し身にしましたので「生」でご賞味下さい。表面を強火で軽く炙れば「さんまのタタキ」、大根おろしにポン酢でさっぱりとお召し上がり下さい。

次はシンプルな塩焼き。七輪を使った炭火焼き、魚焼きグリル、そして過熱水蒸気オーブンで焼いたものを揃えてみました。皮のパリパリ感と香ばしい香り、脂の乗った身のホクホク感……それぞれにお楽しみいただけると思います。さらに「蒲焼き」と「味噌煮」です。味噌煮は骨まで食せるように圧力鍋を使ってみました。カルパッチョとさんまの炊き込みご飯もございますが……ちょっと作り過ぎましたかね。

（2017年11月）

太陽系編

スーパームーン

いらっしゃいませ、こんばんは。宇宙料理店へようこそ。私、シェフのDr.Nodaでございます。今日も良い月が見えていますね。今年は夏から秋にかけて、あたかも特別な月が見られるかのような、「スーパームーン」「ミラクルムーン」なんて言葉がインターネットのニュース等をにぎわせましたね。

月は楕円軌道で地球をまわっていますから、地球との距離は35万6,400km～40万6,700kmの間で変化します。一番近いポイントが近地点、一番遠いのが遠地点です。近地点付近での満月は、距離が近い分だけ大きく見えるので、スーパームーンと呼ばれます。そもそも近地点付近で満月になることは、大昔から普通に起きていることで、特に珍しい現象ではないのですが、ここ数年でよく耳にするようになりました。

「近地点付近」という定義も曖昧です。一年間の中で一番近い（すなわち一番大きい）満月をスーパームーンとしたり、「近地点通過と同じ日の満月」をスーパームーンと称する場合もあるようです。後者の場合、「同じ日」は24時間以内とすると、2014年は７月・８月・９月の３回の満月がこの条件に当てはまります。

満月	近地点通過	両者の時間差
７月12日20時25分	７月13日17時26分	21時間　1分
８月11日　2時43分	８月11日　3時　9分	26分
９月　9日10時38分	９月　8日12時31分	22時間　7分

この中でも８月11日の満月が一番近地点に近いので、今年最大のスーパー

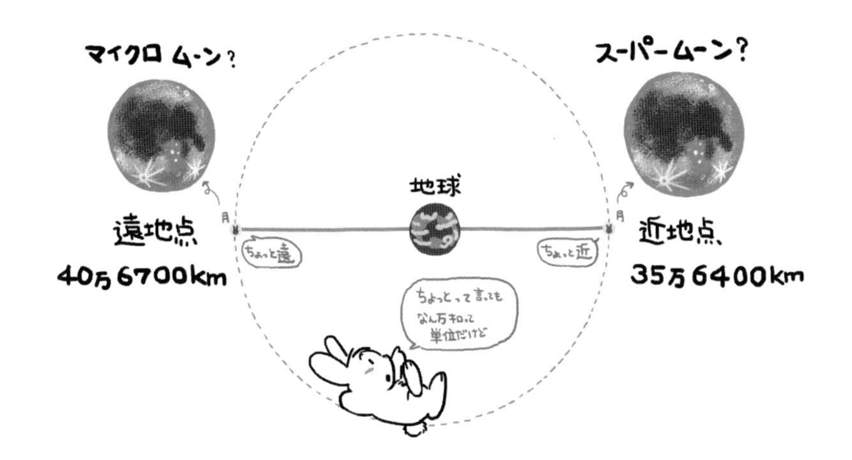

ムーンとかエクストリーム・スーパームーンとか言われました。それでも普段の月（平均距離の月）より１割ほど大きいだけです。地平線近くの月や太陽が大きく見える現象は「地平拡大」として良く知られており、物理的な大きさは変わらないのですが、心理的には２倍～３倍に感じたりします。昇ってきたばかりの満月を見て、「さすがスーパームーン、いつもより大きく見える！」と早合点しがちですが、そんな時には中天に昇るまで数時間待ってから見直してみて下さい。数時間程度ではスーパームーン状態は変わらないはずですが、中天の満月は意外と小さく感じてしまうはずです。

「近地点通過と同じ日の満月」は、2015年も８月29日、９月28日、10月27日と３回あり、特にスーパーでないスーパームーンになりそうです。９月28日は皆既月食が重なり（日本からは見られませんが）、皆既中の赤銅色の月はブラッドムーン（血で染まっているかのような赤い月）と言われるので、スーパー・ブラッドムーンなんてことになるのでしょうか。ちなみに、遠地点の満月はスーパームーンに対し、マイクロムーンなんて言われるようです。

ところで、旧暦８月15日の「十五夜」と、旧暦９月13日の「十三夜」の月は、お月見で有名ですね。それぞれ「中秋の名月」、「後の月」とも呼ばれます。今年は旧暦の「閏月」が９月に挿入されました。閏９月は珍しく、171年ぶりのことです。この2度目の十三夜、閏９月13日の月がミラクルムーンと呼ばれました。「十三夜」は日本独自の風習なのに、なぜ横文字？　とセンスを疑いたくもなりますが、11月５日（旧暦閏９月13日）の月齢12.6（午後９時）の何の変哲もない月が、「今回を見逃すと次は2109年、一生に一度のミラクルムーン！」と言われると、なんとなく特別でありがたい気がしてくるから不思議です。

また、１か月の間に２回満月がある場合、２回目の満月をブルームーンと呼ぶことがあります。天文学的に特別な意味があるわけではありませんが、1946年のスカイ＆テレスコープ誌に誤って掲載されたものが、広く使われるようになりました。月の始めが満月で、その月の終わりギリギリにまた満月が巡ってくる場合がブルームーンなので、必ず月末になります。少し先になりますが、2018年１月31日は１月での２回目の満月、ブルームーンであると同時に日本でも見られる皆既月食が重なります。ブルームーンのブラッドムーン……なんと呼ばれることになるのでしょう？

ちなみに、めったにないこと、決してあり得ないことを英語で「once in a blue moon」と言いますが、このブルームーンはひと月内の２回目の満月ではありません。実際に月が青く見えることがとても稀なことから使われるようになった慣用句です。さらに、１か月の間に２回目の新月があることも当然考えられるわけですが、どうせ見えないのだから特別な名前なんて必要ない気もしますが、ブラックムーンとかシークレットムーンなどの呼び名がありますね。

さて、どれだけ特別な名前が出てきたでしょうか……

本日は「レッドムーン」を使ったクリームスープをご用意いたしました。レッドムーンはじゃが芋の一種で、皮がさつま芋のように赤くて楕円体の形をしています。ほんのりと甘味があり、肉色も黄色いので、ポタージュにしても彩りが良く、舌触りが滑らかかと思いますが、いかがでしょうか。でも、今日は急に冷えてまいりましたので、ヴィシソワーズより温かいスープのほうが良かったかもしれませんね。そう思った時はあとの祭りでして、さすがに作ったばかりのスープをそのまま捨ててしまうようなことにでもなれば「もったいなさすぎる」と、セー〇ームーンに「月にかわっておしおきよ！」と言われかねません……どうか残さずお召し上がり下さい。おかわりも大歓迎です。

（2014年11月）

夏至の太陽高度

いらっしゃいませ。宇宙料理店へようこそ。

宇宙の話の中にはダークエネルギーやビッグバンといった耳慣れない言葉や、不思議な現象が出てくることがあります。宇宙をおいしく味わっていただくために、そんな素材を口当たり良くご紹介するのが当店のモットーでございます。

さて、夏至まであとひと月ほど。見上げる太陽もずいぶん高くなりましたね。「夏は正午頃の太陽の高さ（南中高度）が高く、冬は低いのは、地球が地軸（自転軸）を23.4度傾けて太陽の周りを回っているから」なんて説明を聞いたりしますが、どのようなイメージを頭に描かれているでしょうか。地動説（太陽中心説）的な立場なら、太陽を中心にして地球の公転面に垂直な軸に対して23.4度軸が傾いた地球が回っている感じになるでしょうか。下図のように地軸を一定の方向に傾けながら太陽を回りますと、北の地軸が一番太陽側に傾く左の位置では、日本付近の水平面に対してほぼ真上から太陽が照りつけるので夏至、南の地軸が一番太陽側に傾く右の位置では、冬至になります。

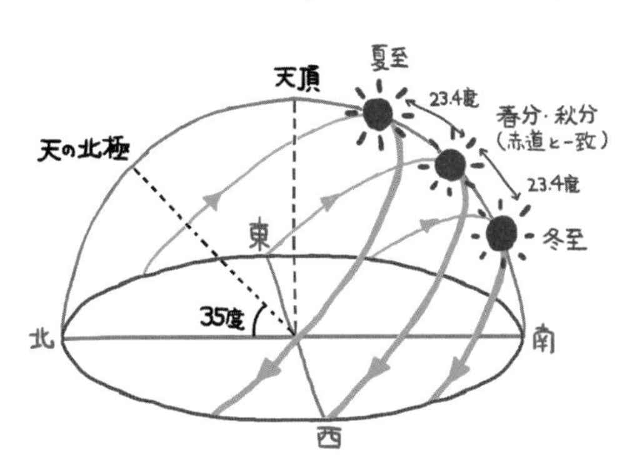

★地上から見上げた二至二分の太陽の通り道。春分・秋分の日の太陽の通り道は天の赤道と一致している。

これに対し天動説（地球

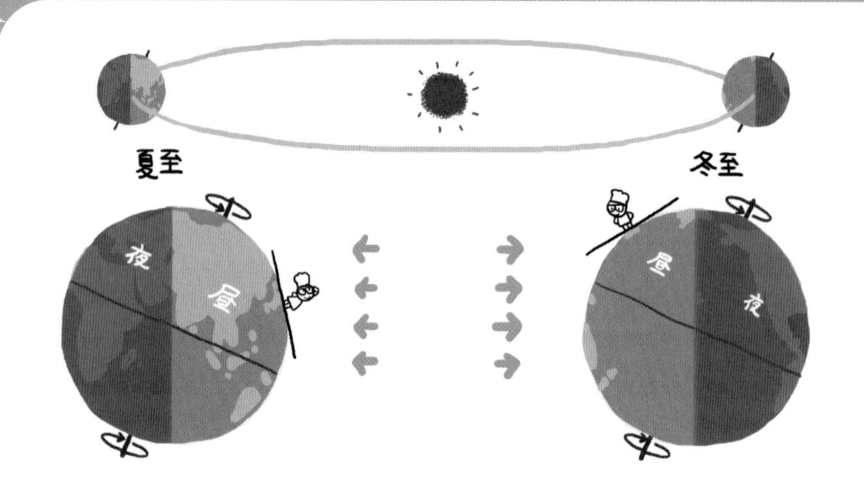

★地軸を傾けて太陽の周りを回る地球。左端が夏至、右端が冬至。

中心説）的な立場なら、空に天球を思い描き、そこに天の赤道をイメージします。名古屋は北緯35度なので、北から35度の高さに北の地軸が向いています（天の北極）。天の北極から90度離れた大円が天の赤道で、地平線に対して55度の傾き（地平線は天頂を軸とする大円なので、軸同士の傾きは90－35＝55度）を持ち、真東—南—真西をつなぐ大円になります。よって天の赤道上にある天体の南中高度は55度です。これに対し太陽の通り道（黄道）が23.4度傾いているのですから、太陽の南中高度は、一番高いとき（夏至）が55＋23.4＝78.4度、一番低いとき（冬至）が55－23.4＝31.6度になります。その差は23.4度の２倍で46.8度。腕を一杯に伸ばし、手をいっぱいに広げて見込む角度が約20度ですから、春分から夏至で片手分、冬至から夏至ではパーを両手分つなげた以上の高低差があるわけです。結構な差ですよね。この南中高度の違いが季節変化の源です。

ちなみに「傾き」といった概念は相対的なものです。公転面を水平だと思うと、地軸が23.4度傾くことになりますし、赤道面を基準（地軸が垂直）と考えると黄道面（つまりは地球の公転面）が23.4度傾いていることになります。地動説的な立場と天動説的な立場も相対的、相補的ですね。宇宙空間からの視点か、地上からの見かけの動きかの違いです。同じ現象を違う視点で見ることは、他人の立場に立って考える良い訓練にもなりますね。

また１日における日の長さの季節変化も地軸の傾きで説明できます。地動説的な見方で見てみましょうか。どの季節でも地球の半分に日があたり、半分は影になっていますが、地軸が太陽側に倒れている夏至では、日本あたりの緯度での地軸まわりの小円（1日の太陽の動きに相当）は、陽の当たっている側が長くなります。そして北緯66.6度（90－23.4＝66.6度）よりも北だと影に入ることがなくなります。ここよりも北が北極圏で一日中太陽が沈まなくなります。いわゆる白夜ですね。この図を見れば、夏は北に行くほど昼間の時間が長くなるので、沖縄より北海道の方が日が長くなるはずです。実際、夏至での名古屋の日の出から日の入りまでの時間はおよそ14時間32分。これに対し札幌では15時間22分、那覇では13時間27分と、札幌の方が那覇より２時間ほども日が長いのです。冬至では全く逆になり、地軸周りの小円は、影の側が長くなっています。これに対し、赤道では夏至でも冬至でも昼と夜の長さは同じです。つまり赤道直下では一年を通して昼と夜は12時間ずつで、変わることがありません。

では、なぜ地軸は23.4度傾いているのでしょう。他の惑星たちの自転軸の傾きも揃っていないところから、たまたまその角度になったのではないか、と考えられます。太陽系の惑星たちはガスやチリから成る原始惑星系円盤の中で出来てきたと考えられています。ガスやチリが中心星の重力で集まる際に、ある方向のゆっくりとした回転がたまたま残ります。より狭い領域に集まってくるに連れて回転速度が上がり、チリは合体衝突して岩石のかけら（微惑星）に成長しつつ、回転面に集まるようになります。こうして全ての惑星がほぼ同じ面で同じ方向に公転するようになります。各惑星の自転もこうした回転の成分を持つことになるので、公転面に対して垂直な軸を保ちそうですが、長い年月の間には原始惑星同士の衝突などが起こります。その当たり方によっては、その度ごとに自転軸が傾くことは十分にあり得ることなのです。

自転軸の傾き（度）

水星	金星	地球	火星	木星	土星	天王星	海王星
0.0	177.4	23.4	25.2	3.1	26.7	97.8	27.9

さて、本日は牛肉と野菜のバーベキューをご用意いたしました。ブロック型

にカットした牛肉のランプや採れたての新玉ねぎ、軽く下茹でした露地もののアスパラガスを串に刺してみました。先ほどから炭に火をつけ、十分に熾おき火にしてありますので、お好みに合わせて回しながら焼いて下さい。ただし、串受けの高さが前後で変えてありまして、23.4度の傾きがつけてあります。ここで串を「自転」させますと、「日当たり」具合が位置によって違いますので、肉なら一度にレアからウェルダンまでお楽しみいただけます。新玉ねぎは辛味から甘みへの焼き加減による味のバラエティが絶妙です。アスパラガスも歯ごたえのシャキシャキ感が違いますよね。温野菜から焼き野菜まで、どこかにお好みの味と歯ごたえがあるはずです。このバーベキュー、我ながらちょっとクセになりそうです……

（2017年５月）

サマータイム

いらっしゃいませ。宇宙料理店へようこそ。東京五輪・パラリンピックの暑さ対策として自民党を中心に検討されていた「サマータイム」ですが、断念されたようですね[*1]。しかし、オリンピックのためではなく、低炭素社会をつくる一つのきっかけとして、導入を進めていきたいという声は残っているようです。省エネや温暖化ガスの削減効果が期待されると言うのですが……

夏の期間だけ標準時を１時間進める（早くする）制度が現在のサマータイム制で、アメリカでは通常『デイライト・セービング（Daylight Saving Time（DST））』と呼ばれています。文字通り、太陽光（Daylight）の有効活用（Saving）を目的とする時間制度（Time）なのですが、緯度が高い地方の方が効果が分かりやすいので、北緯50度で考えてみましょう。日本の最北端より北ですが、ヨーロッパではパリ（北緯49度）やロンドン（北緯51.5度）あたりに相当します。このあたりの夏至の日照時間は16時間以上あります。（北緯66.6度を超えると日照時間は24時間、即ち日が沈まない白夜になります。緯度が高くなると極端に昼間が長くなります。）単純化して正午に南中、±８時間（計16時間）が昼間とすると、日の出が午前４時、日の入りが20時です。起床時間を６時30分とすると、２時間以上前に太陽が昇っているわけですから、この朝の明るい時間を寝て過ごすのはもったいない、というわけです。１時間ずらせば、日の出が午前５時、日の入りが21時ですからお得感がありますよね。しかし、「夏は朝が早く、昼が長い」という前提は、中緯度に位置し、北東から南西へとのびる細長い形をしている日本列島全体で、同じように成り立つわけではありません。

まずは夏の日の出を考えてみましょう。太陽は北東の地平線から昇ってきますから、日の出の同時刻線は北海道から沖縄へと、日本列島の形に合わせるように時間をかけて進んできます。夏至の日の北海道の日の出は午前３時台ですが、沖縄では５時30分台となり２時間もの差になります。にもかかわらず一様に１時間のサマータイムを行うと、北海道は午前４時台の日の出で問題なさそうですが、沖縄では６時30分台となり、朝起きる時間と日の出がほぼ同時、ちょっと早起きをすると日の出前の薄暗がり……ということになります。一方、夏の太陽は日の入り時には北西方向に沈みますので、同時刻線で見てみると日の入り時刻は日本全土で40分程の差しかありません。１時間のサマータイムで日の入りがほぼどこでも20時台になりますので、天体観測が可能になるのは21時以降で、これでは子どもたちが夏の星空を楽しむことができなくなります。

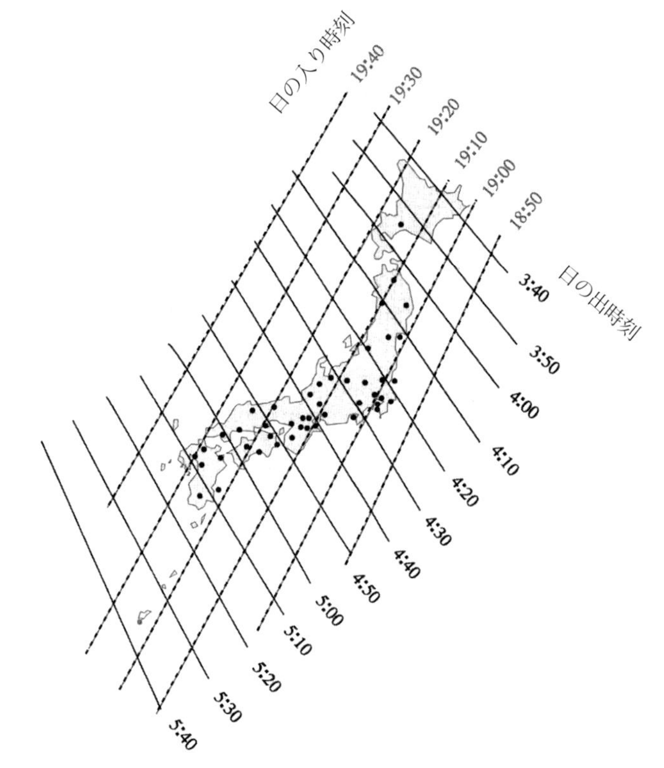

★夏至の頃の日の出、日の入りの同時刻線　(天文月報 1996 年９月号「サマータイムを考えました」(森本雅樹・黒田武彦) より)

さらに、サマータイムは夏至の日だけの問題ではありません。導入されている国ではだいたい４月～10月の期間続けられます。夏至から離れれば離れるほど、昼の時間は短くなり、サマータイムのデメリットが見えてきます。例えば８月末で名古屋の日の出は５時24分、日の入りは18時21分です。１時間のサマータイムで日の出は６時24分、これはサマータイムなしの11月中旬と同じです。大阪では６分遅く、東京では18分早いだけですので本州の主要都市で、残暑の厳しい頃にちょっと早起きをしたら薄暗がり、なんてことが起こってしまいます。オリンピックの暑さ対策では「２時間ずらし」との案がありましたが、この場合は名古屋での日の出がなんと７時24分。これは名古屋で一番遅い日の出（７時01分）よりも時刻の上では20分近く遅いことになり、夏にもかかわらず日の出前に（通勤通学のために）家を出るなんてこともあり得るわけですから、生活上の違和感は半端ないと思います。

また省エネに有効との声もありますが、１時間（または２時間）時刻を進めても、一番暑い14時が13時（または正午）になるだけです。一日の気温のピークと人の活動時間が大きくずれるわけではないので、その効果ははなはだ疑問です。そもそも太陽光の有効活用が目的で日照時間帯（即ち気温の高い時間帯）に活動時間をずらすのがサマータイムですから、もともと省エネとは相容れないですね。実際、欧州連合（EU）では40年以上に渡ってサマータイムを導入してきましたが、「最新の研究で省エネへの寄与が限定的で、時代遅れであることが明らかになった」として、この９月に欧州委員会がサマータイムの廃止を欧州議会に提案しています。（欧州委のパブリックコメントでも84%の人たちが廃止を支持したそうです。）

天文教育普及研究会や公開天文台協会では、天文教育上のデメリットを取り上げたサマータイムに関する声明を公開しています*2し、体内時計への悪影響による睡眠障害や、注意力低下に伴う事故の増大、コンピュータシステムの時刻変更の膨大な手間やセキュリティ対策などの問題も指摘されています。これほど問題の多いサマータイムですが、過去にも1994年、2008年、2011年と事あるごとに国政レベルで取り上げられています。どこかにやりたがっている人達がいるのでしょうか……

さて、料理店が真面目に低炭素社会を目指すのであれば、まず食材の地産地消を考えるべきですね。食品の生産地と消費地が近ければ余計な運搬コストが掛からず、「フード・マイレージ」が小さくなります。そこで本日は愛知県一色産のうなぎを使った「櫃まぶし」をご用意いたしました。うなぎと言えば浜名湖産と言われがちですが、愛知県のほうが浜名湖のある静岡県よりも生産量が多いのです[*3]。愛知県の最大の養殖産地が三河の西尾市一色町です。また、「土用の丑」あたりがうなぎの旬と誤解されがちですが、うなぎが夏に売れないことを相談された平賀源内[*4]が土用の丑の日を考案したとの説があるように、夏が旬なのではありません。本来は川の水温が下がり始めてうなぎが冬眠に備えて栄養を蓄え始める秋が旬なのです。地元の食材を旬の時期に食べる……食の基本はこれに尽きますよね。ちなみに薬味のしそも全国1位の生産量を誇る愛知県産です。

えっ、天然ものではあるまいし、養殖うなぎに川の水温が関係する旬があるのかですって……まぁ、まずはご賞味下さいませ。

(2018年11月)

＊1　東京五輪・パラリンピック組織委員会の森喜朗会長(当時)が2018年7月、安倍首相(当時)を訪ね、サマータイム制導入に向けた法整備を要請しました。首相が自民党に導入の可否を検討するよう指示しましたが、10月31日に断念したとの報道がありました。そして五輪・パラリンピックの開催自体も、その後のコロナウイルス禍のため延期されました。

＊2　サマータイムに対する日本天文教育普及研究会の声明
https://tenkyo.net/activity/declaration/summertime/
日本公開天文台協会の声明
http://www.koukaitenmondai.jp/statement/summer-time/summer-time2018.html

＊3　日本養鰻漁業協同組合連合会によると、2017年のうなぎ生産量第1位は鹿児島県、第2位が愛知県、第3位宮崎県、第4位静岡県です。

＊4　讃岐国出身の江戸中期の本草学者・戯作者(1728～1779)。博物学者、蘭学者、薬品会仕掛人、からくり師、洋画の導入者など、多芸多才な活動で知られています。土用の丑の日の話は、そんな源内の異才を表すエピソードの一つとして語られています。

日　食

いらっしゃいませ。宇宙料理店へようこそ。私、シェフのDr.Nodaでございます。お客様は今回の日食[*1]、どこかでご覧になられましたか。日食やオーロラといった天文現象は「百聞は一見にしかず」で、理屈抜きで自然の雄大さに触れられるチャンスです。そのせいか「見られた、見られなかった」が話題になりがちですが、改めて太陽と地球と月の関係をイメージしてみるのも面白いと思います。

日食は、太陽－月－地球がこの順番に一直線に並び、月の影が地球に落ちることによって起こる現象です。しかしそのチャンスは、なかなか巡ってきません。太陽は天球上では黄道を１年でひと回りし、月はその通り道である白道上をおよそ27日でひと回りします。つまり、約一ヶ月に一度、月は太陽を追い抜く（この時が新月です）のですが黄道と白道は約５度の傾きを持って交差しているので、黄道と白道の交点（一周で２カ所）付近で追い抜いた時のみ日食が起こることになります。しかも地球に落ちる月の影は最大でも直径300kmにも満たず（今回は約260km）、地球の直径1.3万kmに比べると２％程度でし

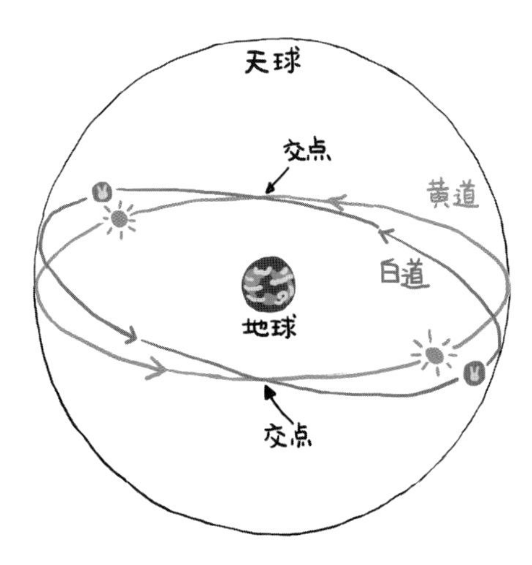

★天球上での概念図。黄道（太陽の通り道）と白道（月の通り道）は約５度傾いているので、１周で交点が２ヶ所ある。この交点付近で月が太陽を追い抜くと日食が起こる。

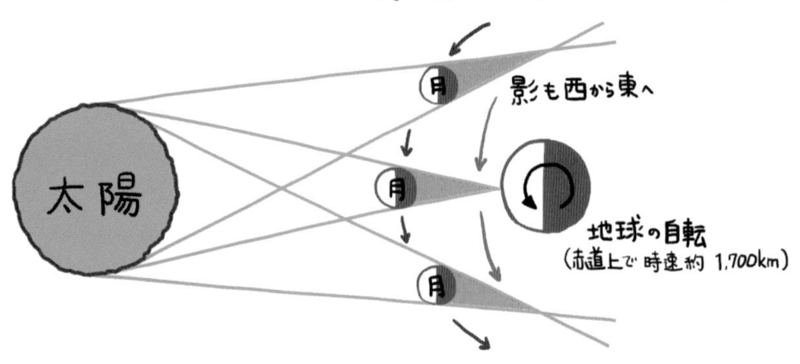

★地球の自転（赤道上で時速約1,700km）と月の影（時速約3,500km）の関係。地球上の一地点で見れば、月の影がおよそ西からやってきて東へ追い越していく。

かありません。この影が日本の陸地を46年ぶりに通過していったのです。

また、今回は皆既日食の継続時間が今世紀最長（硫黄島沖で６分39秒）ということでも話題になりました。皆既が長く見られるのは、月が大きく、太陽が小さく見える時です。つまり、月が地球に最も近く、太陽が最も遠い時に、太陽のまぶしい光球が長く月に隠されることになります。

月は楕円軌道で地球を回っています。近い時（近地点）には35万km程、遠い時（遠地点）には41万km程で（年によって増減します）、毎月１回は近地点を通過することになります。しかし近地点の通過時は、月の公転する楕円軌道自身が約18年周期で回っているので、毎年少しずつずれています。今回は日食と同じ日の７月22日が近地点で、月が非常に大きく見えていました。

一方、太陽と地球の距離は、1.47億kmから1.52億kmの間で変化します。太陽が地球から最も離れる（遠日点）のは毎年７月初めです。今年（2009年）は７月４日に地球が遠日点を通過しました。

次に、地球上で見上げた月までの距離を考えてみましょう。地球は球体なので、朝方や夕方より月（日食の時は太陽の位置でもあります）が頭上にやって来る正午の方が地球の半径分だけ月に近くなります。同様に極地方より赤道に近い方が月に近くなるので継続時間が長くなります。さらに言えば、夏至の頃なら北緯23.5度（北回帰線）付近が最も近くなります。

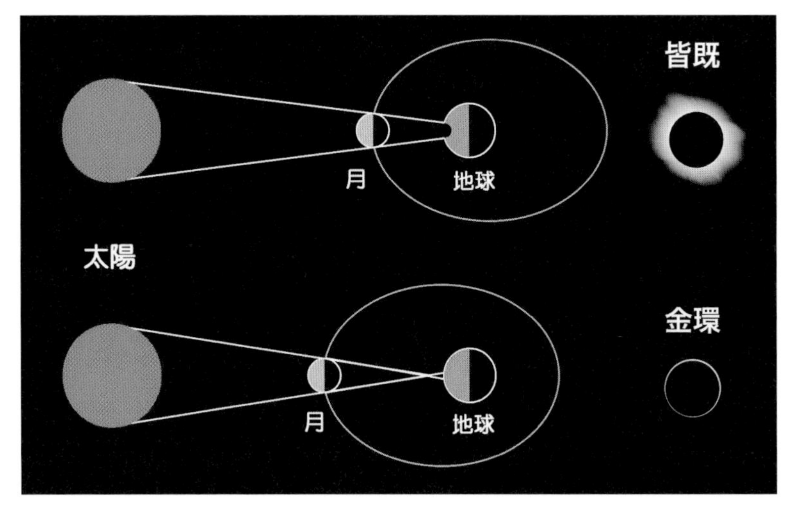

★太陽と月と地球が一直線に並んだとき、月が地球に近ければ皆既日食、遠ければ金環日食になる。さらに太陽と地球の距離によっても継続時間が変わる。(名古屋市科学館)

日食の継続時間は影の動いていく速さにも影響を受けます。影がゆっくり動いていけばより長く影の中にいられることになりますね。月が太陽を追い抜く時、月の影は地球の上を西から東へ時速約3500kmで移動していきます。その影を同じく西から東へと自転している地球が追いかけます。追いかける速さが速いほど継続時間が長くなります。地球の自転のスピードは赤道上が最も速く時速約1700km。北緯35度の名古屋では時速約1300kmとなり、緯度が高くなるほど不利になります。

以上を考えますと、条件が全て満たされるわけではありませんが、総じて夏至（6月21日頃）から地球の遠日点通過（7月4日頃）の間で、月が近地点を通過する頃で、赤道〜北回帰線付近で正午に見られる日食が最も理想的ということになります。今回の日食は、遠日点通過日から2週間ほどずれていましたが、月は近地点でしたし、トカラ列島の緯度は比較的低緯度の北緯30度付近で、食の最大が午前11時頃だったので、ほどほど理想に近かったのです（天気を除いて、ですが)。

2012年5月21日には、月の影が再び日本を通ります。名古屋もちょうどその通り道に位置しており、千載一遇のチャンスがやってきます。ただし、月はこの前日に遠地点を通過したばかりなので小さくしか見えず、太陽の光球を隠し切ることができません。したがって皆既日食ではなく、金環日食になるわけです。

おっと、私としたことが随分マニアックなおしゃべりをしてしまいました。本日はシンプルではありますが、目玉焼きをご賞味いただきたいと思います。どうです、この黄身の色合い……不気味なぐらい色が濃いですよね。卵黄の色は大部分がカロチノイドという色素で鶏の餌に由来しておりまして、主食であるトウモロコシだけですと比較的薄めの黄色になります。今回は赤い色素の多いパプリカやマリーゴールド、さらに色素の濃い海藻も混ぜた餌を鶏に与えてみました。もちろん全て無農薬または天然物でございます。さらに卵白には、「システィン」というアミノ酸が含まれておりまして、これは加熱によって分解し硫化水素になります。この硫化水素が卵黄に含まれる鉄と結びつくと硫化鉄となり、卵黄の表面がさらに黒みを呈します。こうした自然の化学反応を利用しまして、より黒い目玉焼きにしてみました。一見グロテスクではありますが、決して危ない添加物は含んでおりません。安心してゆっくりとお召し上がり下さいませ。なお卵白部は、全体に広げる極大期型、流線型に延ばす極小期型、ただ小さいだけの今回型と、太陽活動に合わせて自在にアレンジさせていただいています。ご希望をお申し付け下さいませ。

（2009年９月）

＊1　2009年７月22日、日本の陸地では46年ぶりとなる皆既日食がありました。残念ながらトカラ列島など、皆既日食帯の多くの場所では天候に恵まれませんでしたが、一部の島や洋上では、コロナやダイヤモンドリングが観察されました。

太陽エネルギー

いらっしゃいませ。

宇宙料理店、シェフのDr.Nodaでございます。本日はランチへようこそお越しいただきました。秋分の日を過ぎたとは言え、天気が良いとまだまだ日差しの強さを感じますね。去る８月22日にはあの太陽に月が重なってアメリカ大陸で皆既日食が見られました。おおむね天気が良く、日本からの日食ツアーの人達も、十分に楽しむ事が出来たようですね。

その太陽ですが、成分のほとんどが水素ですので、言うなれば水素ガスの塊です。だとすると、その境目というか表面はもっとぼんやりしていても良さそうですが、日食メガネなどで太陽を見るとはっきりとした輪郭がわかり、ガスの塊としては不自然な気がしませんか？　これは表面あたりでガスの密度が急に変わっているからなのです。

水素ガスの密度が高いと、光は吸収や散乱を受けて外に出ていくことが出来ません。光が出てこなければ、そこは外から見えませんね。密度が低くなると、その場所からの光が直接我々のもとに抜けてくるようになり、その量に応じて透けて見えるわけです。従って、その密度変化の境界がなだらかか否かによって、輪郭がぼやけたりはっきり見えたりします。光（可視光）で

★太陽の構造

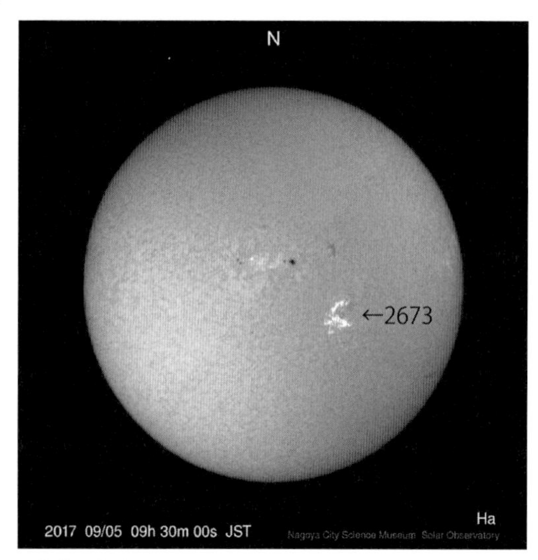

★名古屋市科学館・太陽望遠鏡によるX9.3フレア前日のHα線像。活動領域2673が真っ白に輝いて見えている。

見える太陽の表面は「光球」と呼ばれ、厚みは数百km、およそ6,000Kのガスからの放射が見えています。太陽の直径は約140万kmですから、数百km程度の厚みはごく薄い層の輪郭として見えるのです。

電磁波の波長によって「見える」太陽大気の深さも異なりますから、水素原子が出す輝線（Hα線：波長656.3nm）では、光球よりひと回り外側の表面が見られます。これは「彩層」と呼ばれ、光球上空の数千～1万kmの希薄なガス層です。名古屋市科学館の太陽望遠鏡でも「Hα像」としておなじみですね。普段はHα線だけを通す狭い波長域のフィルターを使いますが、皆既日食の際には、第2接触直後または第3接触直前にだけこの彩層が肉眼で見られます。太陽が出入りする側の縁がピンク色に見えるのがそれで、波長656.3nmのHα線、彩層からの光です。その数秒前後にはダイアモンドリング……月の表面の凹凸の凹の部分から一筋の太陽光がもれてくる印象的な瞬間です。ガスの球体同士の重なりではこのような現象は起こりません。月より400倍大きな太陽と、太陽より400倍近い月の偶然の見かけの大きさの一致だけでなく、気体の天体と固体の天体であることが皆既日食をより印象深いものにしてくれているのです。

そんな太陽表面では、時々フレアと呼ばれるガスの球体ならではの爆発現象が起こります。9月6日にも、黒点群として見えていた活動領域2673でフレアが2回起こり、普段の1,000倍以上の大量のエネルギーや粒子が宇宙空間へ放出されました。その一部が地球に降り注ぎ、人工衛星が壊れたり、磁気嵐が起こるなどの影響が心配されましたが、GPSの精度が多少悪くなる程度ですんだことはニュースなどでも報道されましたね。

特別なことがあると話題にのぼる太陽ですが、その存在が当たり前すぎて普段意識することもない太陽のエネルギーこそが、実は驚くべきものです。地球のどこにでも昼間（太陽に面した側）であれば、1 m^2 あたり1.4kW（太陽定数）のエネルギーが太陽から同じようにやってきているのですから。地球表面が受け取る太陽からの1秒あたりのエネルギーの総量は、

太陽定数×太陽から見た地球の断面積（πr^2）
$= 1.4kW/m^2 \times \pi \times (6.4 \times 10^6 m)^2$　（r：地球の半径）
$= 1.7 \times 10^{14}$ kW　（170兆kW）

となり、人類が消費する総エネルギー量（2011年の統計で 1.6×10^{10}kW）と比較しても、たった1秒でおよそ1万倍です。天気などの問題で、理想的な有効利用は出来ないにしても、エネルギー問題を語る際には、この太陽エネルギーはもっと考慮されても良いと思います。しかも、これは地球が受けるエネルギーのみです。あらゆる方向に放射される太陽からのエネルギーの総量は、

太陽定数×地球の距離での球の表面積（$4\pi R^2$）
$= 1.4kW/m^2 \times 4\pi (1.5 \times 10^8 km)^2$　（R：太陽と地球の距離）
$= 3.9 \times 10^{23}$kW

と、地球が受けるエネルギーの10億倍。今この瞬間にも毎秒これだけのエネルギーが太陽から宇宙空間へ、特に利用されることもなく放出されています。もはや人類が無駄にしているなどというレベルの話ではありませんね。このエネルギーを核融合反応で生み出すために、太陽は1秒間に430万トン（4.3×10^9kg）軽くなっていますが、太陽の質量は 2×10^{30}kgなので、その10%を核融合で消費するだけでも100億年以上かかります。

さて、今日は天気も良いことですし、普段ムダにしている太陽エネルギーで、調理してみたいと思います。まさにランチタイム限定ですが、庭にパラボラ鏡をご用意しました。最近は天文の世界でも大口径の望遠鏡に分割鏡が使われるようになってきましたので、当店のソーラークッカーはその技術を応用

し、20cm角の鏡を44枚敷きつめて直径1.5メートルのパラボラ鏡にしています。太陽光を一点に集めてしまうとエネルギーが集中しすぎて大変危険ですので、調理用では焦点を適度にぼかす必要があります。そこにフライパンを置いてパンケーキを焼いてみたいと思いますが、まずは近付かないで下さいね。天体観測用のシャックハルトマンカメラで分割鏡間の向きを制御していますので、一旦完全に焦点を合わせてからアウトフォーカスします。ですので……おっと、フライパンを焦点に置き忘れました！　フライパンの一点が赤熱し……ああっ、集中させた太陽エネルギーはフライパンに穴を開けてしまうほどだということを実証してしまいました……

（2017年９月）

微小重力

いらっしゃいませ。宇宙料理店にようこそ。

さっそくですが、2015年7月23日に油井亀美也宇宙飛行士がロシアのソユーズロケットで無事国際宇宙ステーション（ISS）に行かれましたね。もともと5月に打ち上げ予定だったのですが、その前に打ち上げられたプログレス補給船の不具合の影響を受けて2カ月遅れとなりました。

そんな油井さんはコーヒーが大好きで、ISSでも飲んでおられるそうです。しかし、これが美味しくない。微小重力状態では液体が飛び散ると落ちることがなく、何かにひっつくまでは部屋を漂い続けて大変なことになります。やむなく密封されたパックに入った飲み物をストローで吸うことになるのですが、これでは香りが楽しめません。そこで登場するのが宇宙用の「スペースカップ」です。

このカップはアメリカの化学技術者、ドナルド・ペティ宇宙飛行士が2008年のSTS-126ミッションで考案したものです。ペティ宇宙飛行士は彼のフライトデータファイルからプラスチックシートを拝借し、カップの形に作り上げました。あるものは何でも利用するのが宇宙飛行士らしいところですね。普通のカップとの違いは、丸い形ではなく、折り目があるしずく型（ティアドロップ型）ということです。このスペースカップに密封パックからコーヒーをゆっくり注ぎます。しかし、コーヒーは飛沫となって飛び散ることはありません。液体同士が引き合う力、表面張力がコーヒーが飛散したり外に流れ出るのを抑えているのです。

これはカナダのクリス・ハドフィールド宇宙飛行士の濡れタオルを絞る実験でも良く分かります。地上ではタオルを絞ると水は自らの重さでタオルから離

★濡れタオルを絞って見せるクリス・ハドフィールド宇宙飛行士。絞っている手と絞られているタオルの周辺に水がまとわりついている。水のかたまりの中に丸く気泡も見えている。（ハドフィールド宇宙飛行士の動画より）

れ、下に落ちます。しかし、微小重力下では液体をタオルから引き離す力はほとんど働きません。水に働くのは表面張力だけで、液体同士が引き合う結果、自らまとまろうとするだけです。つまり、タオルの表面で水の層を作り、そこから離れようとはしないのです。

さて、スペースカップに戻りましょう。カップの中のコーヒーも濡れタオルの水と同じく、容器にへばりついており、折り目で狭くなった側では毛細管現象により容器の口までせり上がってきています。しかし外に溢れ出ることはありません。ここに口をつけてコーヒーを飲めば、香りも楽しむことができるのです。そしてISSには微小重力用のコーヒーメーカーもあります。名づけてISSプレッソ。2015年４月にドラゴン補給船でISSへ運ばれました。開発したのはイタリア宇宙機関と同国のアルゴテック社、さらにトリノのコーヒー焙煎業者ラバッツァ社。さすが、イタリア人らしい国際貢献ですね。

そんなわけで、本日はエスプレッソコーヒーをご用意いたしました。こちらがハイパー超親水コーティングを施した「ハイパー・スペースカップ」です。表面の親水性が極めて優れているので、中にコーヒーを注ぎますと表面をコーヒーが這い登り、自重と釣り合うところで止まります。細い飲み口は、毛細管

★ISS船内で宙に浮く「スペースカップ」。中にコーヒーが入っており、しずく型の折り目側が毛細管現象により飲み口まで液面がせり上がっている。（ペティ宇宙飛行士の動画より）

現象でさらに液面が高くなっています。あたかも微小重力環境下のような液体の振る舞いを、この地球重力下でお楽しみ下さい。ただし、カップを傾けますと、あっという間にコーヒーがカップ内面を滑ってまいります。微小重力下では表面張力で外に流れ出ませんが、ここではそのまま自由空間に飛び出して、重力の法則に従いますので十分にお気をつけ下さい。念のため床用雑巾を用意しておきますね……

（2015年９月）

---

①クリス・ハドフィールド宇宙飛行士の動画
https://www.youtube.com/watch?v=KFPvdNbftOY
②ドナルド・ペティ宇宙飛行士の動画
http://www.collectspace.com/ubb/Forum14/HTML/000725.html

衛星落下

いらっしゃいませ。宇宙料理店へようこそ。新店舗がオープンしてあっという間に半年以上が経ちましたが、おかげさまで相変わらず忙しい日々を送っております。遅れていた外回りの工事も今月ようやく終わりまして、これからはお食事後に周辺もゆっくり散策していただけます。

この９月と10月にあわせて2回、人工衛星が落下してきましたね。ひとつは米国航空宇宙局（NASA）の、上層大気調査衛星「UARS（ユアーズ）」。1991年から2005年まで成層圏、中間圏の変化や大気中のオゾン減少の測定などを行いました。その後、軌道上に放置されていたのですが、「衛星が燃え尽きず、日本を含む世界中の広い地域（北緯57度～南緯57度）において一部破片が地上に落下するおそれがある。人に障害を与えるリスクは1/3200。」と発表され、

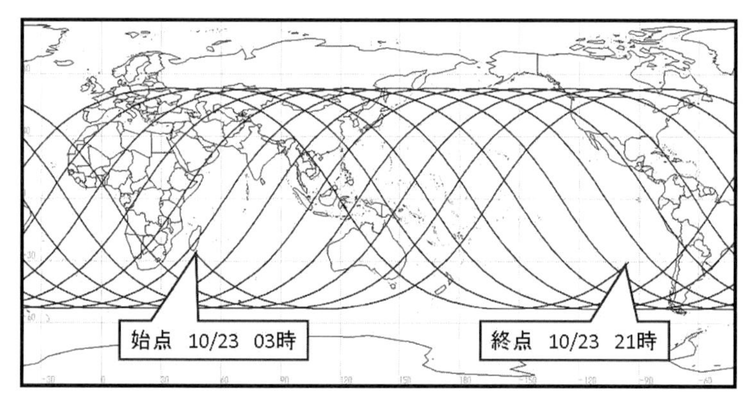

★再突入１～２日前に発表された、X 線観測衛星 ROSAT の再突入予想期間（18 時間 /12 周回分）の地上軌跡（文部科学省公式 Facebook より）

結構新聞やテレビで騒がれました。

もうひとつはドイツのX線観測衛星「ROSAT（ローサット）」。1990年から1999年までの８年以上も運用され、15万天体に及ぶX線全天カタログをつくるなど多大な成果を上げました。当初は580km上空を周回していましたが、2011年９月には270kmまで降下、日本を含む北緯53度～南緯53度の地域で破片が落下する恐れがあり、人にあたる確率はUARSよりも高い1/2000と発表されました。

結局、いずれの衛星も人への被害はなく、その破片は燃え尽きたか海上に落下したと推測され、ことなきを得ましたが、何とも人騒がせでした。国際宇宙ステーションなどは予報通りほぼ正確に見られるのに、どうして同じ人工衛星の再突入の日付と場所が正確に予測できないのでしょうか。

その主な原因は、太陽活動の変動です。運用が終わった人工衛星は軌道制御が出来ないため、大気抵抗による速度低下と高度降下に身を任せることになります。太陽放射が強いと地球大気が熱せられて膨張し、大気抵抗は大きくなります。太陽活動によって大気抵抗が変化するので、その予測が難しいのです。さらに突入角度を深くすることが出来ないので、不安定な領域をより長く通り抜けることも予測を難しくしています。ROSATの場合、３日前でも再突入日は±１日の範囲でしか予測できませんでした。再突入の前日でさえ、時刻の予測は±５時間の範囲内でしかできていません。落下直前のROSATはおよそ90

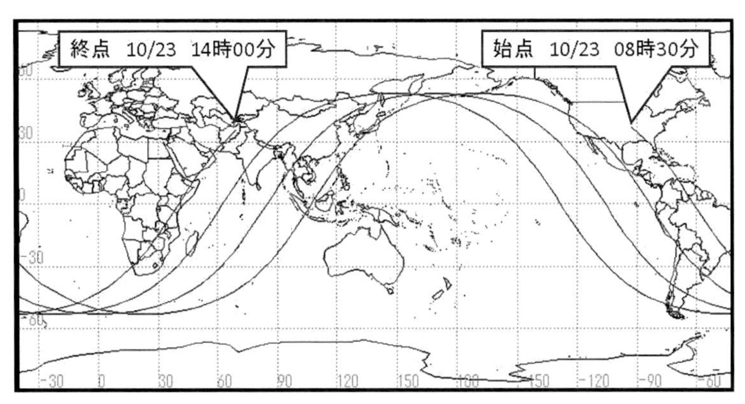

★再突入５時間前に発表された、ROSATの再突入予想期間（５時間30分／５．６周回分）の地上軌跡（文部科学省公式Facebookより）

分で地球を一周していたので、±５時間ですとおよそ７周回分です。地球の赤道面に対して53度傾いて周回していたので、ロシアやカナダの一部や北欧などを除いた広い地域が対象になってしまったのです。日本上空を通る周回も含まれていたため、にわかに心配されましたが、これは冷静に考えてみる必要があります。落ちる地点は一点でしかあり得ないので、危険性のある範囲が広いということは、一地点当たりのリスクは下がることになります。予想落下地点の範囲が絞り込まれる前は、いたずらに騒ぐ必要はないわけですね。また、人に当たる確率が1/2000であったとしても、全世界が対象であれば、「あなた」にあたる確率は、さらに70億人の世界人口で割ることになるので、およそ20兆分の１です。日本国内で交通事故で死亡する確率は２万分の１、飛行機事故に遭う確率は10万分の１と言われています。これは「あなた」が遭遇する確率なので、落下してくる衛星を心配するのなら、飛行機に乗る方がその１億倍以上もリスクが高くて危険ということになるのです。落ちてくる衛星にあたるかも……というのはまさに杞憂[*1]なのですね。

とはいえ、こんなペースで衛星が落ちて来ては、自分にあたる以前に軌道上はゴミだらけなのか心配になってしまいます。この20年間程度を見てみると、多い年で1000回、少ない年でも200回程度、何らかの宇宙ゴミが落ちて来ています。今回のような制御不能となった大きな衛星やロケットのボディなども年50個程度は再突入しているので、実は毎週何らかの大型物体が落ちて来ていることになるのです。しかし、そのほとんどが燃え尽きるので、これだけの回数の再突入があっても、それほど問題にされていなかったのです。今回のUARSやROSATは、より大型だったため燃え残りが予想され、改めて被害の可能性がクローズアップされたわけです。特にROSATは熱に強いX線望遠鏡のミラーをはじめ、約30個の破片が地上に落下するのではないかと心配されました。

さて、燃え残りといえば、この季節は「焼き芋」ですよね。外回りが完成して広くなりましたので、たき火で焼き芋なんてことも出来るようになりました。落ち葉を集めてありますので、一緒に楽しみましょうか。燃え尽きないよう大振りのさつま芋を入れて火をつけますが、燃え残った後が大事です。早く出してしまうと表面がこげているだけで、中身は生のままです。燃え残りの「おき火」の状態で気長に待っていただくと、甘い焼き芋になります。ただ、イチョウの落ち葉なので、中に銀杏が混じっているかもしれません。まれに銀杏がはぜますが、それが飛んで当たる確率は1/2000以下ですのでご安心下さいませ。

（2011年11月）

＊1　杞憂：《中国古代の杞の人が天が崩れ落ちてきはしないかと心配したという、「列子」天瑞の故事から》心配する必要のないことをあれこれ心配すること。取り越し苦労。（大辞泉より引用）

隕　石

いらっしゃいませ。宇宙料理店へようこそ。

私、シェフのDr.Nodaでございます。本日のご紹介は、当店のこだわりドレッシング。新鮮なサラダの味を引き出すために、欠くことのできない隠れた主役でございます。

お客様はこの春（2000年）、名古屋市科学館の宇宙展は見に行かれましたか。なんでも２ヶ月弱の期間に６万５千人ほどの入場者があり、大変盛況だったようです。私も平日にゆっくりと見てまいりました。10倍ずつ世界を広げていきながら宇宙の果てへ行くパワーズオブテンや、宇宙赤外線望遠鏡IRTSの本物も感銘を受けましたが、やはり世界第３位の巨大隕石（新疆〈しんきょう〉隕石）は圧巻でした。さわった感触はけっこうスベスベでヒンヤリと冷たく、その手の臭いをかいでみると鉄さびの臭いがしました。磁石もくっつくので、鉄のかたまりに間違いなさそうですが、なぜこんな鉄のかたまりが宇宙に浮かんでいたのだろうか、どうして鉄だけが集まったのだろうかと、不思議になりました。

そこで会場におられた天文ボランティアの人に尋ねてみたのですが、実に気

★宇宙展 2000 で展示された新疆隕石（名古屋市科学館）

さくに教えてくれたところによると、この隕石は46億年ほど前、この地球ができたのと同じ頃に、小さな惑星として生まれた天体のかけらだというのです。生まれたばかりの太陽のまわりにたくさんあったチリが、合体衝突を繰り返して小さな惑星ぐらいの大きさになったのですが、出来たばかりの小天体は温度が高く、ドロドロに溶けていたそうです。鉄やニッケルなどの重たいものは重力の影響で中心に沈んでいき、まわりには軽い石の成分が残されました。そうやって冷え固まったのち、隣の小天体でもぶつかってきたのでしょうか、この小天体はバラバラにこわされてしまいました。その中心部分の破片が中国の国境地帯に落ちてきたのが新疆隕石だったのです。今触れた鉄のかたまりは、40数億年前にできて、何億年～何十億年と太陽系内をただよった末に地球に落ちてきて、私の目の前にあるのだと思うと、なんだかめまいを感じてしまいました。

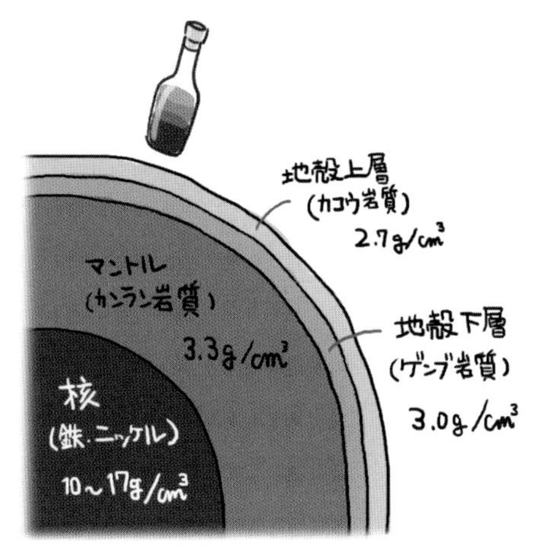

★地球の内部構造。中心に密度の高い（重たい）物質が集まっている。

そこで本日は２本ドレッシングをご用意いたしました。１本は普通のイタリアンドレッシング。と申しましても、素材を吟味した自家製です。油分と水分が分離しておりますから良く振ってお使いいただくわけですが、なぜ水と油が分かれるかというと、油の方が軽いから水の上に浮くわけです。地球の重力の影響で重いものほど下に、言い換えると地球の中心に引っ張られるから水が下になるのです。これはあの隕石が鉄のかたまりになったのと同じ力が働いているのです。

一方こちらは重力遮断容器に入れた同じイタリアンドレッシングです。重力がはたらいていませんと水と油も混じり合ったままで、２層に分かれることがありません。しかしこの容器をもっと大きくしていきますと、たとえ外からの重力をさえぎったとしても、今度は自分自身の重さで重力がはたらくようになりますので、容器の中心に水分が、そのまわりに油分が取り囲むようになるはずです。隕石のもとになった小天体も、この小型のドレッシングの容器のように、自己重力がはたらかないほど小さければ、鉄と石は分離しなかった（未分化のままだった）ことでしょう。

では、お好みの容器のドレッシングをお使いいただいて、サラダをご賞味下さい。ただし、重力遮断容器内では地球の重力がキャンセルされておりますので、逆さまにしただけではドレッシングは出てきません。十分にお気をつけてお使い下さいませ。

（2000年６月）

しし座流星群

いらっしゃいませ。宇宙料理店へようこそ。

しばらく休店をしておりまして申し訳ありませんでした。実は私トルコへ、本場トルコ料理の修業に行っておりまして、しばらくお休みをいただいていた次第です。ついでにちょいと日食に感動し[*1]、トルコの文化・風土にも感激して帰って参りました。

そこで本日は、トルコで覚えて参りました「シシ・ケバブ」をお召し上がりいただきたいと思います。30代後半以降の方ならその昔、「パンシロンでパンパンパン」の唄に歌われていたのを覚えていらっしゃいませんか。トルコ料理と言えばシシ・ケバブと言われるぐらいポピュラーな肉料理です。「シシ」は串焼き、「ケバブ」は羊の肉という意味で、当店では厳選された羊のもも肉をトマトとピーマンと一緒に串焼きにしております。トルコで食べた野菜はとても新鮮でジューシー。特にトマトは、私が幼少の頃の日本のトマトの味、あの噛みついた時に口の中に広がる、むせ返るほどの豊かな香りと味が残っていました。そんな野菜達にいろどられ、トルコの豊かな香辛料で味付けされたシシ・ケバブはまさに絶品。当店でもトルコ直輸入の香辛料で異国情緒を味わっていただこうと考えております。

ところでこの時期、「シシ」と聞いてつい連想してしまうのが「しし座流星群」。33年周期で太陽をめぐるテンペル・タットル彗星がまき散らしたチリが、まるでイノシシの突進のような猛スピード（秒速70km）で地球の大気に飛び込んでくるため、明るい流星が多いのが特徴です。お客様は御覧になられましたか？

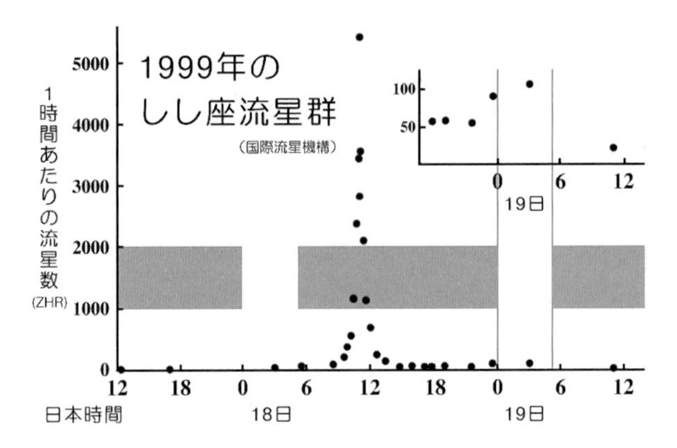

★国際流星機構（IMO）による1999年のしし座流星群の出現状況。日本時間18日午前11時頃、1時間あたり5千個以上の報告がなされている。19日の明け方の拡大図（右上）では、日本の観測時間帯に100個程度の出現となっている。（名古屋市科学館）

今年の出現のピーク予想は日本時間の18日午前11時頃。日本では昼間なのでこの時間帯では見ることができません。従って、この時間に一番近く、しし座が高く上がっている、18日の午前２時頃から明け方までが好条件とされていました。しかし、残念ながらこの時間帯の出現数は１時間あたり数十個にとどまりました。おまけに全国的に曇りとなってしまい、早起きはしたけれどと、がっかりされた方も多かったでしょう。日本は幸運に恵まれませんでしたが、その後午前９時頃から流星数は増え始め、ピーク予想時間の午前11時頃には１時間あたり数千もの流星が確認されました。まさに33年ぶりの流星雨となり、ヨーロッパは昨年に続いて２年連続の幸運となったのです。

ここで気落ちせず、19日の明け方も観測をした人は、その努力に見合ったごほうびを手にすることになります。流星の大出現は数時間で幕を閉じ、いったん数が減りましたが、１時間に百個程度の出現は続いていました。そして再び日本の夜空にしし座がのぼってきたのです。天気は快晴。名古屋市科学館の観測チームも長野県のおんたけ休暇村と、愛知県と岐阜県の県境にある三国山で、多数の流星の撮影に成功しました。

日本では子々孫々まで語り継がれるような大出現にはなりませんでしたが、そんなしし座流星群の写真を御覧いただきながら、シシ・ケバブをご賞味いただきたいと思います。ちなみに本日は「しし群スペシャル」といたしまして、ピーマンのかわりにシシトウを、羊肉のかわりにイノシシの肉で仕上げた一品もご用意しております。

＊1　1999年8月11日にヨーロッパから西アジアにかけて20世紀最後の皆既日食があり、トルコ共和国のシワスという街へ撮影に行ってきました。

★ しし座流星群の後日談 ★

しし座流星群はおよそ33年周期で「流星雨」とも呼ばれるような、大量の流れ星が見られることで有名です。1966年にもアメリカで大出現が記録されていましたので、その33年後の1999年に期待されていました。

流星は宇宙空間の小さなチリが地球の大気に飛び込み、周りの分子ともどもプラズマ化して発光する現象です。彗星（ほうき星）の通り道（軌道）には、彗星が太陽に近づいた際に太陽の熱で本体（汚れた雪玉とも言われる、氷とチリやガスの集まり）から融け出したチリが、帯状に取り残されています。その彗星の軌道と地球の公転軌道とが交差していると、地球が毎年そこを通過する際に多くのチリが大気に飛び込んでくることになります。これが毎年同じ時期に見られる流星群で、これまでは、その彗星軌道上のチリの分布は太めの帯のようになっており、軌道上では彗星本体の周辺が特に濃く、断面では中央付近が濃くて周辺部が薄い「ダスト・トレイル」を作っていると考えられていました。

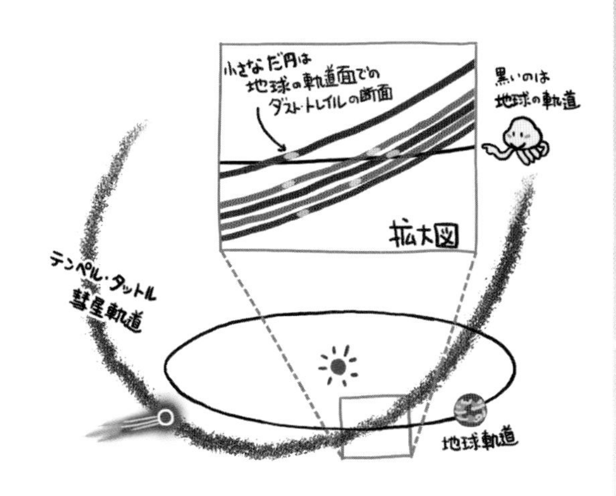

★地球軌道、彗星軌道、ダスト・トレイルの模式図。上の四角は地球軌道と彗星軌道の交わるあたりの拡大で、過去の彗星軌道上にダストの帯（ダスト・トレイル）がチューブ状に残されている。

これに対しイギリスの

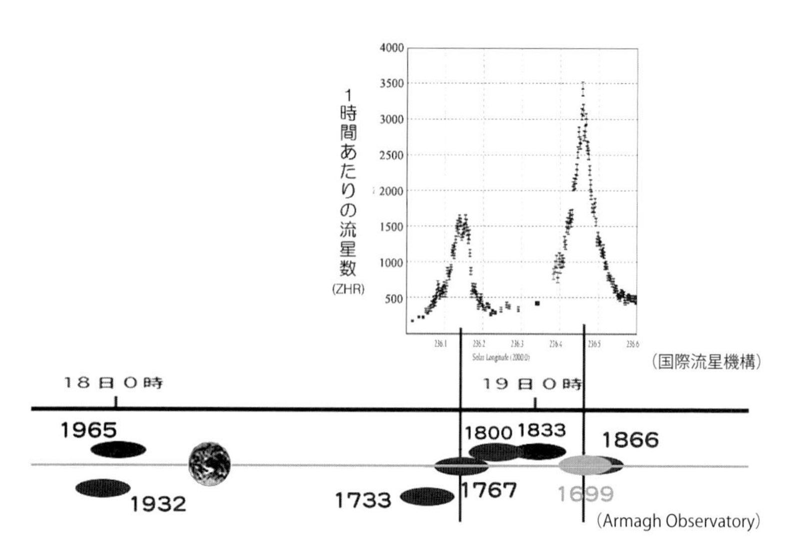

★2001年の出現状況（上）とダスト・トレイルの（地球軌道面での）断面の計算位置（下）。1767年がハワイ等で観測された第1ピークに、1699年と1866年が日本での大出現にあたる第2ピークに見事に一致している。

デイビット・アッシャーらは、しし座流星群の母彗星であるテンペル・タットル彗星のチリはあまり拡散が進んでおらず、彗星の軌道を中心にした管状のごく狭い範囲にチリが集中している（太陽接近年に対応する細いチューブが何本も束になっているというイメージです）と考えてシミュレーションを行い、流星群が大出現する時刻と規模を予測しました。特に2001年には、1699年と1866年のダスト・トレイル（またはダスト・チューブ）に地球が日本時間の11月19日午前2時30分頃と午前3時20分頃に差しかかると予測し、この時間帯は東アジア地域では、しし座が東の空に昇っているので好条件で観測されると期待されました。

そして予測は見事に的中、まず1767年に放出されたダスト・トレイルによる活発な出現が、日本時間11月18日午後8時過ぎに北アメリカやハワイで見られました。そして日本では、11月19日の午前1時頃から夜明け頃まで数時間にわたり、1時間あたり1,000個以上（ピーク時には3,000個を超えるほど）の出現が観測されたのです。

（1999年11月）

流星塵

いらっしゃいませ。宇宙料理店のシェフ、Dr.Nodaでございます。失礼ですが、サーモカメラで検温させていただきますね。はい、ありがとうございます。新型コロナウイルスの感染拡大に気を使う毎日ですが、我々の日々の営みとは関係なく季節は移り変わっていきますね。こうして秋も深まってまいりますと、透明度の高い星空に誘われてちょっと遠出がしたくなります。空の暗い郊外でしたら、流星群の日を待たずとも散在流星も結構たくさん見られるはずです。

流星は、大きさが数10μm～数mmのチリ（砂粒）のような物質が、地球の大気に飛び込んで上空100kmあたりで発光する現象です。大気との摩擦でチリが光ると誤解されがちですが、音速を遥かに超える速度（数10～70km/s）で飛び込んで来たチリは、上層大気の分子と衝突して瞬時に蒸発し、周りの分子ともどもプラズマ化して発光します。こうした流星物質は、年間数万トンも地球に降り注いでいると推定されていますが、どうやって見積もっているのでしょうか。

もちろん全てが目に見える流れ星になるわけではありませんが、レーダーを使うとより小さなものまで観測することができます。滋賀県の信楽町には京都大学生存圏研究所のMUレーダーがあります。中層大気と超高層大気を観測するために作られたVHF帯の大型レーダーで、直径103mの円形の領域の中に、475本のアンテナが林立しています。ここから上空100kmあたりにパルス状の電波を照射しているのですが、流星の作るプラズマは電波をよく反射するため、小さな流星でも効率よくエコーを返してきます。流星の先端にできるプラズマを追跡することで、流星の位置と速度を正確に求めることができるのです。

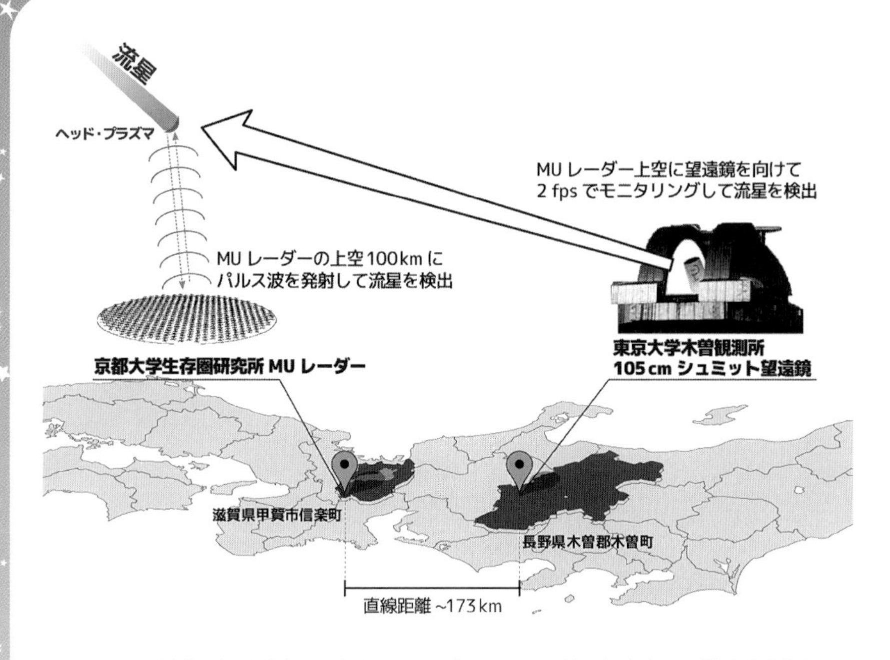

★図1：木曽観測所と生存圏研究所MUレーダーによる同時観測の概念図。（東京大学大学院理学研究科・理学部　2020/11/11　プレスリリースより）

しかし、このレーダーの反射だけではチリ本体の質量まではわかりません。そこで、可視光による同時観測が考えられました。173km離れた木曽観測所の105cmシュミット望遠鏡には広視野CMOSモザイクカメラ「トモエゴゼン」が装備されています。天文学用観測装置としてはめずらしく1/2秒間隔での動画観測機能を備えており、超新星などの明るさが変動する天体や、空を高速で移動する地球接近小惑星などを高感度で観測することができます。天体の観測と言えば、狭い範囲や狭い波長域を拡大し、時間をかけて光を蓄積する方法が常套手段ですが、トモエゴゼンは全く違う発想で作られた別次元の観測装置です。流星に関しては、なんと10等級程の暗いものまで撮影することができるのです。

このトモエゴゼンで、信楽にあるMUレーダーの上空100kmを狙って同時観測を行ったところ、4日間で合計228件の流星をレーダーと光学観測の両方で確実に捉えることができたそうです。その相関を取ることにより、レーダ

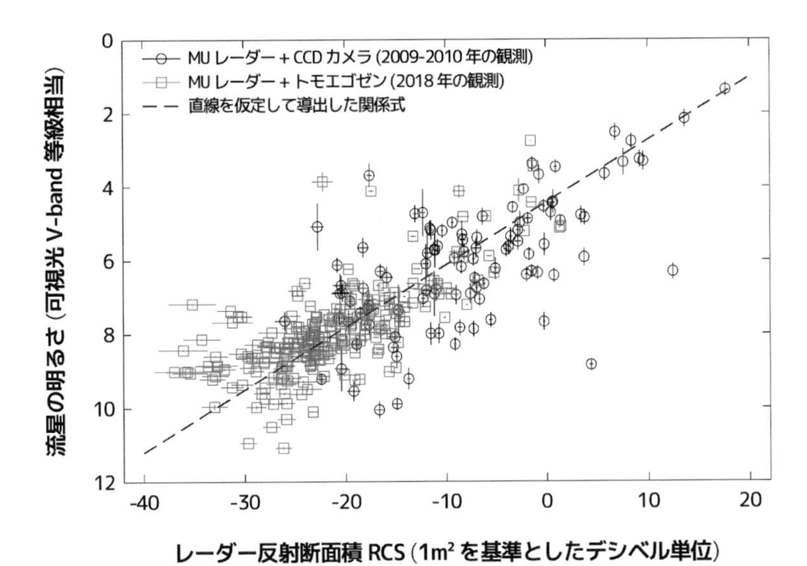

★図2：同時観測した流星のレーダーのエコー（反射断面積）と可視光の等級の関係。およそ2等級から10等級まで、1000倍以上明るさの違う流星について一貫した関係が成り立っている。（東京大学大学院理学研究科・理学部　2020/11/11　プレスリリースより）

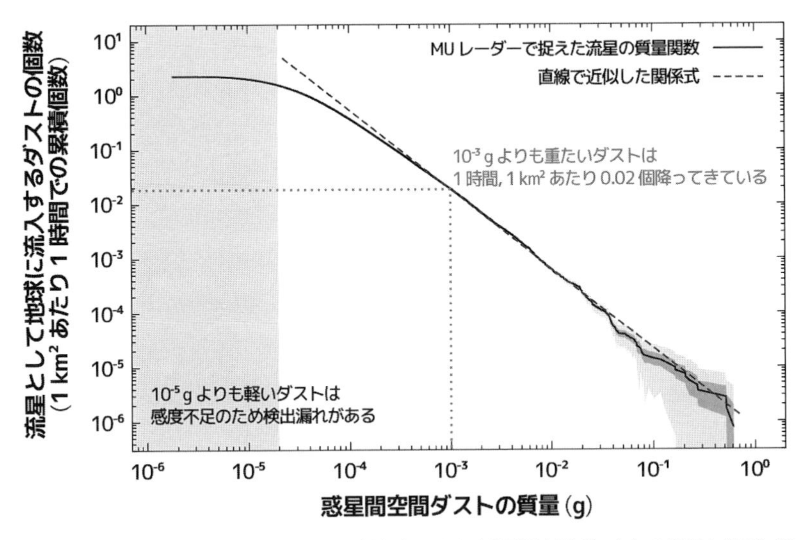

★図3：MU レーダーが捉えた流星に対応するチリ（惑星間空間ダスト）の質量と地球に流入している個数の関係。軽いチリほど個数が多く、ほぼ直線で近似できる。（東京大学大学院理学研究科・理学部　2020/11/11　プレスリリースより）

ーで観測された流星の明るさを求めることが出来ました（図2）。明るささえわかれば、あとは簡単な仮定でチリ本体の質量に換算することができます。さらに15万件にも及ぶMUレーダーによる過去の散在流星のアーカイブデータに適用すると、どれくらいの質量のチリ（惑星間空間ダスト）がどれくらいの頻度で地球に飛び込んできているかがわかります（図3）。こうして観測された流星の数をもとに宇宙から地球に流星として飛び込んでくる物質の量を見積もったところ、およそ1日に1トン程度という結果になりました。観測に基づいた確かな数字が得られてみると、年間数万トンという当初の見積もりは、かなり多めだったことになりますね。

ちなみに、木曽観測所の屋上には、名古屋市科学館の屋上に置かれている星空ライブカメラと同じものがもう一つ設置されており、科学館のHPの「天文情報」→「星空ライブカメラ」から都会の星空と山奥の星空を同時に比較して見ていただけます。

高速で大気に飛び込み蒸発したチリの中の金属原子は、温度が下がるにつれて集まって丸く再凝結し、主に直径0.1mm以下の固体の球粒となり、大気中をゆっくりと降下し地上に落ちてきます。これが流星塵です。スライドガラスにグリセリンなどを塗って屋上などに放置して採取することが出来ます。工場などから排煙される人工の微粒子と見分けることが難しかったりしますが、我々の身の回りにも確実に宇宙からの贈りもの？　が降り注いでいるのです。

さて、そんな流星塵を当店の屋上で採取し、顕微鏡で目視しながら丹念に選り分け、ふりかけにしてみました。名付けて「流星ふりかけ」でございます。炊きたてのアツアツご飯に軽くおかけ下さい。惑星間空間の味とイメージをほのかにを楽しんでいただけると思います。ただし、しっかり味わいたいからと、ふりかけをたっぷりかけるのはおすすめ致しかねます。流星塵の主成分はニッケルと鉄ですので、量が過ぎますと金気臭が勝ってまいりますし、何より健康面が心配です……

（2020年12月）

地球近傍小惑星

いらっしゃいませ。宇宙料理店へようこそ。

今年は梅雨明けも早く、例年になく暑いですね。こうも暑いとエアコンの効いた部屋から出たくなくなりますが、日が暮れて数時間もすると夜風が気持ち良くなってきます。後ほどあちらのオープンガーデンでポップコーン製造の実演を行いますので、飲み物でもお持ちになってご参集下さい。

2013年２月15日の隕石落下の突然の報道には驚かされましたね。推定質量１万トン、直径17メートルの小天体が人知れず地球に飛来し、ロシアのチェリャビンスク上空で爆発しました。死者はなく、けが人が1,500人程度でしたが、これがもっと大きなものであったならば、大惨事になっていたでしょう。こうした事態に備え、地球の軌道に近づく小天体「地球近傍天体（Near Earth Objects: NEO）」を監視する観測が継続的に行われています。そして通算の発見数がこの６月でなんと１万個を超えました。結構多くの小天体が地球の近くをまわっているのです。しかも、グラフを見ていただくと、2000年あたりから右肩上がりで、急激に数が増えています。これはもちろんNEOの個数そのものが増え続けているわけではありません。NEOは今も昔も変わらず地球の近くをまわっているのですが、専用の望遠鏡が整備されたり観測体制が充実したことにより、今まで見つかっていなかったものが続々と発見され、「発見数」が増えてきたのです。

こうした観測はアメリカが積極的に行っており、例えばNASAとアメリカ空軍、マサチューセッツ工科大学リンカーン研究所が共同で行う「LINEAR（リニア）計画」、NASAとジェット推進研究所の「NEAT（ニート）計画」、アリゾ

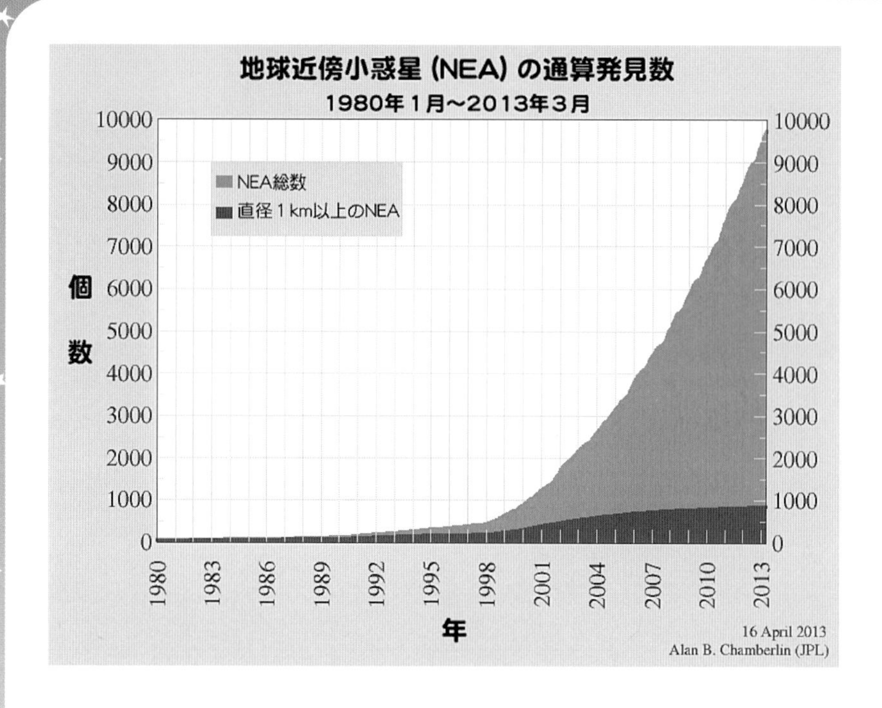

ナ大学の月惑星研究所の「Spacewatch（スペースウォッチ）計画」と「Catalina（カタリナ・スカイサーベイ）計画」、ローウェル天文台の「LONEOS（ロニオス）計画」などがしのぎを削っています。こうしたプロジェクト名はニート彗星やリニア彗星と言った彗星の名前でお聞きになったことがあると思います。この春話題になったパンスターズ彗星も、2008年からハワイで始まった全天の系統的かつ継続的な観測、「Pan-STARRS（Panoramic Survey Telescope And Rapid Response System）計画」で発見された彗星です。彗星は小惑星と違って発見者の名前がつけられるので、こうしたプロジェクトで発見された彗星は、自動的にプロジェクト名がつけられます。すると、リニア計画で見つかったものは全てリニア彗星になるので、その名がつけられた彗星は150個ほどもあり、少々紛らわしいことにもなっています。日本にも小惑星とスペースデブリ（宇宙ゴミ）を専門に観測する「美星スペースガードセンター」が岡山県にあり、精力的に観測を続けています。

さて、NEOの内訳を見ると、１万個のうち100個程が彗星で、あとは小惑星（NEA）です。つまりNEOのほとんどはNEAであり、その軌道からアポロ群、アモール群、アテン群の３つに分類されています。アポロ群は半分以上が地球軌道の外側にあり、一時的に地球軌道の内側に入り込むもの（軌道長半径が１天文単位以上、近日点距離が地球の遠日点距離以下）です。アモール群は軌道長半径が１天文単位以上で近日点距離が地球の遠日点距離〜1.3天文単位以下のものです。つまり、アモール群の小惑星は地球の軌道とは交差しませんが、火星の軌道より内側に入り込むために地球に接近します。アテン群はアポロ群とは逆に、その軌道の半分以上が地球軌道の内側にあり、地球軌道の外側に一時出るもの（軌道長半径が１天文単位以下で遠日点距離が地球の近日点距離以上）です。

落ちて来ると大変な被害が予想される直1km以上のものは、NEO全体のおよそ１割で、これらには十分な警戒が必要です。次ページの発見年毎のグラフを見ていただくと、2000年代前半にピークがあり、最近は半年に5〜10個程しか見つかっていないこ

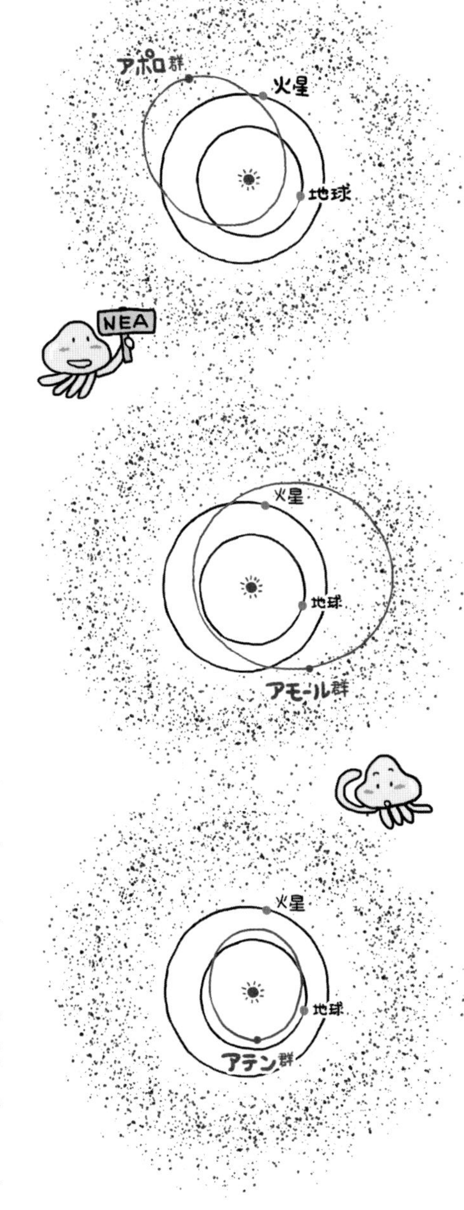

★地球近傍小惑星（NEA）の分類

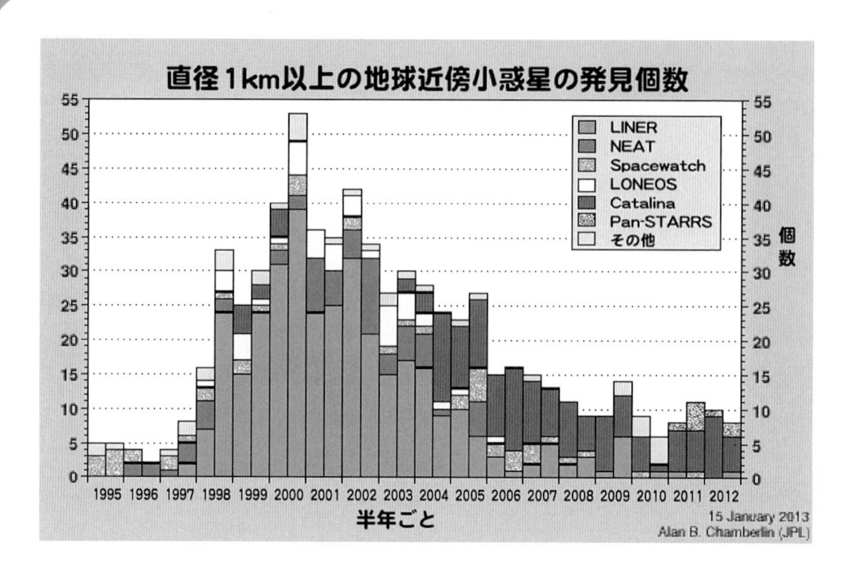

とがわかります。観測技術が向上しているにもかかわらず発見数が頭打ちということは、このサイズのものはほぼ観測し尽くされたということですね。この中には今のところ衝突の危険性があるものはなさそうなので、取りあえず一安心です。しかし、人の住んでいる所に落ちた場合、局所的に甚大な被害を及ぼすであろう直径30m以上のものは百万個以上あり、これらはほとんどが未発見だと考えられています。そう思うと、チェリャビンスク隕石クラスのものが全く気づかれなかったことも十分うなずけます。

ちなみに軌道計算から将来地球に衝突し危害を及ぼす可能性を排除しきれないNEOは特に、PHA（Potentially Hazardous Asteroid）「潜在的に危険な小惑星」と呼ばれています。

それでは、ポップコーン製作の実演をご覧いただきたいと思います。これは、いわゆるポン菓子製造用の穀類膨張機です。全体が圧力釜になっており、この中に種皮が固いポップ種のトウモロコシを乾燥させた粒を入れて加熱します。NEOの発見個数にちなみ、１万粒約1.8kgのトウモロコシをご用意いたしました。これだけのものを一度にはじけさせますので、圧力釜も巨大な特注品です。十分に加熱して内部の圧力を高めてから蓋を開くと一気に減圧し、トウモロコシ粒の内部の水分が急激に膨張してはじけ、ポップコーンになりながら、爆発音を伴って一方向に飛び出してきます。この特注圧力釜は、ピンを1本外しますと釜が四方八方に開く構造なので、膨張に方向性はなくあらゆる方向に勢い良く飛び散ります。１万個の脅威を肌でお感じ下さい。なお、中にジャイアントコーンも混ぜてあります。大粒でしかも熱くなっておりますので直接当たると大変危険です。PHAとしてうまく避けて下さいね。

さあ、では十分加熱できたので火を止めてピンを抜きます！！

3、2、1……

（2013年７月）

ホームズ彗星

いらっしゃいませ。宇宙料理店へようこそ。この秋は「ホームズ彗星」がちょっとした話題になりましたね。突然人前に現れたり、あっという間に人気が出たりすることを「彗星のごとく現れる」などと申しますが、まさにそれを地でいくような彗星でした。

ホームズ彗星（17P/Holmes）は、100年以上前の1892年にイギリスのエドウィン・ホームズによって発見された、公転周期が約7年の短周期彗星で、2000年にも1993年にも出現しています。しかし明るくなっても15等級程度で、たいして目立つ彗星ではありませんでした。その太陽をめぐる軌道上で、一番太陽に近づく近日点が約2天文単位（1天文単位は地球と太陽との距離で、約1億5千万km）と火星よりも遠いので、そんなに明るくならないのもうなずけます。今回も5月に近日点を通過し、10月下旬には太陽から約2.4天文単位の距離に位置し、少しずつ遠ざかっていたのです。10月23日には、地球からの距離は約1.6天文単位で、約17等の明るさで観測されていました。

しかしその直後、わずか2日足らずの間に、肉眼でも見える2等級台にまで、なんと40万倍も明るくなったのです。太陽から遠ざかりつつある状態で、これほどの増光が見られるのは、きわめて珍しいことです。

彗星の中心部には「核」と呼ばれる、氷の固まりがあります。宇宙空間のチリなどを取り込んでいるので、「汚れた雪玉」なんて言われますが、これが太陽に近づくとその光と熱で融けだして、チリやガスを放出します。これらが周りに広がって太陽光を反射・散乱して、「コマ」と呼ばれるぼんやりと光った部分になるのです。

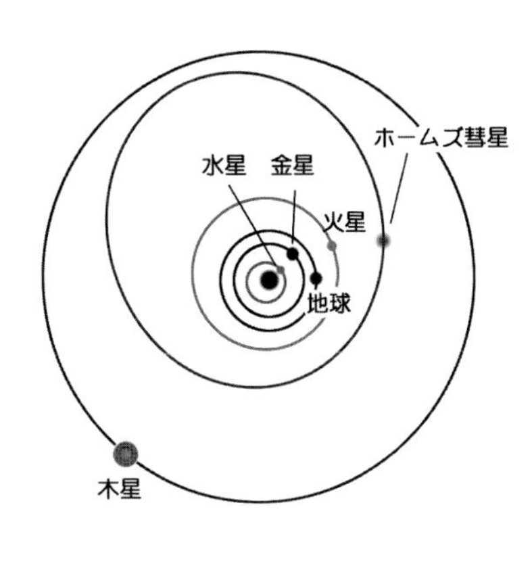

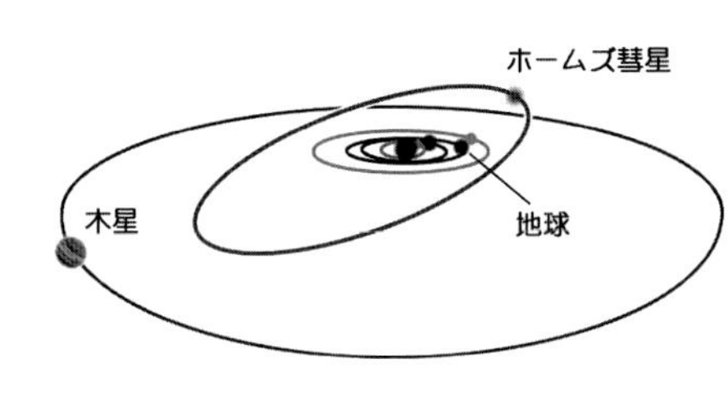

★2007年11月1日現在の太陽系の各惑星とホームズ彗星の位置。左側が上（北）から見下ろした図で右側が側面図。ホームズ彗星は、火星軌道と木星軌道の間を周回しており、その軌道は黄道面から約19度傾いている。原稿執筆時のホームズ彗星は、地球から見て太陽とほぼ反対側で、黄道面より北側に位置している。

今回ホームズ彗星が増光した当初は、ほとんど恒星と見間違えるほどに点として見えていました。しかしその後、徐々にぼやっと広がった雰囲気になり、彗星のコマが次第に広がっていくのがわかりました。その広がり方は一日あたり1.3分角程度、実際の速度では約600m／秒というスピードです。この拡散スピードのままであれば、そのみかけの大きさは、11月下旬には満月の大きさを越えるほどになるでしょう。また、コマは広がりながら一様に薄くなっています。もし彗星物質の大量放出（アウトバースト）が複数回、または連続的に起こっていれば、コマは薄くならず、どんどん発達していくはずです。とすると、今回のアウトバーストは1回きりだったようです。なぜ太陽から遠くはなれた場所で1回きりのバーストが起こったのか、その原因はよくわかっていません。ひょっとすると、隕石でも衝突したのかもしれませんね。

核の周りに広がったガスやチリは、太陽からやってくる電子や陽子などの粒子の流れに押されて、太陽と反対側に伸びていきます。これが彗星の尾です。11月現在で、地球から見たホームズ彗星は、太陽と反対側の北寄り（ペルセウス座あたり）に位置しています。従って、たとえ尾が伸びていたとしても、地球からはそれをほぼ真正面から見ていることになるので、コマの向こう側に隠されて、奥行き方向に縮まって見えることになります。（カラー口絵4をご参照

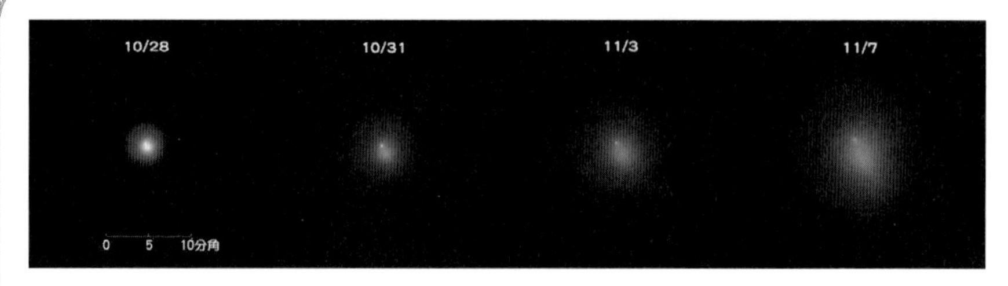

★名古屋市科学館屋上 15cm 屈折望遠鏡で撮影したホームズ彗星。1800mm 直焦点、ISO400digital、30 秒露出を 4 枚合成。（名古屋市科学館）

下さい。）

いずれにせよ、街中にある科学館の屋上でも肉眼で見られた彗星は、1997 年のヘール・ポップ彗星以来で、貴重な機会となりましたし、あらためて氷の固まりである彗星を認識し直す良い機会にもなりましたね。

さて、本日は箸やすめに、ところてんをご用意いたしました。伊豆の海で育った数種のテングサを程よくブレンドし、海洋深層水を使って煮出した抽出液を濾過して固めております。その際に、特製「光触媒メレンゲの核」を片側に埋め込んでみました。これを「天突き」で押し出し、細い麺状にしてみて下さい。すると、麺の片端に光触媒メレンゲ核が集まっています。メレンゲは卵の卵白を泡立て、多量の空気を含ませてありますので、そこに強い光を当てますと触媒作用で空気が膨張し、メレンゲ核の部分があれよあれよという間に膨らんでまいります。程よいところで光を消していただければ、彗星状態のところてんとなります。「首」のところを箸でつまみ、ホームズ彗星よろしく正面からご覧いただいてから、お口に運びますと、丸から線へのつるんとした食感をお楽しみいただけます。汚れた雪玉よろしく、黒酢をかけてお召し上がり下さいませ。

（2007年11月）

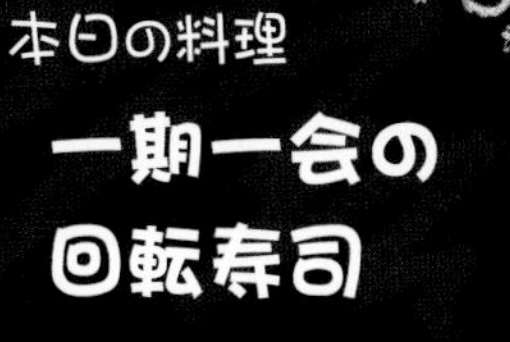

アイソン彗星

いらっしゃいませ。宇宙料理店へようこそ。

そろそろご来店いただける頃かと思っておりました。お客さまはおよそ２ヶ月ごとにいらっしゃいますよね。ありがとうございます。ご来店早々次回の話もなんですが、このペースでいきますと、次回は11月下旬、アイソン彗星がもっとも太陽に近づくのが2013年11月29日なので、きっとその話題で持ち切りの頃かと思います。世紀の大彗星とも噂されるほうき星ですので、お早めの準備が肝要かと思います。

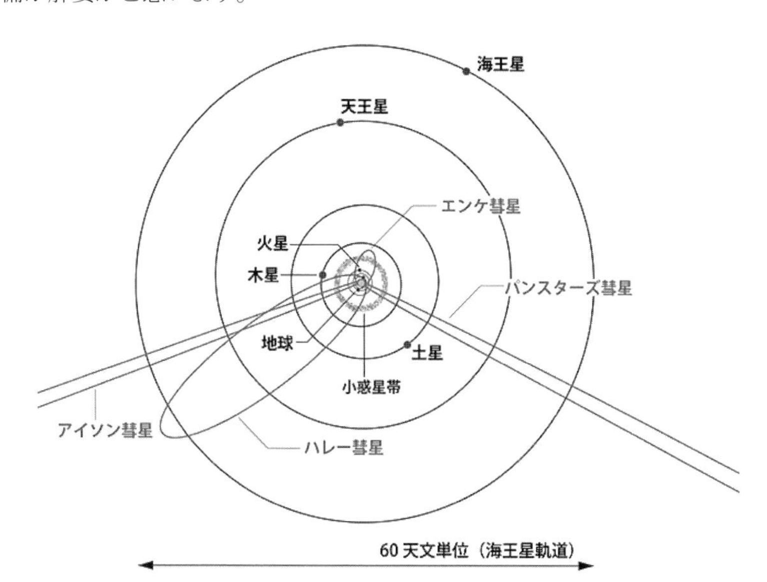

★太陽系天体の軌道の様子。エンケ彗星は 3.3 年、ハレー彗星は約 76 年で回帰する周期彗星。パンスターズやアイソン彗星は軌道が閉じていない。（国立天文台／天文情報センター）

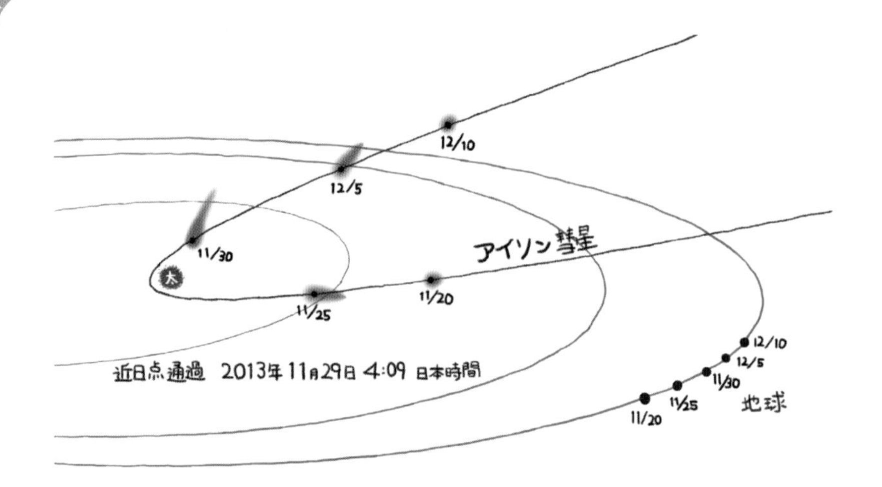

★地球軌道以内でのアイソン彗星の軌道と位置。11月29日の近日点通過以後、北側へ（図上方）離れていくため、北半球での観測条件が良い。太陽から離れるにつれて、地球からは尾を真横に見ることになるので、立派な尾が伸びれば、うまく見える条件が整うことになったのだが……

アイソン彗星（C/2012 S1（ISON））は、2012年９月に、ベラルーシのネフスキーとロシアのノヴィチョノクによって、国際科学光学ネットワークの望遠鏡で発見されました。アイソン（ISON）は、発見者達が所属する国際科学光学ネットワーク（International Scientific Optical Network）の略称です。彗星には、発見報告の早い順に３名までの名前がつけられます。個人や観測グループ、観測衛星などさまざまです（過去にはIRAS・荒木・オルコック彗星といった変わったものもありましたね）が、もし個人名がつけられていたら、「ネフスキー・ノヴィチョノク彗星」と、日本人にはいささか発音しにくいものになっていたかもしれません。

さて、彗星の本体は「汚れた雪だるま」とも言われるチリやガスを含んだ氷のかたまりです。太陽の重力に引かれて惑星間空間を移動し、太陽に近づくとその熱で氷が溶けてチリやガスを放出します。それが太陽光を反射・散乱してぼやっと光るコマや尾として見えるのです。楕円軌道を回って帰ってくるものは周期彗星で、例えばあのハレー彗星は約76年の周期を持っています。これらに対してアイソン彗星は回帰しない彗星です。その軌道は双曲線で閉じておらず、二度と戻ってくることはありません。今回限り、まさに一期一会の彗星です。

さらにアイソン彗星は、太陽に最も接近した時の距離（近日点距離）が0.0125天文単位（約190万km）と、極端に太陽に近づくのが特徴です。こうした太陽に極端に接近し、かすめるように通過する彗星を「サングレイザー」と呼んでいます。過去、サングレイザーは、近日点通過の前後に急激に明るくなり、長く立派な尾が見られた例があることから、今回のアイソン彗星も立派な姿になるのではと期待されているのです。太陽に最も近づくのが11月29日。その前後には、明るさがマイナス等級に達し、金星や月の明るさを超えるかも……ただし、11月25日頃から12月２日頃までは、地球から見た彗星と太陽の離角が10度以下となります。明け方の薄明の中では大変厳しいですね。双眼鏡や望遠鏡を使う場合は、誤って太陽を直接見ないよう、くれぐれも注意して下さいね。

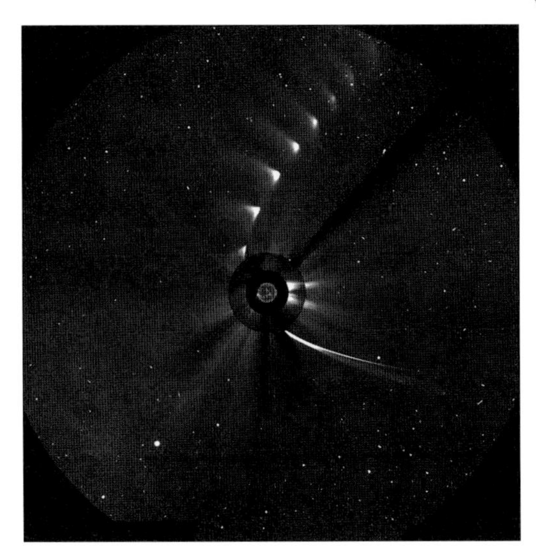

★太陽・太陽圏観測衛星SOHOのLASCO C3の視野内を横切ったアイソン彗星。右下から視野に入り太陽の左側（近日点）をかすめ、上方に抜けていった（一番端は12月１日１：30）。近日点前の11月28日（中央下）には立派な尾が見えるが、近日点通過後は急激に薄くなって行く様子がわかる。（ESA/NASA/SOHO/SDO/GSFC）

とは言うものの、サングレイザーの場合、近日点通過の際に、彗星本体が分裂したり崩壊したりしてしまう場合があります。軽度の分裂であれば、むしろ大量のチリが放出されてありがたかったりするのですが、バラバラに崩壊してしまうと、そのまま姿を消してしまう可能性もあります[*1]。この辺りは彗星本体の大きさやもろさとも関係してまいりますので、何とも予想のつかないところです。太陽に近すぎて地上からは見られない一週間ほどの間は、やきもきしながら待つしかありません。しかし、最近では太陽観測衛星が使えます。薄明という地球大気の影響を受けず、太陽の至近距離での彗星の様子を確認することができるのです。近日点通過前後の11月27日～12月１日の間、欧州宇宙機関と米NASAが1995年に打ち上げた太陽・太陽圏観測衛星SOHOの広視野コロナグラフLASCO C3の視野内にその姿を確認することができるでしょう[*2]。

さて、本日は回転寿しのテーブルをご用意いたしました。ただし食材が無限ループを描き、一度見逃してもまた帰ってくる「回転」寿司ではありません。一度見送ったら二度と帰って来ない軌道を描くコンベアです（厨房に繋がっていて、そこで皿を入れ替えているだけですが）。しかも某ラーメン店の味集中カウンターよろしく、衝立てを立てて目の前に来るまで寿司ネタが見えないようにいたしました。彗星のごとく現れて、あれよあれよと言う間に目の前を通り過ぎていく食材を迷うことなく選び取る、まさに一期一会の醍醐味をご堪能下さい。

えっ、直接のご注文ですか？

もっ、もちろん、声を掛けていただければ、その場でも握らせていただきますが……

（2013年９月）

＊１　悪い方の予想が当たってしまい、近日点通過直前に彗星の核が暗くなったことが観測されました。近日点通過後には核と思われる構造はほとんどなくなり、その後も明るくなることはありませんでした。近日点通過前に核が崩壊して破片に分裂してしまい、近日点でかなり融けてしまったと考えられました。

＊２　実際の観測データを時系列に重ね合わせた画像が前ページの図です。

視差（太陽面通過）

いらっしゃいませ。宇宙料理店へようこそ。

2004年６月８日の金星の太陽面通過が、いよいよ近づいて参りましたね。およそ６時間かけて「黒い金星」がまぶしい太陽の光球面上を通り過ぎていくという、けっこう地味な天体現象ですが、日本で見られるのは130年ぶりとあって、話題になっております[*1]。そもそもこの金星の太陽面通過は、地球と太陽の距離を測る道具として注目されたという、歴史的な経緯があります。「地球と太陽の平均距離を１天文単位と言い、約１億５千万kmである」なんてお聞きになったことがおありかと思いますが、宇宙空間でメジャーをあてたわけでなし、いったいどのように測ったのでしょうか。

地上でも、川の向こうなど直接測ることができない場所までの距離を測りたい時には、三角測量を使いますね。こちら岸の２地点から向こう岸の木がどの方向に見えるのか、角度を測るのです（遠くの景色に対して手前の木がずれて見えます）。こちら岸の２地点ABの距離は簡単に測ることができますから、その両端の角度がわかると、三角形を決めることが出来ます。よって三角関数を使って、距離を求めることができるというわけです。面倒くさそうですが、実は私たち自身、両目を使って毎日三角測量をやっています。顔の前に指を立てて、右目と左目を交互に閉じて見比べてみて下さい。背景の景色に対して指の位置がずれ

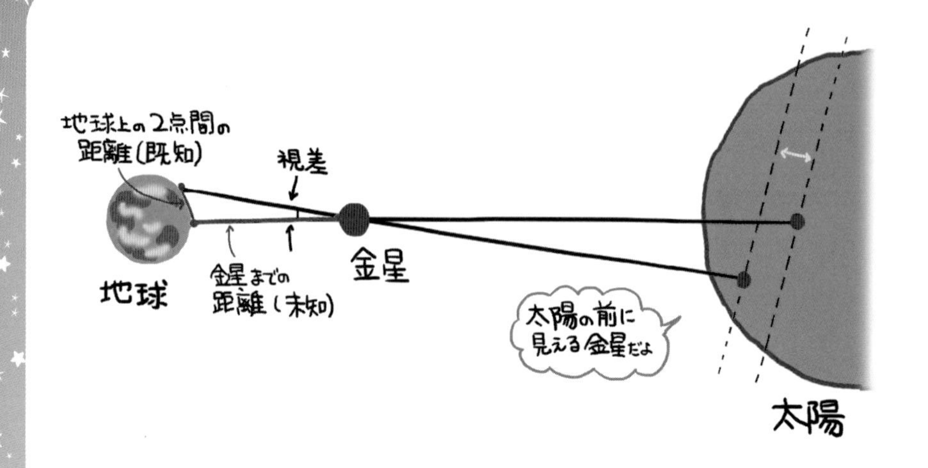

て見えますよね。指を近づけるとずれは大きくなり、指を遠くに離すとずれが小さくなります。この両目で見た時の像のずれのことを視差と言いますが、この視差の大小を利用して私たちの脳は、ものの遠近を知覚しているのです。

さて、今から400年ほど前の1618年、ケプラーの第３法則が発見されました。「惑星の公転周期の２乗は平均軌道半径の３乗に比例する」という、アレです。惑星の公転周期は星空の中での観測で求めることができます。例えば金星は0.62年です。地球の公転周期は１年、地球・太陽間の距離を１とすると、ケプラーの第３法則から、金星・太陽間の距離は地球のそれの0.72倍、火星の公転周期は1.9年ですから同様に1.5倍と簡単に求まります。しかしこれでは相対距離がわかっても、絶対的な距離が求まりません。そこでイギリスのエドモンド・ハレー（ハレー彗星で有名）が、金星の太陽面通過を地球の２地点から観測できれば、太陽面上での視差を正確に知ることができ、それによって地球・金星間の絶対的な距離を求めることができる、と考えついたのです。18世紀に２回あった太陽面通過のチャンスに、膨大な費用と人手、人命さえも費やしながらその観測が行われ、地球・太陽間の距離が多少精度が悪いながらも測られたのです。現在ではレーダー観測によって地球・金星間の距離はより正確に測られ、それによって１天文単位も正確に決められています。

私たちは、半年間をかけて１天文単位の倍の距離を地球に乗ったまま動くことができます。これによって近くの恒星が、より遠くの恒星に対して位置を変

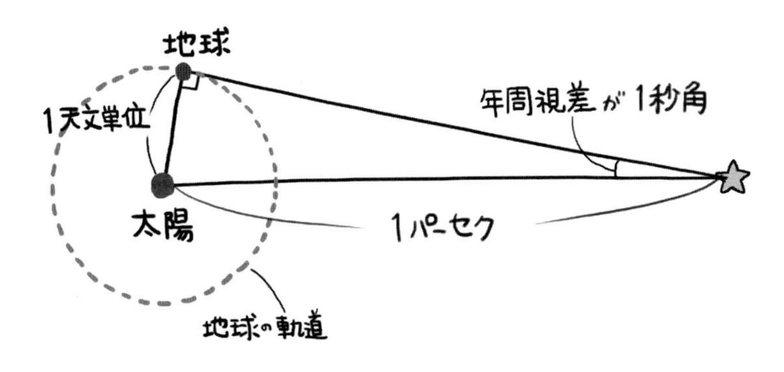

★パーセクと天文単位の関係

えるように見えます。この年周視差が１秒角（１秒角は１度の3600分の１）になるような距離のことを１パーセク（parsec略してpc）と言います。視差を意味するパララックス（parallax）と秒を意味するセカンド（second）からの造語で、１パーセク＝3.26光年です。遠くの天体の距離を測る時には、セファイド型変光星の周期光度関係や銀河の赤方偏移といったいくつかの経験則を使って、まるではしご段をのぼるように距離を決めていくのですが、視差による距離の測定はその根幹をなす、天文学の距離測定において大変重要な測定なのです。

そこで本日は、ブルーベリーパンケーキをご用意いたしました。パンケーキはもちろん太陽で、ごまとプルーンも試してみましたが、ブルーベリーの大きさが金星のイメージにピッタリです。ちょっと大きめのパンケーキを焼き上げたあと、メープルシロップをたっぷりかけ、その上にブルーベリーをトッピングいたしました。メープルシロップは、光の透過度により、エキストラライト（75.0%以上）、ライト（60.5 ～ 75.0%）、ミディアム（44.0 ～ 60.5%）、アンバー（27.0 ～ 44.0%）、ダーク（27.0%以下）と分けられておりますが、当店ではさらに透過度が高く比重も小さいウルトラ・ハイパーライトを使っております。全く無色透明、いくら塗り重ねても自重でパンケーキからたれ落ちることもございません。その上にブルーベリーをのせますと、まるで宙に浮いているように見えますね。これを片目ずつつぶってごらん下さい。パンケーキ上でブルーベリーの位置がずれて見えて、視差を実感していただけると思います。

まれに好奇心の強い方が、手を突っ込まれることがございますが、何もないように見えてもそこには、あっ、お客様そんなに勢いよく……、ああっ、シロップがありますとお話ししたかったのですが、手遅れのようですね。一度飛び散りますと、無色透明ですので、どこに付いているのかわかりません。服に付いてもわからないので、まぁ放っておいても良いかとも思うのですが、しばらくするとあちこちがベトベトしてきて、気になるのですよね……

（2004年５月）

＊1　金星は地球の内側を回る惑星です。内惑星が太陽と地球の間にある状態を内合と呼びますが、金星の軌道面と地球の軌道面とが約3.4度傾いているために、内合であってもほとんどの場合は、太陽の北か南を金星が通過します。従って太陽面通過が起こるのは、地球の軌道面と金星の軌道面が交わる近辺で、金星が内合になるときだけです。この交点は太陽を挟んで対称となるので、現在では６月７日頃と12月９日頃です。これに583.924日という金星と地球の会合周期を合わせると、21世紀中では2004年６月８日と2012年６月６日の２回のみになり、その次は2117年12月10日です。
日本では、2004年は金星が通過中に太陽が沈むタイミングの上に全国的に天気が悪く、なかなかうまく見られませんでした。2012年は全国的に天気も良く、多くの場所で全経過を見ることができました。

火　星

いらっしゃいませ。宇宙料理店へようこそ。

先日ちょっと夜更かしをして外に出てみましたら、梅雨の合間の南東の低空に、火星が怪しい赤い光を放っておりました。さすがに大接近間近とあって、その明るさに目を引かれました。最接近時[*1]の８月27日のみが妙にクローズアップされているようですが、６月中旬から既に－１等級台になっており、肉眼でその赤さは十分に楽しめます。望遠鏡が……とおっしゃらずに、お布団に入られる前にでも部屋の電気を消したあと、南の窓のカーテンをちょっと開けてみて下さい。きっとその赤く明るい輝きに驚かれると思いますよ。

ところで、なぜ火星は赤く見えるのでしょうか。「火星の敵」という意味のある、さそり座のアンタレスも赤い色をしていますが、赤く見える理由が火星とは違います。アンタレスは恒星であり、その内部の核融合によるエネルギーによって自分で光っています。表面温度が３千度と比較的低いために赤っぽく見えるのです。火星の場合は自分で光っているのではなく、太陽の光を反射して明るく見えています。それが赤く見えるということは、火星の大地そのものが赤茶けた色をしていることになります。

では、火星の赤い土壌の組成は何でしょう。惑星探査のデータを調べてみますと、どうやらその正体は、赤さびのようです。鉄くぎを湿らせてそのあたりに置いておくと、赤色にさびてきますね。あのさびと同じ鉄の酸化物が広く火星表面をおおっているのです。火星はその昔温暖で水がたくさんあり、大気が潤っていたとの説があります。岩石中の鉱物が風化や酸化を受けて酸化物に変わりやすい環境なので、酸化鉄が多くなっていったのでしょう。しかし一方

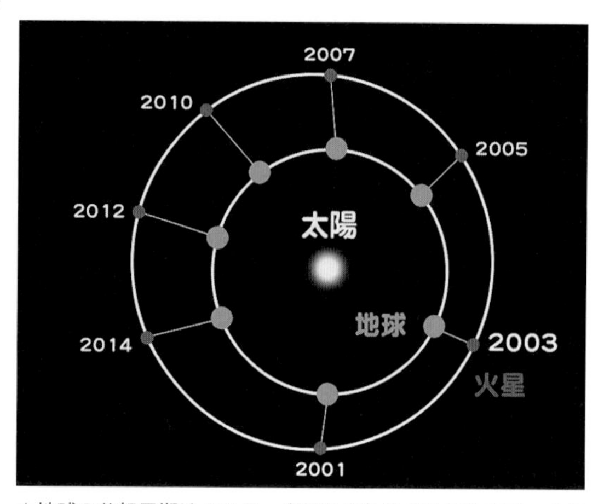

★地球の公転周期は 365 日、火星のそれは 687 日なので、２年２ヶ月ごとに地球は内側から火星に追いつく（火星接近）。地球も火星も楕円軌道で太陽を回っており、その軌道間の幅が狭い場所で並ぶと「大接近」、広い場所で並ぶと「小接近」となる。2003 年は一番狭い場所のすぐ近くで並んだので、世紀の大接近などと言われた。

で、火星の表面には黒っぽく見える地域がありますが、これは酸化を受けやすい環境では説明しにくいものです。100年ほど前にパーシヴァル・ローエルらが運河と思っていた、あの暗いすじ模様のことですが、その暗い地域にはオリビン（かんらん石）のような鉄やマグネシウムを含む暗黒色の鉱物が多いことが、マーズ・グローバル・サーベイヤーなどの観測から分かりました。もし火星が温暖湿潤であったなら、このような鉄やマグネシウムを多く含む鉱物は、とうの昔に酸化されて赤茶けた色になっているはずです。それが、現在まで黒っぽい色のままで残っているということは、火星はずっと寒冷で乾燥したままの、酸化を受けにくい環境だったと考える方が妥当ということになります。でもそうならば、大量に存在する酸化鉄の成因を説明することが難しくなります。

はたして火星の過去は、温暖湿潤であったのか寒冷乾燥のままだったのか、まだ全ての観測データを矛盾なく説明できるような火星の歴史は解明されていませんが、火星が赤さびのちりにおおわれていることには間違いないでしょう。[*2]

そんなちりが大気中に舞っているので、火星の空は青空ではなく薄いピンク色をしています。火星の大気は地球の100分の１以下と、とても薄いので、普段は地球の望遠鏡から火星の地表面の模様が見えるのですが、季節の変わり目に強い風が吹き、ちりが多く巻き上げられると状況は一変します。巻き上げられたちりは上空で太陽の熱を吸収して暖かくなり、まわりの大気も暖めます。すると上昇気流がより強くなり、さらに多くのちりが上空に巻き上げられ……

とどんどん大きくなっていってしまい、火星全土をおおうような大規模な砂あらしに発達することがあるのです。こうなると残念ながらこの砂あらしが収まるまで、火星の模様は見えなくなってしまいます。

太陽
地球
火星
5月
6月
7月
8月
8月27日
9月
10月
11月
12月

★2003年5月～12月の地球と火星の位置関係。8月27日が最接近。（名古屋市科学館）

そこで本日はそんな火星にちなんだお茶漬けをご用意いたしました。もちろんベースは梅茶漬け。パーシヴァル・ローエルが遊んだ能登[*3]を産地とする梅干しを丸ごと1個ご飯の上にのせ、アツアツのだし汁をいっぱいに注ぎます。透明のだし汁の中で泳ぐ梅干しは、表面のしわがよく見え、ひっついたきざみのりがまるで火星表面の模様のようです。能登輪島

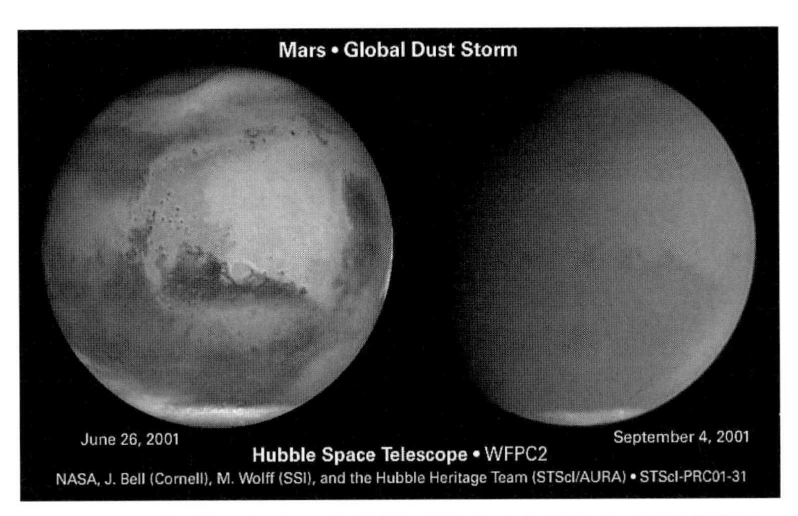

★ハッブル宇宙望遠鏡による火星。左が普通の状態（2001年6月）で、表面の模様がよく見える（中央の暗い領域は「子午線の湾」、右端の暗い領域が「大シュルティス」）。大規模な砂あらしが起こると右のように模様が見えなくなってしまう（2001年9月）。

の漆塗りの朱のお椀に、古代米の赤米でごはんをご用意させていただきましたので、お椀の中の火星の大地もご鑑賞下さい。味がさっぱりすぎるとお感じの方は、特製「火星の素」を入れてお召し上がり下さい。「火星の素」を一振りしていただくとだし汁が赤褐色に濁り、まるで火星で砂嵐が起こったかのようにご飯が見えなくなってしまいます。「火星の素」はその名の通り火星表土の岩石組成に合わせまして酸化鉄を17%ほど含んでおりますので、さびた鉄くぎをなめた時のような、何ともいえない苦みをお楽しみいただけます……

（2003年7月）

＊1　火星の公転周期は約687日なので、火星が太陽の周りを1周する間に地球は約2周します。こうして地球と火星は2年2ヶ月毎に距離が近づき、軌道上で横並びになります。これが火星の接近で、2003年8月27日の接近は条件が良く、世紀の大接近などと言われて話題になりました。

＊2　2021年現在においても火星の歴史はまだ詳細に解明されていませんが、35億年ほど前には北半球を中心に広大な海が広がっていたようです。その後火星の磁場が弱くなって太陽風などを防ぎきれなくなり、元々地球の4割ほどの重力しかないため大気を徐々に失い、水も表面に留まることができず、凍土となって地下にもぐったか、原子に分解されて宇宙空間に散っていってしまったと考えられています。

＊3　パーシヴァル・ローエルは火星の「運河」や冥王星の研究で知られるアメリカの天文学者です。1883年から1893年までの間に4度来日、1889年には能登へ旅行し「NOTO（能登）－人に知られぬ日本の辺境」を著しています。その能登旅行の際にローエルが梅干しを食べたかどうかは定かではありません。

土星の環

いらっしゃいませ。宇宙料理店へようこそ。私、シェフのDr.Nodaでございます。当店では宇宙をおいしく味わっていただくために、物理用語や不思議な宇宙の現象を口当たり良くご紹介するのがモットーでございます。末永くおつき合いをお願いいいたします。

さて、15年ぶりの細い環の土星、もう望遠鏡でご覧になられましたか。まるで団子に串を刺したような感じですよね。なぜこんな姿かというと、土星は環を一定の角度（26.7度）傾けたまま太陽の周りを29.5年でまわって（公転して）いるからです。これは、地球の季節変化と良く似ています。

地球の場合は地軸を23.4度傾けて太陽のまわりを１年で公転しています。このとき、地球の赤道の真横に太陽が来るのは年に２回あり、

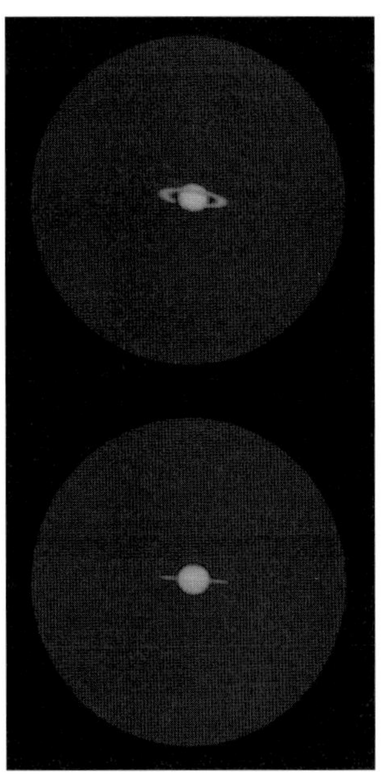

★口径 65cm の反射望遠鏡で撮影した土星。上：2007 年 6 月 19 日、下:2009 年 3 月 18 日。（名古屋市科学館）

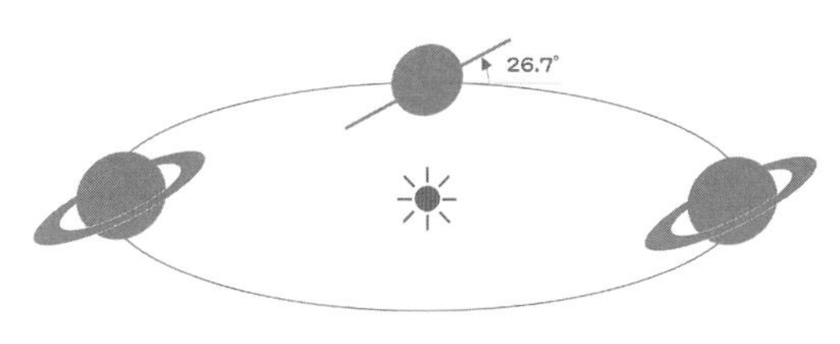

★環を 26.7 度傾けたまま太陽を回る土星。公転周期は 29.5 年。

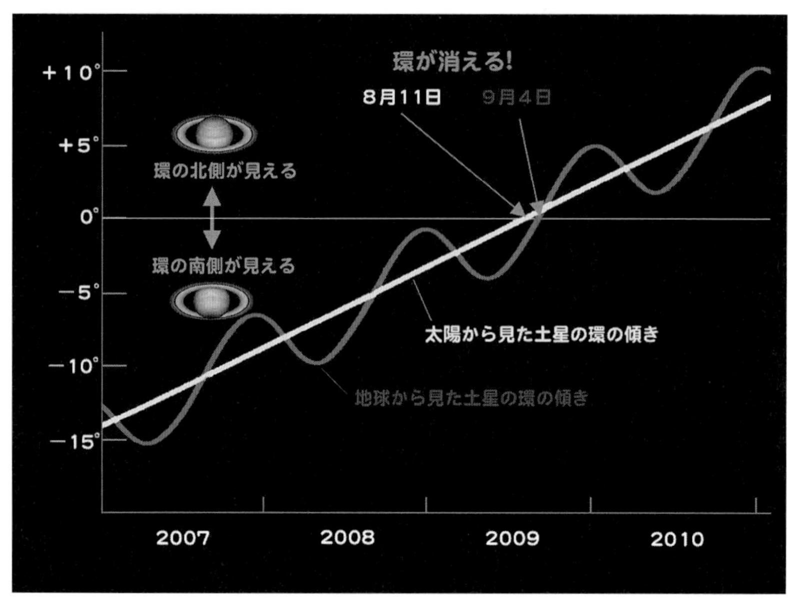

★太陽から見た場合（白線）と地球から見た場合（灰線）の土星の環の傾きの違い。
0度の線を横切る日付が異なる。（名古屋市科学館）

春分と秋分にあたります。土星の一周は29.5年、そしてその間に２回土星の赤道上、つまり土星の環の真横から太陽が照らします。すると、環の北側にも南側にも光が当たらなくなり、環が太陽光を反射することが出来ず、見えなくなります。一周に２回ですから約15年に一度この現象が起きることになります。その前後には環の傾きが浅くなり､環というよりは棒状に見えるのです。2009年はこの15年に一度の当たり年。今回は、８月11日に太陽が土星の環の真横にやってきます。これは土星にとっての春分（太陽が南半球側から北半球側に移動）に相当します。

また、地球が環の真横に来た時にも（環が非常に薄いので）環が見えなくなります。土星から見た地球は太陽に対して南北にそれぞれ３度ほど１年で行ったり来たりしますので、タイミングが８月11日から多少ずれて９月４日になります。しかし､８月から９月にかけて土星と太陽は地球から見て同じ方向（９月19日が合）になるので、観望条件は良くありません。

1997年に打上げられ、土星の周りで観測を続けているカッシーニ土星探査機[*1]なら太陽の位置を気にすることなく観測することが出来ます。環を真横から見ることだって、赤道をななめに横切る軌道をとれば、いつだって観測可能です。しかし、真横から照らされる環の観測は、カッシーニ探査機といえども今回が初めてです。それどころか土星探査史上初めての機会なのです。真横から照らされると反対側に影が長く伸びますよね。地上でも沈みゆく太陽に照らされると影が長く伸び、その物体の凹凸が影では強調されます。土星の環の周辺でも、今まさに影が長く伸びつつあります。衛星ミマスが環に長い影を落とし、環の縁の方では影の凹凸が見え始めているようです。これは土星の環を構成する粒子の影ではないかと考えられています。土星の環は数cm～数十cmの氷や岩石のかけらからできているはずですが、あまりに小さいのでまだ誰もその様子を見た人はいません。かたまりを作らずに万遍なく散らばっているとすると、長く伸びた影でも凹凸は見えません。集まってかたまりをなしているからこそ、その分布の疎密が影の凹凸として見えているのではないかと考えられています。８月11日に向けて影はますます伸び、凹凸が強調されるでしょう。長年の疑問であった土星の環の構成粒子の分布の様子が垣間見られる千載一遇のチャンスでもあるのです。

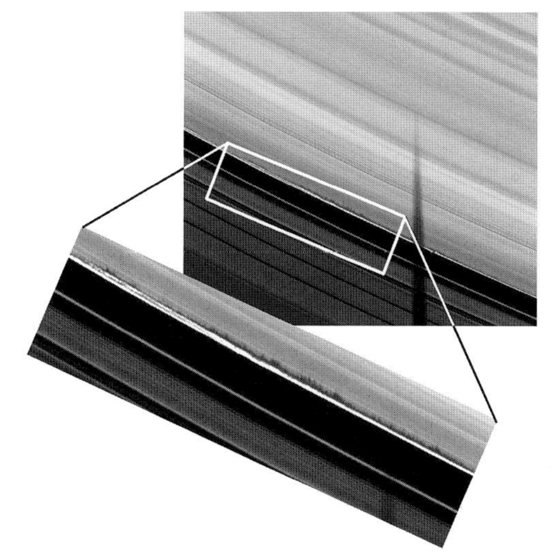

★2009年４月８日にカッシーニ探査機によって撮影された、衛星ミマスの影（中央右下寄りから縦に伸びている）と環のふちに見られるギザギザした影。四角はその拡大で、環を形作る粒子が一時的なかたまりになっていると考えられている。(NASA, JPL, Space Science Institute)

土星の環は非常に薄く、環全体の直径が約30万kmあるのに対して、環の厚さは100m以下しかありません。と言われても、その薄さはなかなか実感できませんよね。そこで今回は超微細粒子の生地から焼き上げたバウムクーヘンをご用意いたしました。このバウムクーヘンの直径は30cmです。直径30万km を30cmにスケールダウンしたので、その縮尺は10億分の1です。すると環の厚さは100mの10億分の1、つまり0.1μmとなります。髪の毛の太さがおよそ0.1mm（100μm）ですから、髪の毛のさらに千分の1の厚みになってしまいます。これでは普通のパティシエナイフでは輪切りに出来ませんので、ハイパー薄片スライサーでこの厚さに輪切りにしてみましょう。いかがですか？今問題になっているウイルス1個の大きさがおよそ0.1μmです。ウイルスが目に見えないように、環の厚みは全くわかりませんし、向こう側もほとんど透けて見えてしまっていますね。これを適度な大きさに切ってお召し上がり下さい。といってもお味を感じていただけるほどの分量にはなりませんが……そこに見えないものを見、味わえないものを味わうという、裸の王様気分をも味わっていただけると思います。もちろんアンデルセン童話のようにお客さまをだますつもりはございません。お声をかけていただければ、すぐに普通の厚みのバウムクーヘンをお持ちいたします。

（2009年5月）

＊1　カッシーニ探査機は、数多くの成果を残して2017年9月に土星の大気に突入し、運用を終えています。

惑星の定義

いらっしゃいませ。宇宙料理店へようこそ。この夏は新聞でも大きく取り上げられるほど惑星が話題になりましたね。

私が今回の「惑星騒動[*1]」で最初におやっ？　と感じたことは、惑星の定義がちゃんと決められていなかったことです。「なんでそんな基本的なことが決められてこなかったの？」と思いましたが、考えてみれば私たちは、わかり切ったものをわざわざ定義しませんよね。例えば男と女について考えてみましょうか。定義するも何も、見ればすぐにわかると、つい思ってしまうのですが、男っぽい女性もいれば、女性っぽい男性もいます。身体的特徴で定義しようとしても、半陰陽や両性具有といった場合があります。生物学的に染色体レベルを考えても、通常の男性はXY、女性はXXという性染色体を持っていますが、稀にXXYという性染色体を持つ場合もあります。また、肉体的には普通であっても、身体的性別とは反対の性に属していることを自然と感じる性同一性障害もあります。肉体と精神が反対の性を主張するわけですね。そんな人物が目の前に現れた場合、明快に男と女を断ずることが出来るでしょうか。日常当たり前に思っていることは、当然すぎて定義の必要性さえ感じていないことが往々にしてあるので、その境界領域ではたと困ることがあるのです。今回の惑星騒動もその一つだったのではないでしょうか。

惑星もさることながら、衛星の定義も実は曖昧です。今回、国際天文学連合の総会で惑星の原案が出されて、惑星が12個になるかもしれないと言われた時、その中に冥王星の衛星とされていたカロンが入っていました。冥王星とカロンは二重惑星だという考えです。月は冥王星よりも大きな天体ですが、地球

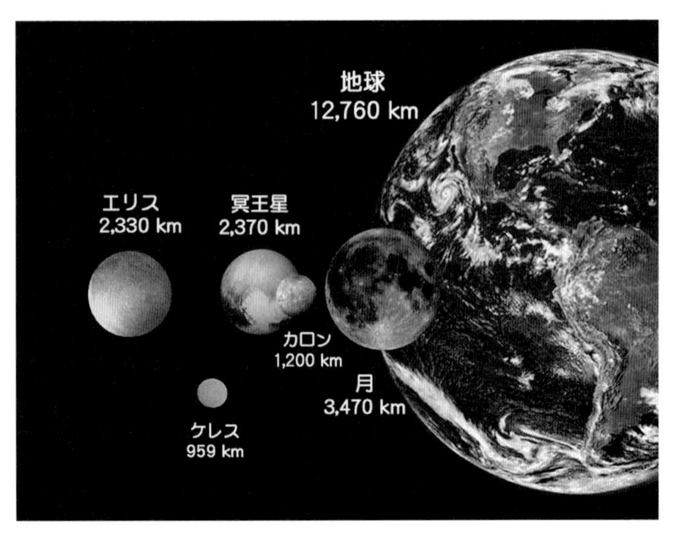

★各天体の大きさ比べ。エリス（2006年９月命名）は発見当初、直径3,000km程で冥王星より大きいと考えられ、2006年の惑星騒動の主原因となったが、その後の観測で冥王星と同等かやや小さいと考えられている。

の衛星です。それなのに冥王星のみならず、更に小さいカロンも惑星だなんて……この場合、二つの天体の共通重心が、どちらかの天体の内部にある場合は惑星と衛星、外部の宇宙空間にある場合は二重惑星という基準が使われました。確かに、互いの周りを回るものが二重惑星というイメージには良く合います。しかし、これも明確な定義ではありません。また、地球−月系の場合、現在は共通重心が地球内部にあるので月は衛星ですが、月は潮汐力の影響で、１年に数cmの割合で地球から遠ざかっています。地球−月系の角運動量の保存を仮定しますと、数十億年後には地球と月の距離は56万km程（現在の２倍弱）になり、共通重心は地球の外に出てしまいます。この基準を認めると、遠い将来、地球―月系は二重惑星系となり、月も惑星になってしまうことになりかねません。今後の議論の中で、衛星はどのように定義されていくことになるのでしょうね。

かように、私たちの身の回りは「常識」の範囲内で一見何事もなく進んでいっているように見えますが、実は当たり前を疑い、ものごとを突き詰めて考えたり、「定義」を探し始めると、意外なところに大きな深淵が口を開けている

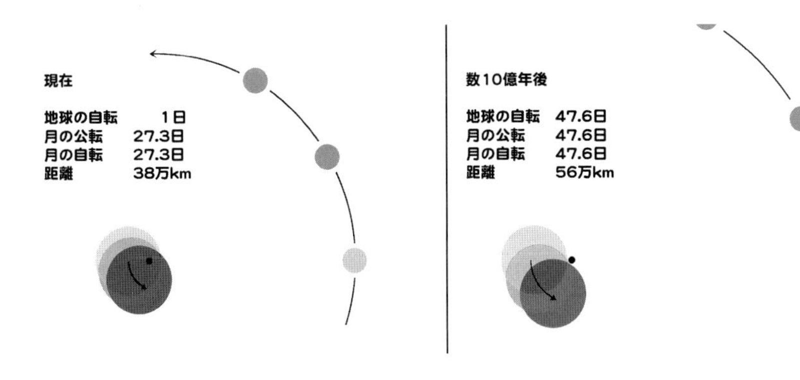

★地球ー月系。「月は地球を回っている」と言うが、地球も共通重心の周りをまわている。現在その重心（黒点）は地球内部だが数十億年後には月が遠く離れていき、地球の外に移ると考えられている。（名古屋市科学館）

のかもしれません。

食後のデザートに、トマトのアイスクリームはいかがでしょうか。ところでトマトはナス科に属しますが、果物？　それとも野菜？　これまた難問ですね。植物学の分類では果物ですが、日本の農作物の分類では野菜になっています。アメリカでは税制上の問題で（輸入野菜には10%の税金が課せられるのですが、果物は無税なのです）、最高裁で争われましたが、野菜畑で作られていることと、そのままではデザートにならないことから野菜であると判決されました。いずれにせよトマトはトマトとして自然界に存在するのみで、それを分類するのは人間の勝手。これによってトマトの味が変わるわけでもなんでもないことは、冥王星（プルート）が以前と変わらない軌道を回り続けることと同じなのですけどね。さらに、トマトを極端に水分を控えて成熟させると、糖度が高まって甘みが強くなります。これをフルーツトマトと呼んでいますので、もうわけが分かりません……

さて、このトマトのアイスクリームはトマトの熟度が決め手です。そこで当店では1930年産の超熟ビンテージ品「プルートマト」を使ってピューレを作り、生クリームと混ぜ合わせてアイスにしてみました。ただし、プルートマトは凝固点が低いので、－230度の冷凍庫で冷やさないとアイスクリームにはなりません。極低温の舌触りと、微妙な歯ごたえがこのアイスの魅力でございます。ピューレを多少余分に作りましたので、よろしければお持ちになりますか。ただし、冷凍時の環境に気をつけませんと、表面にびっしりとメタンの氷の層がついてしまって、さながら氷の惑星状態になってしまいますのでお気をつけ下さい。

（2006年９月）

＊１　2006年８月にプラハで開催された国際天文学連合（IAU）の第26回総会で、惑星の定義が議論されました。当初９個の惑星を12個にする議論だったのですが、紆余曲折の結果、惑星とは「太陽の周りを回り、十分重いため球状で、その軌道周辺に（衛星を除く）他の天体がない天体」と新しく定義されました。これにより冥王星が惑星から外れることになり、太陽系の惑星は８個になりました。テレビでその決定の場が中継されたり、新聞には「冥王星降格」と見出しが躍ったりと、大きな話題になりました。

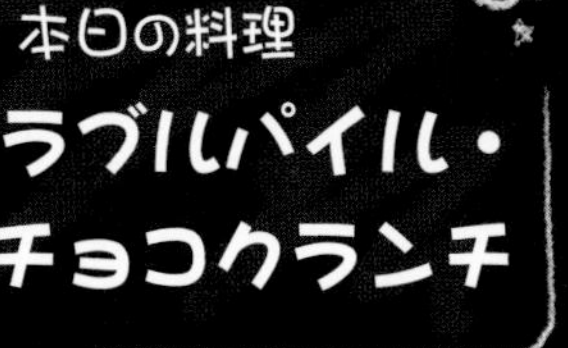

太陽系

いらっしゃいませ。宇宙料理店にようこそ。最近は火星が随分暗くなりましたね。昨年（2020年）秋には２年２ヶ月ぶりに地球に接近し、マイナス等級の存在感を放っておりましたが、地球からかなり遠ざかり、明るさ的にも位置的にも冬の一等星たちに紛れてしまうぐらいになってきました。そう言えば昨年は木星と土星の大接近もあり、改めて惑星を肉眼で見る楽しさを感じさせてくれましたね。

さて、その惑星ですが、太陽系には地球も含め８個（水星、金星、地球、火星、木星、土星、天王星、海王星）あります。シニアの方の中には、「水金地火木土天海冥」とつい９個言ってしまう方もおられるかと思いますが、もう10年以上前（2006年）に冥王星は惑星に分類されなくなりました。惑星がひとつ減り、太陽系が狭くなったとの誤解もありますが、そうではありません。太陽系には惑星だけでなく小惑星、彗星、太陽系外縁天体などが含まれています。冥王星

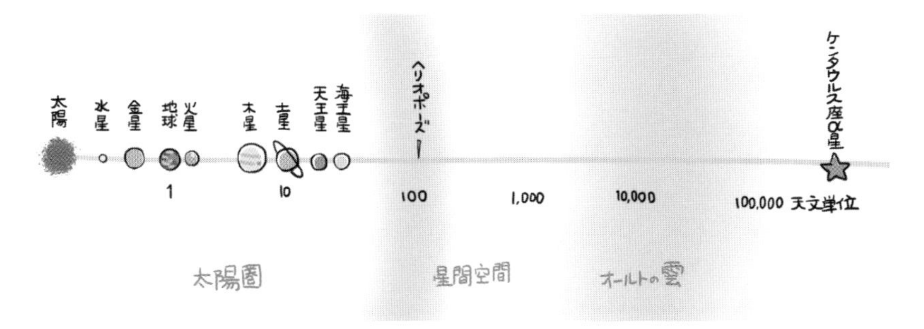

★太陽系（から隣の恒星系まで）のイメージ。

の軌道からさらにその外側にも太陽を回る小さな天体が多数見つかったので、冥王星は惑星から太陽系外縁天体に分類し直されました。つまり、太陽系の外縁部への私達の認識は、大きく広がっているのです。

では、どこまでが太陽系かと言うと、これには色々な考え方があります。例えば、太陽からの荷電粒子の流れである太陽風の速度がゼロとなり、周囲の星間物質と混じり合うヘリオポーズまでの範囲を太陽圏と呼び、ここまでを太陽系とする考え方です。また、数万天文単位まで広がる、彗星の巣とも呼ばれるオールトの雲領域までを、太陽系とする考え方もあります。いずれにしても太陽系は最初から現在のような姿をしていたわけではありませんので、その歴史を踏まえながら考えたほうが良さそうです。

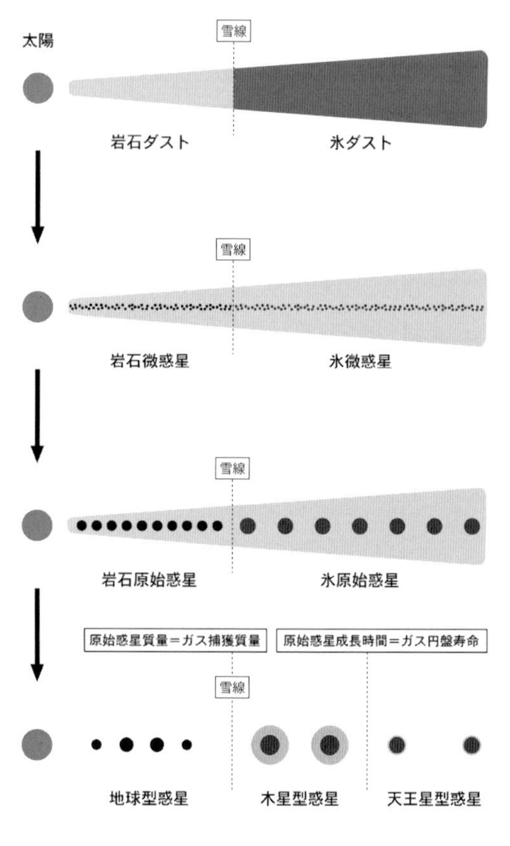

★太陽系形成の標準シナリオ。原始太陽系円盤を横から見た場合の片側だけを描いている。（理科年表オフィシャルサイト「惑星系形成論：最新 太陽系の作り方」より）

まず、宇宙空間に漂う星間分子雲が何らかの要因で収縮を始めます。さらに密度の濃い部分が重力によって収縮して温度と圧力が上がり、やがて核融合反応を始めます。太陽の誕生です。周辺には原始太陽を公転するガスとチリ（ダスト）からなる円盤（原始太陽系円盤）が残されます。ダストは互いに衝突合体して大きくなりながら円盤の赤道面へと沈み、薄いダストの層をつくります。約3天文単位あたりには水が凍るかどうかの境界線である雪線

（スノーライン）があり、その内側では水は揮発して集まりにくいので、主成分は岩石や金属、外側では氷になります。やがてダスト層の密度が十分高くなると数kmの天体（微惑星）に分裂していきます。微惑星は互いに衝突合してより質量の大きな天体（原始惑星）になり、さらに成長して地球型惑星が形成されていきます。雪線の外では、質量の大きな原始惑星が形成され、それが周囲のガスを取り込むことにより、巨大ガス惑星が作られます。若い太陽からの強い太陽風によって数百万年～1千万年ほどでガスやダストは吹き飛ばされてしまうので、こうした惑星たちはそれまでにできたと考えられています。

しかし、天王星と海王星は、現在の位置ではガスの密度が低いため、1千万年ほどでは今の大きさに成長できません。そこで木星や土星の軌道あたりで天王星と海王星は生まれ、その後現在の位置へと動いたとする「惑星移動説」が提唱されています。

惑星が出来た後に残った微惑星との重力の相互作用によって、ガス惑星の軌道は外側に動いたとする考え方です。５億年ほどで土星が木星との１：２の共鳴軌道に移動すると、この共鳴により外側の天体はさらに遠くへ押し出されることになり、海王星は天王星を追い越して一番外に移動します。これとは逆に、散乱された微惑星は内側へと動いていき、次の惑星に出会うとその惑星を外に押し出しつつさらに内側へと移動していきます（外向きと内向きが常にバランスするように動きます）。そして最後に木星に遭遇し、多くはその強い重力によって太陽系の外の方へ弾き飛ばされます。これによって木星はわずかに内側へ移動するとともに、弾き飛ばされた天体がオールトの雲を形成していきます。また、木星の軌道変化は小惑星帯領域に残っていた小天体の軌道を不安定にし、多くが内側に落下していきます。これが約40億年前に内側の惑星に多くの隕石が降り注いだ後期（隕石）重爆撃期だというのです。なかなか良く出来たシナリオですが、その真偽を判断するにはさらなる検証が必要です。

さて、本日はデザートとしてチョコクランチをご用意いたしました。通常はコーンフレークやナッツを砕いたものを、溶かしたチョコに混ぜて冷やして固めます。つまりチョコレートを接着剤として使うわけですが、宇宙にはそのような材料はありません。そこで、当店ではチョコチップとアーモンドプラリネにわずかに熱を加え、「重力鍋」で押し固めてみました。まず、マイクロサイズのチョコチップを使いますと、なめらかで密なクランチになります。惑星形成時のダストの集積のイメージですね。これに対し、かち割り的な大きなかたまりのチョコチップとプラリネで作ったクランチもご用意しました。くっつき方がゆるく隙間もあり、初代はやぶさが探査した小惑星イトカワのようなラブルパイル構造[*1]ですね。隙間がある分だけ密度が低く、コストパフォーマンスは良くありませんが、くだけやすさとザクザクとした食感をお楽しみください。

（2021年1月）

＊1　ラブル（rubble）は「破片」「瓦礫」、パイル（pile）は「積み重ね」や「山」の意で、天体同士の衝突、破壊の過程で破片同士が重力によって集積してできた天体を表します。破砕集積体とも訳され、寄せ集めのために天体自身の強度が弱く、密度が低い（すき間があいている）のが特徴です。

恒星・天の川銀河編

スペクトル型

いらっしゃいませ。毎度ありがとうございます。宇宙料理店へようこそ。冬は日の入りが早いですから、こうしてディナーを食べにきていただく19時頃には、あたりもすっかり暗くなっていますね。今しがた南東の空にオリオン座が見えておりましたよね。そして、一等星をつないでできる冬のダイヤモンド。左回りにシリウス、リゲル、アルデバラン、カペラ、ポルックス、プロキオン、おまけでベテルギウス。明るいだけでなく星の色の違いがきらびやかで、一層冬の夜空を引き立てていますね。

核融合反応で光り輝いている恒星は、ほぼ黒体放射をしていることは「黒体やきいも」の時にお話しさせていただきました。（P252をご覧下さい。）特定の波長の光だけで光っているのではなく、量子力学の法則に従って、緩やかなカーブを描きながら色々な波長の色の光を出しているのが黒体です。

温度が低い黒体は文字通り黒く見えていますが、温度が上がっていくと暗い赤色に光り始め、あたたかさを感じるようになります。更に温

度が上がるとオレンジがかった明るい赤色へと変わり、顔をそむけたくなるほどの熱を感じます。ちょうどセラミックヒーターに電源を入れた後の変化を思い出して下さい。この時の温度が数千度ぐらいです。セラミックヒーターの場合はここまでですが、さらに黒体の温度を上げることができたとすると、オレンジから黄色（５千度前後）、さらには白色から青白い色へ（１万度前後）と変化していき、熱いのとまぶしいのとで見ていられなくなってしまいます。例えば太陽は表面温度が６千度ぐらいなので､黄色っぽく見えます。ちょうどカペラと同じような感じですね。しかし、黄色の光だけで光っているわけではありません。緑色あたりを中心に波長の短い青色から、波長の長い赤色までが混ざっています。そのミックスされた光が人間の目には白色から黄色に見えるのです。

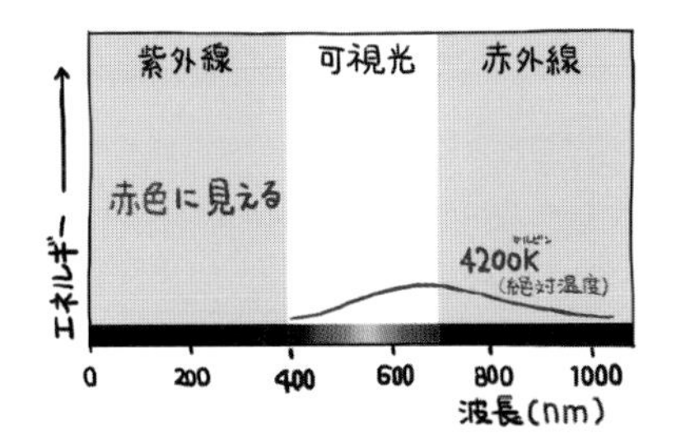

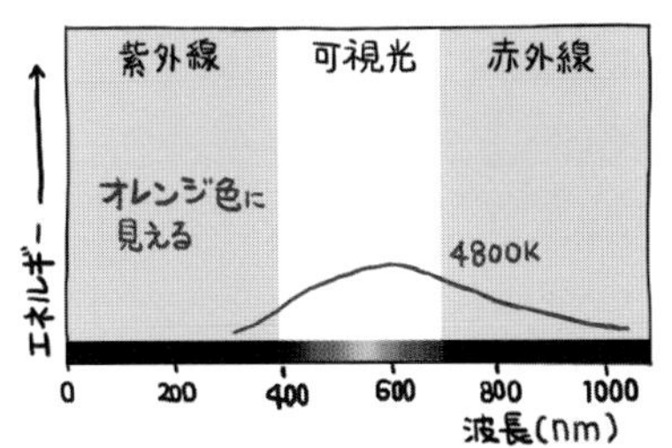

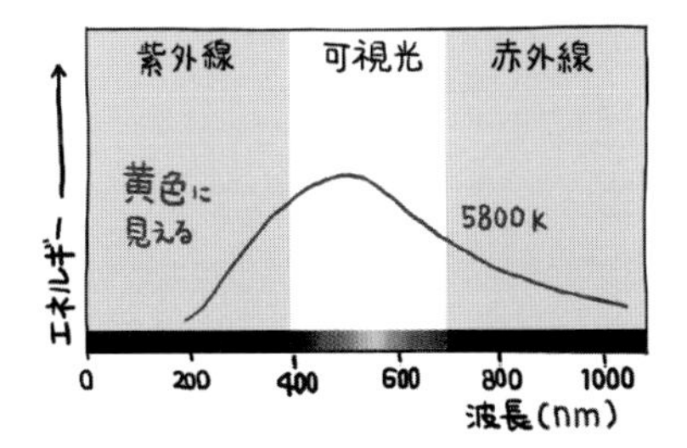

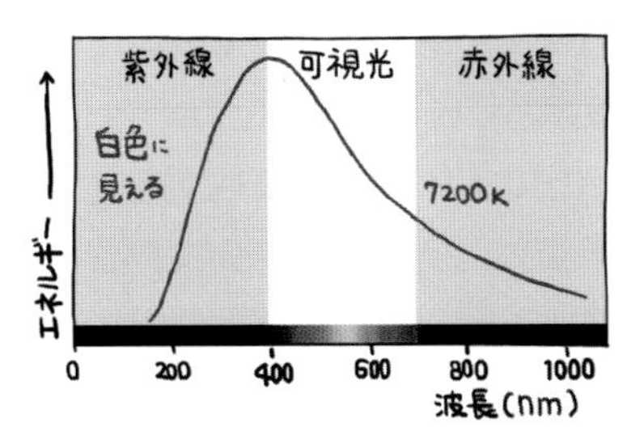

20世紀のはじめ、星からの光をスペクトルに分けて写真観測することができるようになり、星を分類することが試みられるようになりました。ハーバード天文台のキャノンらは、20万個以上の星のスペクトルを丹念に撮影し、吸収線の強さをもとにしたABC順の分類を進めようとしましたが、温度の順に並べ替えた方が合理的であることが分かり、並べ替えをしたのです。従って現在では「星のスペクトル分類」は、温度の高い順に、O，B，A，F，G，K，M[*1]となっています。歴史的な経緯があるとはいえ、わかりにくい順番ですよね。

冬の代表的な一等星のスペクトル型と温度

名前	スペクトル型	温度（K）
リゲル	B8	11,000
シリウス	A1	9,900
カノープス	F0	7,500
プロキオン	F5	6,700
カペラ	G8/G1（二重星）	5,300/5,900
ポルックス	K0	4,900
アルデバラン	K5	4,100
ベテルギウス	M1	3,600

英語圏では、"Oh! Be A Fine Girl, Kiss Me." なる記憶法があります。日本語では「お婆、河豚噛む（オバア、フグカム；OBA、FGKM）」、や、「お前はバカだ。頭も古い。学校も会社も免職だ（OB・AF・GKM）」という覚え方があるようです。

うーん、どうやら英語で覚えた方が、シャレているようですね。このスペクトルの分類はハーバード分類、または世界ではじめて星のスペクトルの撮影に成功した先人にちなんで、ドレイパー分類と呼ばれ、さらに0から9までの数字を付けてA0型（ベガ）、G2型（太陽）などと細分化されています。

そこで本日は、スープといたしまして目にも色鮮やかなミネストローネとクラムチャウダーをご用意いたしました。ミネストローネは、トマト、ニンジン、赤キャベツなどの赤野菜とチキンコンソメをベースとしたスープにチェダーチーズを合わせ、あっさりとしながらもコクのあるスープに仕上げております。

一方クラムチャウダーは、ニューイングランド風の白いクリームスープです。アミノ酸価が高い牛乳をベースに、タウリンが含まれたクラム（あさりやはまぐりなどの二枚貝）を十分に入れてみました。タウリンには疲労を回復し、筋肉のエネルギー生産を高める働きがあります。また、クラムチャウダーのもうひとつの主役のじゃがいもは、アミノ酸の吸収を高めるビタミンCが豊富に含まれており、大変健康的です。

え、赤と白だけじゃなくて他の星の色のスープが飲みたいですって？　これからメインディッシュなのですが……私を困らせようとしているのではなく、本当に飲んでいただけるのですね。それならご用意いたしましょう。

まずは、黄色から……パンプキンスープになります。ビタミンたっぷりで甘みの強い栗かぼちゃを良く煮込んで、ポテトマッシャーで十分にすりつぶしてベースにしてあります。自然の甘みをじっくりと堪能していただけるはずです。そして、青色は……青汁スープをどうぞ。青汁をベースにし、青大豆と青梗菜(チンゲンサイ)をじっくりと煮込んであります。もっと刺激を求められる方には青唐辛子もご用意しておりますので、お好みに合わせてお使いください。

(2007年1月)

＊1 さらに拡張されて、白色矮星にはD、炭素星にはSやC、褐色矮星などの低温の天体にはL、T、Yなどの分類も使われるようになっています。
星の中心部での水素の核融合反応を考えると、重い星は核融合反応が活発に起こるため明るく輝き、表面温度も高くなります。逆に軽い星は核融合反応があまり活発に起こらないために暗く、表面温度も低くなります。つまり、星の表面温度(スペクトル型)と(距離に関係ない絶対的な)明るさには関係がありそうです。それをわかりやすく表したのがヘルツシュプルング・ラッセル図(HR図)です。(カラー口絵5をご参照下さい。)

太陽系外惑星

いらっしゃいませ。毎度ごひいきにありがとうございます。宇宙料理店でございます。

先月、赤外線を使った太陽系外の惑星さがしのお話しをしたばかりなのですが（P63をご参照下さい）、またちょっと面白そうな惑星が見つかったようです。発見の足がかりは、日本のすばる望遠鏡でした。日本、アメリカ、チリの研究者は、太陽系外の惑星を見つけるために、口径８m以上の世界第一級の望遠鏡を使って、２千個もの恒星のふらつきを観測[*1]するプロジェクトを行っています。その中で、ヘルクレス座のHD149026星に、ふらつきが見つかりました。まわりを回る惑星との重力相互作用によって中心星がふらつくわけですから、その周期と量によってどんな惑星がまわっているかがわかります。HD149026星には、地球質量の115倍（木星質量の約４割）の惑星が、たった2.88日でまわっていたのです（惑星には小文字のアルファベットを発見順にb，c，dと添えるので、HD149026bと呼ばれています[*2]）。一年が2.88日ですから、よほど中心星の近くをまわっていることになります。その距離は630万kmで、太陽－水星間の1/9ほどですから、かなり高温の惑星でしょう。

さらに、米アリゾナのフェアボーン天文台の80cm望遠鏡によって、この星の減光も観測されました。この惑星が恒星の前を通過することによって、星の明るさが暗くなっているのです。この減光量から、中心星の何％が隠されたかが分かります。つまり、惑星の大きさがわかってしまうので、ふらつきから求められた質量とから、見えない惑星の密度を知ることができるのです。こうして求められた惑星の大きさは土星より一回り小さいのですが、密度は水の1.4

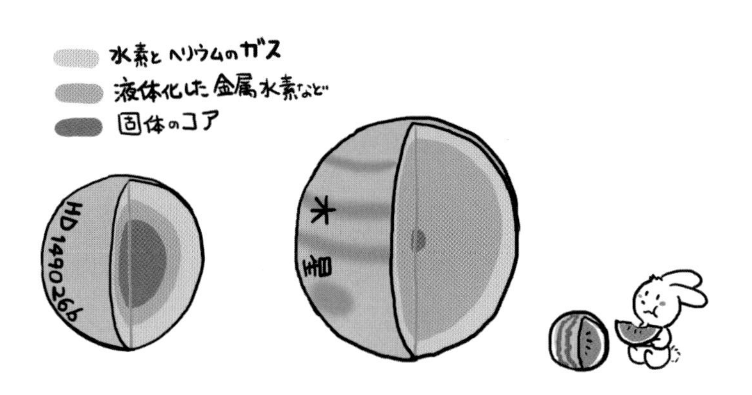

★ HD 149026b と木星の内部構造の比較

倍。土星の密度（水の0.7倍なので水に浮くと言われますよね）の1.7倍ですから、木星や土星に比べると中身がかなり詰まっていることになります。計算によれば、惑星全体でこの密度を維持するためには（外の方はガスなので軽くなります）、その中心に地球質量の65 ～ 70倍の岩石や氷でできた固体のコアが必要となります。このコアの質量は、太陽系のどの惑星や小惑星よりも大きく、これまでこんな中身の詰まった惑星は発見されたことがないのです。

太陽系では小型で固い地面がある惑星（水星・金星・地球・火星）が内側にあり、大型のガス惑星（木星・土星・天王星・海王星）が外側にあります。この様子から私たちは、原始惑星系円盤から惑星ができる時には、重いものが内側に集まり、軽いものは外側に寄せ集められると勝手に思っていました。しかし観測からは、中心星のすぐそばを回るガス惑星や極端な楕円軌道をめぐるもの[*3]、そして中心星をグルグル回る熱く中身の詰まった惑星と、風変わりな惑星が次々と見つかっています。つい最近も、三つの「太陽」からなる恒星系の中で、従来の理論ではあり得ない場所に木星サイズの惑星が見つかりました[*4]。宇宙には、私たちの予想をはるかに超えた世界が存在しているようですね。

そこで本日は、たこ焼きをご用意いたしました。たこはもちろん「明石だこ」。明石海峡の速い潮流でしっかりと揉まれたたこは、こりこりとした歯ざわりと、噛むほどにわき出す味が特徴です。生地は薄力粉とだし汁の絶妙なブレンドに、スキムミルクを隠し味に使っております。中はとろ〜り、表面はカリッとした食感をお楽しみ下さい。大振りのたこが入っていたらHD149026bタイプ、小さなたこしか入っていなかったら木星タイプです。土星タイプには、たこが見つからないかもしれません。コアのありがたみを噛みしめながら、ご堪能下さい。

（2005年7月）

＊1　太陽以外の恒星をまわる惑星（太陽系外惑星）は、中心星に対してとても暗いので直接観測することは大変難しく、間接的な方法でその存在が確かめられています。その代表的なものが中心星のふらつきを観測するドップラー法（視線速度法）と、惑星が中心星の前面を通過（トランジット）するときの周期的な減光を観測するトランジット法です。1995年、ドップラー法によってペガスス座51番星の周りに最初の太陽系外惑星が発見され、ジュネーブ大学のマイヨールとケローは、2019年にノーベル物理学賞を受賞しました。

＊2　2015年に国際天文学連合によって名前の公募と投票が行われ、主星HD149026にOgma（ゲール神話の戦いの神オグマに由来）、惑星HD149026bにはSmertrios（ガリア神話の戦いの神スメルトリオスに由来）という名前がつけられています。

＊3　ホットジュピターとかエキセントリック・プラネットと呼ばれます。

＊4　HD188753 Abのことで、2005年7月13日にNASAのホームページで発表されました。
（https://www.nasa.gov/vision/universe/newworlds/threesun-071305a.html）

浮遊惑星

いらっしゃいませ。宇宙料理店へようこそ。私、シェフのDr.Nodaでございます。昨年は新しいお店を建てておりまして一年ほどお休みをいただいておりました。この３月に無事新店舗をリニューアル・オープンいたしました。今後ともごひいきにお願いいたします。

数年前（2006年）に冥王星の惑星論争があったことは記憶に新しいところですね。その際に改めて惑星の定義が議論され、地球のように「太陽のまわりを回っている」ことが条件のひとつとされました。まぁ、当たり前と言えば当たり前ですね。しかし、そんな常識から外れた天体が発見されたようです。恒星（太陽系の場合は太陽）の周りを回っていない「浮遊惑星」です。

これまで浮遊惑星の存在は理論的に予測されていましたが、恒星のように自ら光っているわけではないので、観測して実在を証明することはほとんど不可能と考えられていました。ところが、名古屋大学を含む国際研究チームが重力マイクロレンズ現象を使った観測で、その常識をくつがえしたのです。重力マイクロレンズ現象とは、星の前を別の天体が横切ったときに、この天体の重力がレンズのような役割を果たして増光する現象です。通常の主星の周りをまわる系外惑星探査でもこの重力マイクロレンズ現象は使われておりまして、その場合に増光する期間は10～20日程度です。これに対し浮遊惑星では、質量が小さいため重力が弱く、１～２日程度しか増光しません。確実な検出には１日のうちに何度も観測する必要があります。また、重力マイクロレンズ現象は、地球とレンズ天体、背景の星の３つが丁度良い距離に一直線上に並ばないと起こらない、非常に確率が低い（100万個に１個程度）現象なので、数千万個の星

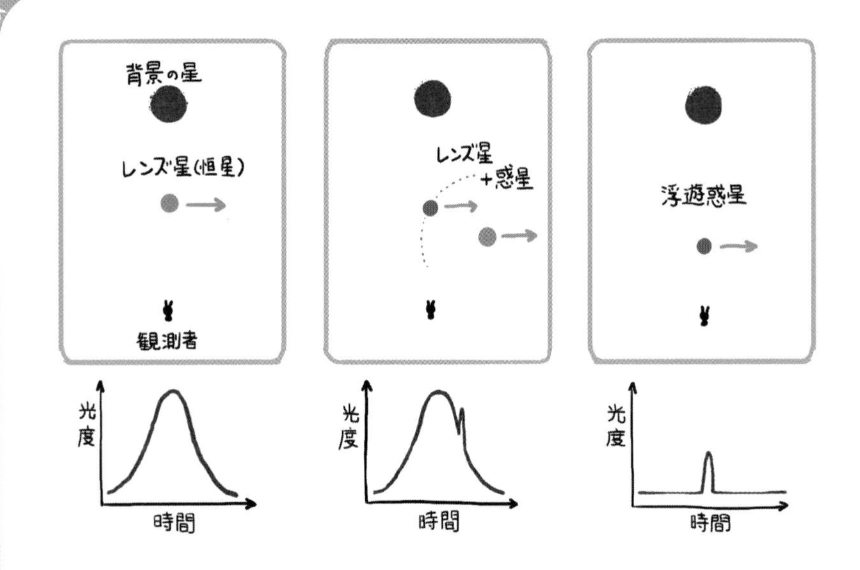

★重力マイクロレンズ現象による増光の様子。普通の恒星の場合（左）は増光する期間が 10 ～ 20 日と長いが、浮遊惑星（右）では 1 ～ 2 日程度と短い。

を毎晩モニターしなければなかなか成果は得られません。実に根気のいる大変な観測なのです。

しかし、研究チームは天の川銀河の中心バルジ内の星約５千万個（！）を毎晩定常観測しました。その結果2006年から2007年の観測データから、増光期間が２日以下の現象を10個見つけたのです。その増光期間の短さから、木星質量程度の浮遊惑星ではないかと考えられています。恒星からの距離がとても遠く、一見浮遊惑星と区別がつかない惑星が含まれている可能性もありますが、他の観測から、この様な軌道半径が非常に大きな惑星はあまり存在しない事も分かっています。とすると、この観測で10個も見つかったということは、浮遊惑星は普通の恒星と同じかその２倍ぐらいの数がありそうだと考えられるのです。つまり、我々の銀河系内に浮遊惑星は、なんと数千億個も存在するかもしれないのです。

このような浮遊惑星も最初から異端の存在だったわけではありません。そのほとんどは、普通の惑星と同じように恒星のまわりでガスやチリが集まってできる「原始惑星系円盤」の中で生まれたと考えられています。その後、他の惑

★発見された木星質量の浮遊惑星のイメージ。惑星の重力によって背後の星の光が曲げられアインシュタイアークと呼ばれる円弧ができる。しかし、アークの大きさは非常に小さいのでその形を見ることはできず、増光現象として観測される。(Jon Lomberg)

星とともに恒星のまわりを回っているうちに重力的に不安定になってしまい、外に弾き飛ばされてしまった可能性が高そうです。木星より小さい浮遊惑星を見つけることは、今の観測技術では難しいですが、地球質量程度の小さな惑星はより弾き飛ばされやすいので、もっとたくさんの浮遊惑星が存在していることが予想されるのです。ひょっとすると、今も太陽系のすぐそばをいくつかの浮遊惑星が横切っている最中なのかもしれません。遠い将来にはそんな浮遊惑星を人が住めるようにして、数世代をかけて恒星間を渡る船として利用することもあるのでしょうか……。

ところで、そもそも「惑星」は「恒星の周りをまわっている」ことが条件でしたよね。すると、「浮遊している」天体は惑星ではないことになり、「浮遊惑星」は矛盾する言葉の組み合わせになってしまいます。ちなみに英語の論文ではどう表現されているか調べてみました。

free-ranging Jupiter-mass objects(自由に動き回る木星質量天体)

free-floating planetary-mass objects(自由に浮遊する惑星質量天体)

と、正確に表されていましたが、やはり呼びにくいですよね。

そのせいかNASAのホームページでは、

free-floating planets(自由浮遊惑星)

となっていました。

さて、本日はバイキング形式でお食事をご用意いたしました。ただしお料理は、お店の一角の大きなテーブルに置いてはおりません。広くなった店内のあちらこちらに浮遊惑星よろしく置かせていただきました。お客様自身もゆっくりとただよいながら、お好みの食材をお取り下さい。またお飲物にはすべてタピオカパールを入れてみました。キャッサバの根茎のデンプンから作られたプチプチした食感のボールです。普通のタピオカパールは比重が大きいので飲み物の下に沈みますが、当店のマヤ原産のキャッサバは比重が軽く、これで作られたタピオカパールは液体の中に浮きます。まさに “free-floating objects” としてお楽しみ下さい。

（2011年7月）

アルビレオ（重星と連星）

いらっしゃいませ。宇宙料理店へようこそ。今年（2018年）の夏はとても暑かったですね。この夏の名古屋での猛暑日（最高気温が35度以上）の日数は36日にもなり、観測史上の年間最多記録を更新しました。猛暑日が特別な日ではなく、当たり前になっていたわけです。実際、８月３日に名古屋で過去最高の40.3度を記録した後は、最高気温が37度の日でも涼しく感じられる自分に驚くやらあきれるやら、でした。

ようやく涼しくなり、夏の大三角も頭上から西へ傾く季節になってきましたね。その大三角の中に、はくちょう座のアルビレオ（はくちょう座β星）があります。白鳥のお尻（デネブ：1.3等）から胸（サドル：2.2等）、さらに頭へと伸ばした先の、くちばしの位置にある2.9等星で、肉眼ではひとつの星ですが、望遠鏡では２つに見える二重星です。（カラー口絵６をご参照下さい。）黄色っぽい3.1等（アルビレオＡ星）と青みがかった5.1等星（アルビレオＢ星）が約35秒角離れて並んだ、色の対比が美しい二重星です。Ａ星はK型の巨星で太陽の70倍の半径を持ち、表面温度が４千度ほどなので明るく黄色みを帯びています。一方Ｂ星はＢ型星で表面温度が１万３千度ほどと高いのですが、半径は太陽の３倍ほどなのでＡ星よりは暗く青白く見えています。

かの野尻抱影氏[*1]が「美しい響きの名である。そして肉眼では一つに見える黄玉（トパーズ）色の星が、レンズの面では、ほのかな金色の漲（みなぎ）る中でサファイヤ色の可愛い星と相抱（あいいだ）くようにして、まじまじと光っている。」（「星を語る」1930年）とか、別の随筆では「雛鳥（ひなどり）と久我之助（こがのすけ）[*2]か、ロミオとジュリエットのような可憐な印象」と讃えています。見かけの印象はまさにその通りで、２星が寄り添っているイメージを持ちますが、本当にそうなっているのでしょうか。

二重星には、互いに回り合っているなど近くにあって重力的な関係がある連星と、たまたま同じ方向に見えているだけで重力を及ぼし合っていない「見かけの重星」とがあります。比較的近い位置関係で回り合っていれば公転周期が短くなるので、数年〜数十年間隔を空けて観測すれば、その位置の変化で連星か否かが判別できます（実視連星）。近すぎて望遠鏡で観測してもひとつにしか見えない場合でも、分光することによってスペクトル線の特徴から連星であることがわかる場合があります。実はアルビレオAはこの分光連星にもなっており、K型の巨星であるAa星とB型のAc星（5.2等、太陽半径の3.5倍）が周期214年の連星系になっていると考えられています[*3]。

やっかいなのは、ほどほど離れているものですね。アルビレオはまさにその典型で、まずは地球からの距離ですが、20世紀の位置天文衛星「ヒッパルコス」のデータでは、A星が434±20光年、B星が401±13光年と、誤差の範囲で一致しており、奥行き方向に確かに離れているとは言えません。この距離での35秒角の離角は約6千億kmに相当し、もし連星なら周期が少なくとも10万年（別の計算では7万5千年程）と見積もられ、これではさすがに100年間隔をあけた観測でも位置変化は検出できません。そんなわけで、アルビレオは連星なのか見かけの二重星なのか、よくわかっていませんでした。

そこに一石を投じたのが、2018年4月に公開された位置天文衛星「ガイア」の観測データ「DR2」です[*4]。20等級までの13億個以上の恒星の年周視差と固有運動が高い精度で測定されています。ただし明るい星はガイアの観測装置上で星像が大きく写り、位置の測定精度が悪くなってしまうため、アルビレオA、Bの地球からの距離を求めるだけでは連星か否かを判別することは出来ませんでした。

しかし、まだ固有運動のデータがあります。こちらは観測期間が長くなればなるほど見かけの移動量が大きくなるので、データの精度が上がっていきます。DR2によると、アルビレオAの固有運動は1年に16.66ミリ秒角で、移動方向は南南東、アルビレオBは1年に1.13ミリ秒角で、移動方向は西南西です。2つの星は別々の方向に異なる速度で動いている他人同士、つまり見かけの二重星と言えそうです。このまま移動していくと、2千年後には視力1.0で見分けられる１分角ほど離れることになります。しかし明るさは３等星と５等星ですから、肉眼二重星になるのは、さらに先のことでしょう。

さて、本日は三色団子ならぬ二色団子をご用意いたしました。色はもちろんかぼちゃペーストを練り込んだ黄色と青汁を混ぜた青色です。竹串の長さはロングサイズのものを使い、手元と先端にできるだけ離して配置してみました。大きさの比は70：３です。これではちょっとさみしげなので、先端の黄色い団子に隣接させて、手元の青い団子より一回り大きな青い団子を刺してみました。Ac星のつもりですが、全体のバランスは悪いし「三色」団子にもならないし、結局食べにくいだけですかね……

（2018年９月）

＊１　明治18年11月生まれの天文研究家。出版社勤務のかたわら、星座や天文に関する啓蒙書、随筆を多く執筆しました。また星の名についての方言を収集して「日本星名辞典」にまとめました。名古屋市科学館の先輩、山田卓先生著「夏の星座博物館」のあとがきにもその人となりが紹介されています。

＊２　人形浄瑠璃及び歌舞伎の演目のひとつ、妹背山婦女庭訓（いもせやまおんなていきん）に登場する恋仲の男女。しかし両家は反目しあっているところから悲劇が起こります。まさに日本版ロミオとジュリエットといったところです。

＊３　1980年前後に0.12秒角離れたところに伴星が発見され、Abとカタログに記載されましたが、その後明確に確認されていません。なおAc星は補償光学を使った観測で0.4秒角離れた場所に確認されています。

＊４　ヒッパルコス衛星の後継機として2013年12月に打ち上げられた、ヨーロッパ宇宙機関（ESA）の位置天文衛星。最初の約１年分の観測に基づくカタログがDR1（Gaia Data Release 1）で2016年に公開されました。2014年７月から2016年５月までの約２年間の観測に基づいたデータカタログがDR2です。

オリオン大星雲

いらっしゃいませ。宇宙料理店へようこそ。毎日寒い日が続きますね。しかし、こんな北風が強く星がキラキラとまたたく日には、オリオン座が良く似合います。１月下旬なら21時頃、２月中旬なら20時頃にちょうど南中です。南を向いて顔を上げるだけで、少し右上がりに整列した三つ星を四つの明るい星ががっちりと固めた、威風堂々とした姿を見ることが出来ます。

その三つ星から５度ぐらい下（南）のところに小三つ星がありますね。都会の空で見つけるのはちょっと厳しいですが、縦に星が３個並んでいるように見えるはずです。その真ん中の星がθ星。天動説でおなじみの２世紀の天文学者プトレマイオスや16世紀のデンマークの観測家ティコ・ブラーエは３等星として記録を残していますし、ギリシア文字での星の名前のつけ方を考え出したドイツのバイエルがθ星としました。

そこには、あのオリオン大星雲があります。空のきれいなところで注意して見ると、θ星の周りがぼうっと広がって光っているのがわかるはずです。このような星雲を散光星雲と呼びます。星雲の中で生まれたθ星（実はトラペジウムと呼ばれる４重星）の強い紫外線によって、周囲の水素ガスが電子をはぎ取られた状態（電離状態）になります。そして再び電子を捕まえる時に赤い光を出すのです。ぼうっと光って見えているので大量のガスがあるように思えますが、実はガスの薄くなったところが光って見えています。ガスやチリが濃いところは、逆に光を通さず、暗黒星雲になってしまうので見えていません。

θ星の強烈な光や恒星風と呼ばれる電子やイオンの流れによって、多くのガスやチリは蒸発したり、周囲に吹き飛ばされたりして、高温の星を取り巻くよ

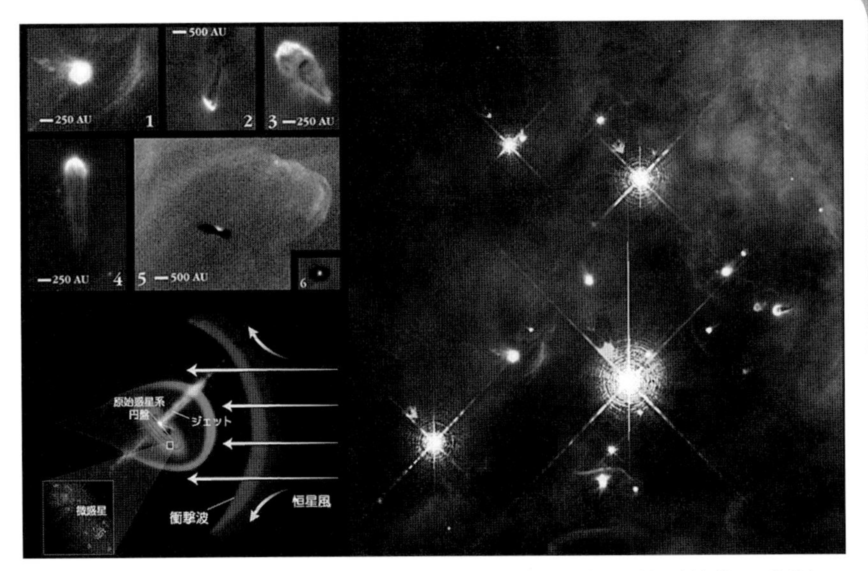

★オリオン大星雲内、トラペジウム周辺の拡大画像（右）。４つの台形に並んだ点状の天体がトラペジウムで、右下の一番明るい星の恒星風を受けて、その周りの星のまゆが放射状に尾をたなびかせている。左上はオリオン大星雲内の星のまゆとプロプリッドの拡大画像（図中のスケール（AU）は天文単位で、およそ100AUが外縁天体を含む我々の太陽系の大きさ）、左はその模式図。（NASA/STScl）

うに集められます。そんな様子は赤外線によって見ることが出来ます。可視光と赤外線天文衛星スピッツアーによって撮影された画像を見比べてみて下さい。（カラー口絵７をご参照下さい。）可視光で光っているところで赤外線ではガスやチリが少ない穴のような領域があり、その周辺は赤外線が強くなっています。こうしてガスやチリが集められ、その中で自らの重力でさらに縮んでいくかたまりが、いくつも出来ていきます。ひとつひとつの中心部では温度と圧力がだんだん高くなり、やがて水素からヘリウムへの核融合反応が起こります。星の誕生の瞬間です。このような赤外線で見えている領域こそが、次の世代の星が生まれる場所になっていくと考えられています。

それに対し、大星雲の中は今まさに星が生まれている現場です。ガスやチリが自らの重力で縮んでできた星のまゆが、まだその中に残っています。近くの星からの恒星風によってガスが吹き流され、おたまじゃくしのように尾を反対側にのばしていますね。この星のまゆのなかに、真っ黒な円盤が見えているものもあります。これは小さなチリで出来ているため、光をさえぎって暗く見えていると考えられています。円盤はプロプリッド（原始惑星系円盤 “protoplanetary disk” の略）と呼ばれますが、このチリ達が中心星の周りを回りながら合体衝突を繰り返し、やがて小さな岩の固まりのようなものになります。これら「微惑星」は、さらに数億年をかけて合体し、惑星に成長していくと考えられています。私たちの太陽系も50億年ほど前にこうしたおたまじゃくしとして、いくつかの星と一緒に生まれたのかもしれません。そして、地球と他の惑星たちも、あのプロプリッドから生まれたのでしょう。

さて、本日はデザートといたしましてくず餅をご用意いたしました。くずまんじゅうとか、水まんじゅうとも呼ばれますよね。名古屋のおいしい水道水「名水[*1]」を使って葛粉を練って仕上げました、のどごしさわやかなくず餅を、「ひねりくず餅」よろしく引っ張ってはちぎり、おたまじゃくしのような形にして蒸し上げてみました。半透明なくず餅の中に円盤状のあんが透けて見えますよね。まだ微惑星になっていないこしあんタイプと微惑星が出来かけた粒あんタイプと２通りご用意してみました。お好みに合わせてお取り下さいませ。

（2008年１月）

＊1　名古屋市上下水道局では、名古屋のおいしい水道水を知ってもらうために「名水プロジェクト」なるものを平成18年から５年間実施しました。
https://www.water.city.nagoya.jp/category/meisui/2232.html

超新星

いらっしゃいませ。宇宙料理店へようこそ。

秋は青空が美しいですね。透明度が高く、空の青さが目にしみるような日は、昼間でも金星が肉眼でも見えそうです。こんな季節に、明るい超新星でも出現すれば、さぞかし見栄えがするだろうにと夢想するのですが、かのティコ・ブラーエは、澄んだ青空にくっきりと超新星を見ていたのかもしれません。

1572年11月、北天のカシオペア座に超新星が出現しました。金星よりも明るく、およそひと月にわたって昼間でも見えたと言われています。この超新星を詳しく観測したのが、デンマークの天文学者ティコ・ブラーエで、1574年３月に見えなくなるまでの１年４ヶ月間、観測を続けました。折しも天動説から地動説への転回の時代。この超新星の出現は、当時信じられていた天上界の完全性と不変性を揺り動かすことにもなったのです。

★カシオペア座の超新星を見上げるティコ・ブラーエ（Astronomie Populaire by Camille Flammarion（Paris,1884））

超新星爆発は重たい星の最期の姿です。星の内部では、核融合反応により水素からヘリウムが作られますが、さらに重い元素である炭素や酸素を合成

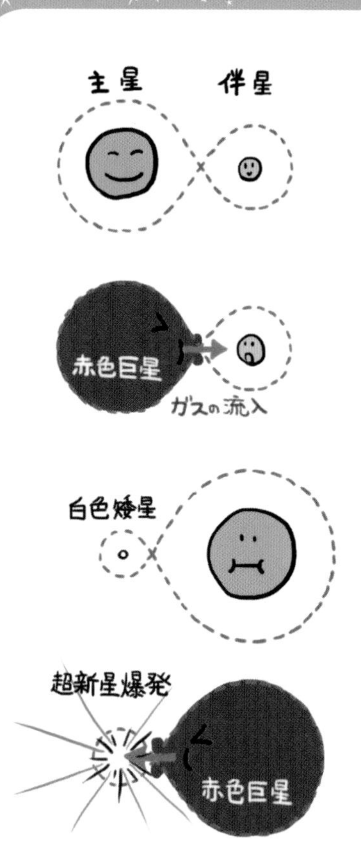

★連星系の進化

した太陽の８倍よりも重たい星は、最後に鉄を作って大爆発を起こします。これがⅡ型と分類される超新星爆発で、太陽質量の８〜30倍の星は中性子星を、30倍以上の星はブラックホールを爆発後に残します。しかし、連星系の場合は少し様子が違ってきます。まず、質量の大きい主星が先に核融合反応を進めていき、赤色巨星になります。ガスが隣の伴星に降り積もり、主星は白色矮星になります。次に伴星が赤色巨星となって、ガスが白色矮星へ逆流し降り積もっていきます。そして物理的に決まっている限界の質量を超えると、星全体を吹き飛ばすような大爆発を起こすのです。このようなタイプはIa型超新星と呼ばれ、あとには何も残りません。限界の質量が決まっていますから、最大の明るさと、明るさの変化の様子がほぼ同じという特徴があります。従って、同じ明るさのものなら、距離によって見かけの明るさが違うことになるので、宇宙の灯台として、遠方の銀河の距離を測るのに使われています。ティコの観測結果による明るさの変化の様子から、この1572年の超新星はIa型ではないかと考えられています。

星は残らなくても、飛び散った星の残骸は残ります。薄く広がったガスからは、ほとんど光は出ていませんが、激しい爆発の名残であるＸ線が放射されています。チャンドラＸ線天文衛星による画像を見ると、広がっていく残骸が、モコモコとしたかたまりのようになっています。これはまるで「鬼まんじゅう」のようですね。（カラー口絵９をご参照下さい。）

今年も採れたてのおいしそうなサツマイモが入荷致しましたので、名古屋名物の「鬼まんじゅう」を作ってみました。

サツマイモを1cm角のさいの目に切りまして、薄力粉と白玉粉、さらに牛乳と混ぜ合わせて、ひと固まりずつに分け、蒸し器で20分ほど蒸しました。イモが大きすぎたり粉が少なかったりしますと、イモの見た目と食感が固くなり、超新星残骸というよりは鉱物標本のようになってしまいますのでご注意下さい。適度なイモの大きさと、粉の混ぜ具合により、程良くとろけた感じがでてまいります。ご家庭でも簡単に作れますので是非お試し下さい。その際には、当料理店特製の迫力粉と白色矮玉粉をお使い下さい。混ぜ合わせた生地を大きな固まりのまま、使い古して進化の進んだ蒸し器に入れてピッタリとフタをしますと、超新星残骸だけでなく、迫力満点の超新星爆発そのものを自宅のキッチンでお楽しみいただけます……

（2004年11月）

白色矮星

いらっしゃいませ。宇宙料理店にようこそ。

今日も寒いですね。今シーズンの冬は、名古屋でも12月に23cmの積雪と58年ぶりの大雪となるなど、結構寒さが厳しいです。つい部屋に閉じこもりがちになりますが、賑やかな冬の星座たちがもう南の空に出そろう時期になってきました。その中でもおおいぬ座のシリウスはひときわ目立っていますね。－1.5等星と、全天で一番明るい恒星だけあって、凍てつく冬の星空に、凛(りん)とした風情があります。しかし実は、小さな恋人に引っ張られてフラフラしている星なのです。

シリウスにはシリウスＢと呼ばれる、すぐそばに寄り添ったお供の星がいます。1844年にドイツの天文学者ベッセルが、主星であるシリウスＡの固有運動に50年周期のよろめきを見つけます。ベッセルはその原因を、お伴の星（連星）の影響ではないかと考えました。しかし、太陽の２倍ほどの質量があるシリウスＡをよろめかすほどの大きさと明るさを持った星は、多くの観測者が探したにもかかわらず、見つかりませんでした。声？　はすれども姿は見えず、ベッセルの発見から18年後の1862年、自分が磨いた望遠鏡の性能テストをしようとしたアメリカのアルバン・クラークは、望遠鏡を向けたシリウスに、偶然とても暗い星を見つけたのです。これがようやく見つかったお伴の星、シリウスＢでした。

シリウスＡのよろめき具合からすると、シリウスＢの質量は太陽と同じぐらいです。しかし見つかった星は8.7等と、とても暗いものでした。これはシリウスＢがとても小さいことを意味しています。その大きさ（直径）は太陽のお

★ハッブル宇宙望遠鏡で撮影されたシリウス。中央の明るい星がシリウスA、右上の小さな星がシリウスB（矢印）。シリウスAはあまりに明る過ぎるので像がハレーションをおこし、大きく見えているだけで、恒星本来の大きさで写っているわけではない。2003年10月15日、広視野惑星カメラで撮　影。（NASA, ESA, H.Bond（STScI）& M.Barstow（University of Leicester））

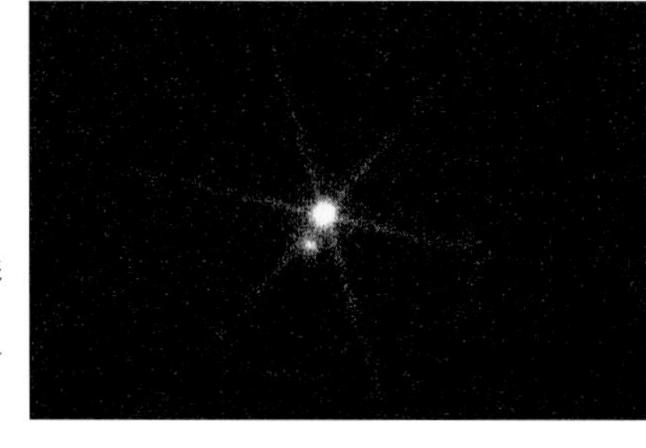

★X線観測衛星「チャンドラ」で撮影されたシリウスA（中央）とB（右上）。X線では温度が高いシリウスBの方が明るく見える。（NASA/SAO/CXC）

よそ1/120、地球よりも小さいのです。太陽の質量をそのままにして、直径を1/120に圧縮すれば、ものすごく密度が高くなります。シリウスBは太陽の約９万倍の密度で、１立方cmあたり400kg、角砂糖１個がなんと0.5トンにもなる超高密度の星なのです。このような密度の高い高温の星は、白色わい星と呼ばれています。太陽と同じぐらいの質量の星の最後の姿です。

恒星は、その中心部で水素原子４個を１個のヘリウム原子に変える核融合反応によって光り輝いています。この反応が進んでいくと、燃えかすであるヘリウムが中心部にたまって芯ができていきます。その後の核融合反応は、このヘリウムの芯のまわりの薄い殻状の部分で続けられることになり、星は外側に押し広げられて、ふくれていきます。いわば「中年ぶとり」の時期ですね。このとき星の表面は、ふくれ上がることによって冷えて温度が下がり、「赤色巨星」になります。やがて赤色巨星の外側のガスは宇宙空間に広がっていき、太陽と同じぐらいの質量の星の場合は、残された星の芯の部分が小さく縮んで白色わい星となるのです。この白色わい星によって、放出されたガスが照らされ淡く輝くと「惑星状星雲」になりますが、シリウスの場合は連星系なので、シリウスBが巨星化した時のガスは、両者の間にある「内部ラグランジュ点」を通してシリウスAに流れ込んでいったと考えられています。

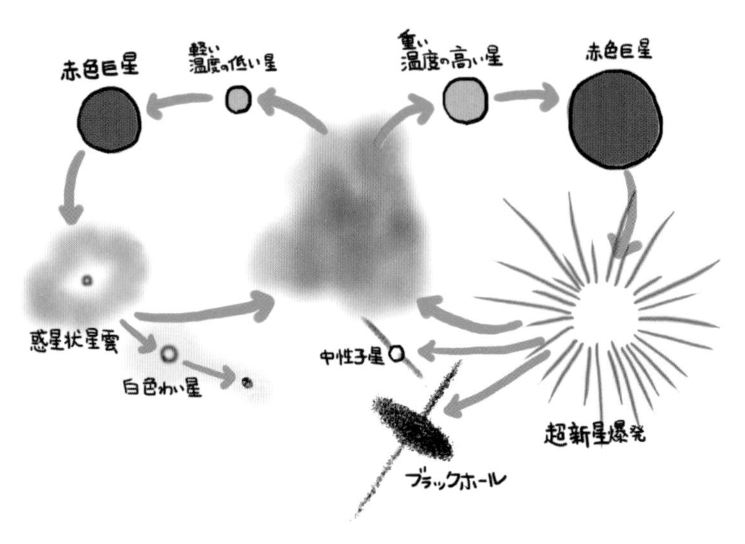

★星の一生の様子。ガスから誕生した時の質量によって２コースに分かれる。太陽ぐらいの比較的軽い星は白色わい星となってその一生を終えるが、もっと重たい星は超新星爆発を起こし、中性子星やブラックホールとなる。

近接連星系では、このようなガスのやり取りによって星の進化が加速されるので、星の一生を研究する上では、とても貴重なサンプルなのです。シリウスＢも最近、ハッブル宇宙望遠鏡を使って、その強い重力による赤方偏移が精密に観測され、質量が太陽の98%であることが分かりました。表面の重力は地球の35万倍、体重60kgの人は、２万１千トンになってしまいます。ちなみに表面温度はシリウスＡが１万度、シリウスＢが２万５千度。シリウスＢの方が温度が高いので、Ｘ線で観測するとシリウスＢの方が明るく見えます。このように高温で青白く見えるシリウスですが、古代バビロニアや古代ローマの記録には、赤い星と表現されているものがあるのです。数千年前にはシリウスは赤い星だったのでしょうか？　ひょっとすると、白色わい星になる前の赤色巨星化したシリウスＢが見えていたのか……おっと、これは２月のプラネタリウムの話題[*1]でした。ちょっとおしゃべりが過ぎたようです。

そこで本日は食後のお飲物といたしまして、幻のコーヒーといわれるアラビカ種のトラジャコーヒーをご用意いたしました。トラジャコーヒーの産地は、インドネシア・スラウェシ島のトラジャ地方。最高級のアラビカ種は標高千m以上の高地でしか採ることができません。爽やかな苦み、まろやかで程良い酸味、そして豊かなコクが微妙に調和した味わいをご堪能下さい。甘味をお求めの場合は、この「白色わい砂糖」をお使い下さいませ。角砂糖１個が0.5トンの重さになってます。テーブルの上では反重力容器に入っていますので、一見何でもなさそうですが、丸々１個をコーヒーに入れますと、甘すぎて台無しになってしまいます。その前に、素早く溶かしそこねて底までいっちゃいますと、一点荷重でコーヒーカップが割れてしまいますので十分にお気をつけ下さい。目に見えないぐらいに削ってお使いいただくのがお勧めでございます……

（2006年１月）

＊１　名古屋市科学館のプラネタリウムは、特別なことがない限り毎月テーマを変えて投影しています。2006年は
1月　宇宙へ飛び出せ
2月　シリウスの謎
3月　南十字星
4月　銀河のアルバム
……
でした。
シリウスBが赤色巨星だったとすれば赤く見えた可能性もありますが、わずか数千年で赤色巨星から白色わい星になることは、星の進化を考えてもあり得なさそうです。
しかし、1996年にいて座に「ファイナル・ヘリウムフラッシュ」と呼ばれる、一旦、白色わい星になった星が、内部に残っていたヘリウムを燃料にして再び赤色巨星化したとみられる現象が見つかりました。（発見者の日本のアマチュア天文家にちなんで「桜井天体」とも呼ばれています。）果たしてシリウスBもこのファイナル・ヘリウムフラッシュを起こしたのか、古代ローマなどの記録で「あかるい」と「あかい」が混同されただけなのか、興味はつきません。

ローカルバブル

いらっしゃいませ。宇宙料理店へようこそ。いよいよ2010年が始まりましたね。今年は当店にとって節目の年になりそうです。外をご覧いただくとお分かりのように、すぐとなりの敷地に新店舗を建てておりまして、リニューアルオープンを予定しております。新店舗では、床面積が３倍になりますので、お客様にもゆっくりとくつろいでいただけるようになりますし、厨房も一新しましてドイツから最新式の機器を輸入する予定です。よりご期待に添える料理を作っていきたいと思っておりますので、今年もよろしくお願いいたします。[*1]

ところで、そんな希望に満ちた年の始まりなのに、間もなく人類が滅亡するといった「2012年終末説ビジネス」が盛んになっているようですね。古代マヤの暦が2012年12月で終わっているとか、銀河の中心と太陽、地球が一直線に並ぶという「銀河直列」が２万６千年ぶりに起こるとか、フォトンベルトと呼ばれる、銀河系内の高エネルギーフォトン（光子）の帯に地球が突入するとか……

1999年のノストラダムスの予言が当たらなかったことは記憶に新しいですよね。こういった終末説は、おしなべて科学的根拠のない荒唐無稽なものです。毎年冬至の頃の太陽は、年周運動により銀河中心がある「いて座」を通ることは、天文ファンにはおなじみのことですよね。ここで言われる「銀河直列」は冬至の頃に毎年起こっており、珍しいものではありません。フォトンベルトにしても、そんなエネルギーを放つものなら、現代の観測機器によってとっくに観測されているはずですが、確認された事実はありません。アメリカのNASAや国立天文台が隠蔽しているわけでもありません。（当然ですが、念のため。）せっかくですので、私たちの太陽系周辺の様子を見ておきましょうか。太陽系は銀河系の円盤のはずれ（中心から２万６千光年）に位置し、周りにはガスやチリが存在しています。この星間物質にも濃淡があり、現在太陽系は局所恒星間雲と呼ばれる、少しガスの濃いところに位置しています。

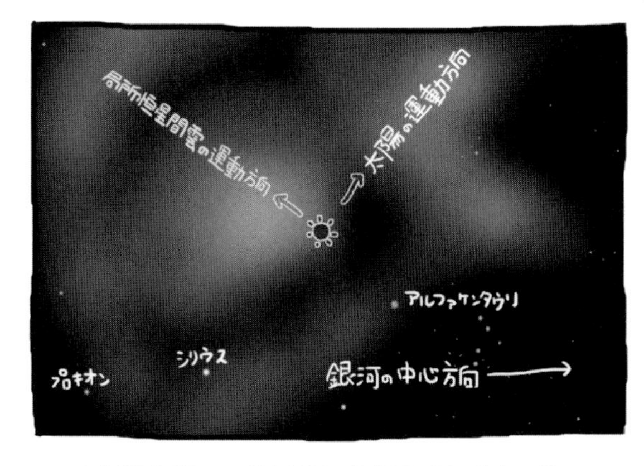

★太陽系周辺、10 光年近辺の想像図。図の中央、ガスの濃いところが局所恒星間雲。銀河系の回転により、太陽はこの中を動いている。

さらに広い範囲を見渡すと、太陽系は局所恒星間雲ごとローカルバブル（局所泡）と呼ばれる、星間物質の薄い空洞の中にいます。その直径は500光年ほどもあり、中性水素ガスの密度は、銀河系の平均の約1/10（0.05原子/cm^3）程度と、かなり希薄です。このローカルバブル内の温度は100万度ほどで、高温ガスからはX線が観測されています。100万度の空洞と聞くと、地球は大丈夫なのかと気になりますが、これは温度が100度前後のサウナでもやけどしないのと同じ原理です。ローカルバブル内の原子は１個あたりのエネルギーは十分に大きいのですが、とても希薄なので、問題にならないのです。

このローカルバブルは、銀河円盤内で起こった超新星爆発によって、太陽周辺の星間物質のガスやチリが押しやられ、熱と低密度の物質を残すことで作られたと考えられています。その最有力候補は、30万年ほど前に超新星爆発を起こし、現在中性子星となっている、ふたご座のジェミンガ（距離550光年）です。こうしたバブル（泡）は500 ～ 600光年ごとに出来ており、天の川銀河（銀河系）の内側方向の隣のバブルは「さそり－ケンタウルス・アソシエーション（星群）」に重なっており、明るいOB型星を多く含んでいます。外側方向では、オリオン腕へとつながっています。

また、銀河面に垂直な方向では、この空洞は両サイドに突き抜けて、高温ガスが銀河面の外に吹き出しており、さながら銀河の煙突のようになっています。

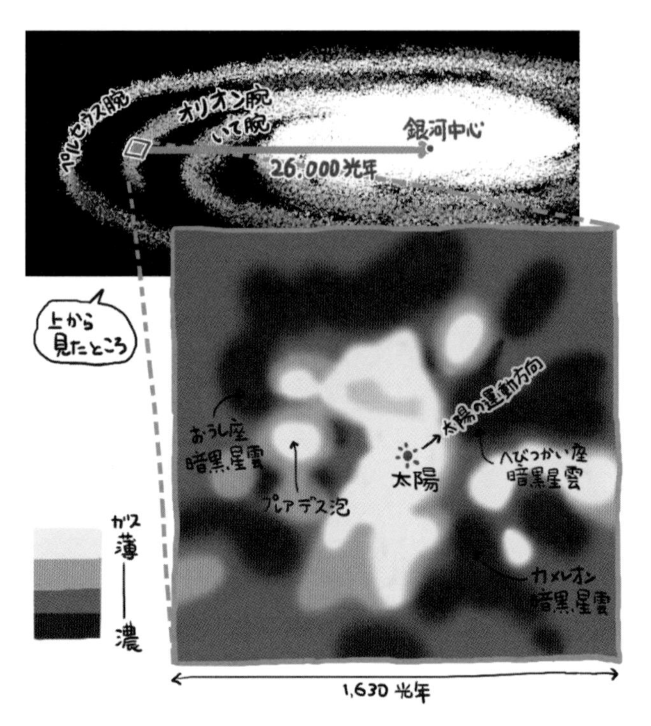

★太陽系周辺、1600 光年近辺の銀河円盤内の想像図。

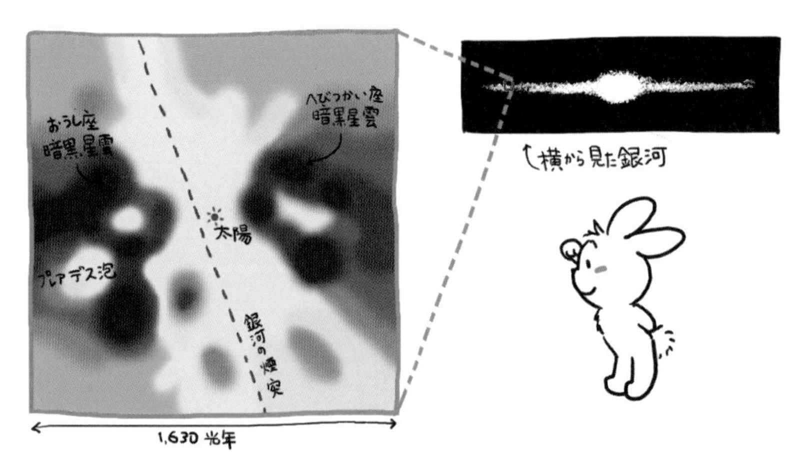

★銀河系内でのローカルバブルの３次元イメージ。色の薄いところがガスが薄いバブル（泡構造）、濃いところが星間物質が集まった暗黒星雲。

こうした構造は、高温で電離した水素ガスの分布は紫外線やX線観測から、低温で濃い中性水素ガスは電波の観測で確認されています。それぞれの距離にある恒星のスペクトルに見られる中性ナトリウムの星間吸収からも確認されており、こうした観測結果は論文として全て公開されています。

さて、本日はデザートにシフォンケーキをご用意いたしました。これを天の川銀河よろしく薄切りにいたします。さらに垂直に半分に切りますので、その断面をご覧下さい。大きめの気泡が生地の中、いたる所に出来ておりますね。気泡を小さくするには卵白に砂糖を最初から加え、中速のハンドミキサーで泡立てた後、低速でキメを揃えますが、今回は砂糖を後半に加えた上に、高速で泡立てたままのメレンゲで焼いてみました。生地に残された大きめの空気泡が熱で膨張して周辺の生地を押しやり、大きな気泡になっています。中には上下に突き抜けてしまっているものもありますね。このひとつがローカルバブルとイメージしていただくと、その中の見えないほどのミクロンサイズのけし粒が我々の太陽系になるのです。ちなみにこのシフォンケーキは直径が20cmほどですが、ローカルバブルが数cmとすると、本来銀河系は直径数十mで、当店の床面積をはみ出してしまいます。より広い新店舗で「銀河シフォンケーキ」、チャレンジしてみたいと思いますが、食べていただけますか……

（2010年1月）

＊1　名古屋市科学館のプラネタリウムは1962年11月にオープンし、2010年8月に旧館での営業を終え、48年間の幕を閉じました。そして新館を建て、半年後の2011年3月にリニューアルオープンしました。ドーム系は20mから35mになり床面積は3倍、（光学式）投影機はドイツカールツアイス社製の最新鋭ユニバーサリウムIX型です。

星 の 数

宇宙料理店へようこそいらっしゃいませ。私、シェフのDr.Nodaでございます。宇宙の話の中にはダークエネルギーやビッグバンといった耳慣れない言葉や、日常とかけ離れた事柄が出てくることがあります。宇宙をおいしく味わっていただくために、そんな素材を口当たり良くご紹介するのが当店のモットーでございます。

さて、2018年３月に名古屋市科学館の光学式プラネタリウムの光源がアークランプからLEDに変わりましたが、もうご覧になられましたか。これまでの放電型のランプと違いLEDは個体差が小さい上に長寿命なので、より安定した星空を楽しめそうです。星の色もより自然になったような気もいたしましたが、星の数は6.55等級までのおよそ9,100個と、これまでと変わっていません。これは人の目の感度の限界だからです。しかし望遠鏡を使えば10等級、20等級と原理的にはもっと暗い星まで数えることが可能です。ちなみにハッブル宇宙望遠鏡の限界等級は31等級ですが、一体どれくらいの数の星がこの宇宙にはあるのでしょうか。

等級	星の数	累積数
1等以上	21	21
2等	67	88
3等	190	278
4等	710	990
5等	2,000	3,000
6等	5,600	8,600
7等	16,000	25,000
8等	43,000	68,000
9等	120,000	190,000
10等	350,000	540,000

私達の住む天の川銀河（銀河系）には2,000億個の星があると言われていますが、この数は実際に一つ一つ数えたもの

ではありません。天の川銀河の質量から推定したものです。具体的には、棒渦巻銀河である天の川銀河の回転速度を観測します。銀河の中心からある距離にある星は、その場所より内側にある物質の質量による重力と、回転の遠心力が釣り合って公転しています。よって渦巻銀河であれば、外側の方を回っている星の公転速度から銀河全体の質量を計算することが出来るのです。あとはそれを平均的な星の質量で割ってやれば、星の個数を見積もることが出来そうですが、これがそう簡単ではありません。銀河の中には星になっていないガスやチリ、暗黒物質も含まれていますから、その質量を差し引かないといけません。また恒星も一種類ではなく、質量の大きな超巨星から軽い赤色矮星まで多様ですので、平均的な星の重さをどの辺りと考えるかも難しい問題です。そんなわけで、天の川銀河の星の数はモデルによって、1,000億～4,000億個と見積もられているのです。

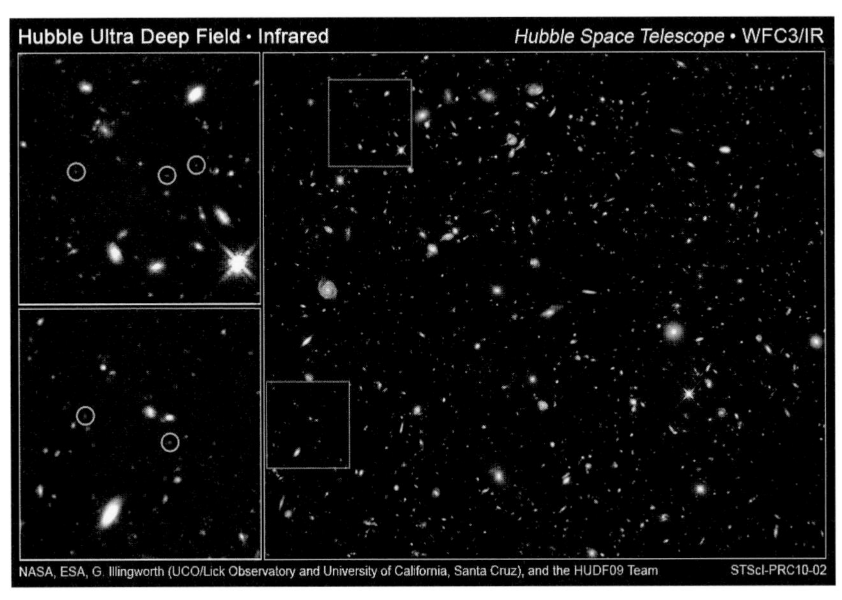

★ハッブル宇宙望遠鏡がろ座の天域で48時間かけて撮影したハッブル・ウルトラ・ディープ・フィールドの一部(2.4分角の領域)。赤方変異した遠方の銀河を効率良くとらえるため、赤外線(1.05μm、1.25μm、1.6μm)で撮影された画像で合成されている。左側に拡大され丸囲みされている銀河は特に遠方(赤方偏移が7～8.5)で、約129億年～131億年前の姿と考えられている。(NASA, ESA, G. Illingworth and R. Bouwens (University of California, Santa Cruz), and the HUDF09 Team)

「宇宙にはこうした銀河が無数にあります」なんて言いますけど、実際に数えたらいくつぐらいあるのでしょうか。もちろん全天くまなく数えるのは不可能ですが、ある狭い領域を全体の代表として深く観測し、銀河をカウントすることは可能です。1995年にハッブル宇宙望遠鏡が、おおぐま座で月の直径の1/15ほどの狭い領域（ハッブル・ディープ・フィールド）を10日間かけて撮像し、3,000個もの銀河をカウントしました。宇宙は大きなスケールでは一様等方であることを仮定すると、全天で1,000億～2,000億個の銀河があることになります。その後ハッブル・ウルトラ・ディープ・フィールドなど、より深くより広い領域の観測も行われましたが、一番の問題は奥行き（距離）の情報がこの撮像だけでは得られないことです。宇宙では距離はその銀河が存在している時代を表していますから、距離による個数密度の変化の有無がわからないと、宇宙の歴史を通じての銀河の個数の変化がわからないのです。

その距離を正確に知るためには、個々の銀河の光を分光して赤方偏移を調べたいところですが、限界等級に近いほど淡い銀河の光は分光できるほど十分ではありません。そこで、同じ領域を赤外線などの違う波長で撮像したデータを使い、測光的に個々の銀河の赤方偏移を推定する方法で、銀河の三次元分布が作られました。これによると、より遠方には小さい（即ち暗い）銀河がかなり多いことがわかり、これまでの10倍近い１兆～２兆個の銀河が存在しているらしいということが分かったのです。天の川銀河の1/100ほどの質量しかない遠くの銀河は、宇宙の過去の姿でもあり、こうした銀河が合体衝突してより大きな銀河に成長してきたという宇宙の歴史を垣間見ていることにもなるのです。

さて、平均的な銀河の星の数をどれぐらいにするのか、悩ましいところですが、例えば100億個とすると、

１兆(10^{12})個×100億(10^{10})個＝100垓(がい)　(10^{22})個

の星がこの宇宙に存在することになります。

いずれにせよ、ハッブル宇宙望遠鏡で見えている銀河の10倍近い銀河がありそうだということは、存在するはずの９割近い銀河はまだ見えていないということで、次世代のジェイムズ・ウエッブ宇宙望遠鏡（JWST）の打上げが待

ち遠しいところです。

本日はデザートとして金平糖をご用意いたしました。直径22cmのボウルいっぱいですが、これでおよそ4,000個。プラネタリウムの半球で肉眼で見られる星の数です。デザートと言うには、結構なボリュームになってしまいました。えっ、天の川銀河の星の数ほどの金平糖が食べてみたいですって……かしこまりました。宇宙料理店はお客様のご要望にはノーとは言いません。ただ、当店の金平糖は直径がおよそ1cmです。すると、直径35mのプラネタリウムドームを金平糖で満たしますと、およそ150億個。よって2,000億個ということは、ラネタリウムドーム13杯分ということになります……残さずお持ち帰り下さいね。

（2018年５月）

ベテルギウスの変光

ようこそいらっしゃいませ。宇宙料理店にようこそお越しいただきました。

巷ではCOVID-19（新型コロナウイルス感染症）の話題ばかりですが、お客様にはお変わりなかったでしょうか。当店でも営業自粛や営業スタイルの変更を経て、ようやく再オープンにこぎつけました。そして、外出自粛などで世間がざわついている間に、オリオン座のベテルギウスの明るさがもとに戻りましたね。この冬の前半（2019年11月頃）から、ベテルギウスは暗くなりはじめ、１月頃には肉眼でも明らかに暗くなっているのがわかり、結構話題になりました。しかし、その頃からCOVID-19禍が世間をおおい始め、明るさが戻りはじめた２月〜３月頃はそれどころではありませんでしたので、多くの方が見過ごされてしまったのではないかと思います。実際の空での確認は秋以降のお楽しみですが、アメリカ変光星観測者協会（AAVSO）では観測データが集められ、その変光の様子が公開されています。

ベテルギウスはこれまでの観測から、質量は太陽の12倍、直径は太陽の900倍ほどの赤色巨星で、もうすぐ（あと100万年以内？）超新星爆発を起こすだろうと考えられています。今回の減光も超新星爆発の前兆ではなかろうか、との説もありましたが、明るさが戻ったところを見るとそうではなく、これまでに分かっていた約６年周期の変光サイクルと、より大きな変光が起こる420日ほどのサイクルが、たまたま一致したことが原因のようです。実際、赤外線での観測ではベテルギウスの外観に有意な変化は見られておらず、中心核の崩壊が差し迫っているわけではないようです[*1]。

こうしたことは、過去からの観測データの蓄積と、今回の変光の様子を追う

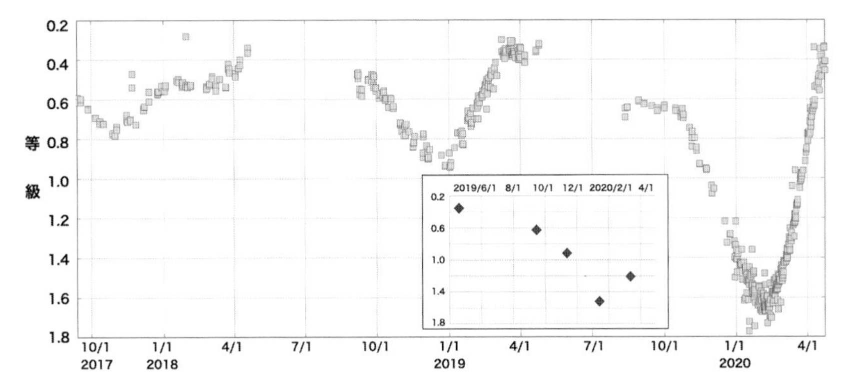

★2017年9月から2020年4月までのベテルギウスの光度変化。四角の中は2ヶ月おきにしかデータがなかった場合。AAVSOウェブサイトの「Light Curve Generator」にて作成（AAVSO）

ことができる観測データがあって始めて理解できることです。ある現象を説明するのに複数の仮説が出された場合、その正しさを判断するためには過不足のないデータが不可欠です。もし今回のベテルギウスの減光で、2ヶ月置きにしか観測出来ていなかったとしたらどうでしょう？　減光したことすら曖昧にしか判断できず、とても上記のような結論には至らなかったと思います。科学的な理解には、過不足のない質の高いデータが重要なのです。

COVID-19の感染拡大においても、毎日のように感染者数や死亡者数がニュースで取り上げられ、そこから陽性率などが計算されたりして、いかにもデータが揃っている感じがしますが、注意が必要です。あの数値は検査によって分かった数を出しているだけであって、サンプルのとり方が偏っていたり、検査自体の数が極端に少ないものであったりすると、全体の傾向を表すものにはなりません。実際日本は欧米に比べて検査数がケタ違いに少ないですし、5月11日には政府の専門者会議のメンバーが「(実際の感染者数が発表された感染者数の) 10倍か、15倍か、20倍かというのは誰にも分からない」と認めています[*2]。

ウイルスは目に見えないだけに、その実態を浮かび上がらすことができるデータはとても重要なはずです。「正しくおそれましょう」と言っても、データが実態を反映した適切なものでなければ、侮ってしまったり逆におそれ過ぎたりしてしまいます。もし実際の感染者がもっと多ければ、抗体を持った人がたくさんいることになりますから、感染の第２波が来てもこれらの人たちが防波堤になってくれるので、割と安心できます。しかし、抗体を持った人が全体の10％以下であれば、かなりシビアに備える必要があるでしょう。偏りのない疫学的に正しい抗体検査が急がれる所以です。（カラー口絵８をご参照下さい。）

一昔前まで天文学では、ケタ（10倍か100倍か）が合っていさえすれば良く、数倍の数値の違いは容認されていました。正確な観測が難しく、地上で確認のための実験なども出来なかったからです。しかし最近は観測技術が格段に向上し、コンピュータ・シミュレーションなどで現象を再現できるようにもなり、ケタが合う程度では許されなくなってきています。そんなサイエンスの時代に、宇宙よりも身近な地上（まさに私達の身の回り）での感染の実態を表す数のケタすら把握できていないのは、何とも奇妙な感じです。

また、数字の鵜呑みにも注意が必要ですね。ソーシャルディスタンスは２mと言われますが、どれくらいの誤差が許されるのでしょう？　1.5mではだめなのでしょうか。そもそもその根拠は？

世界保健機関（WHO）は「咳やくしゃみをしている人との間で少なくとも１mの距離を保つように」と勧告していますし「せきや会話などによって飛散するつばなどのしぶきは、水分の重さで約1 ～ 2m先で落下する」とも言われています。つまり2mはそれに余裕をもたせた数字と理解でき、確かにオーストラリアでは1.5m、米国は６フィート（約1.8m）と目安を定めています。とすると、マスクをしていたり会話をしないような状況では大前提が異なりますから、２mも距離を取る必要はないことになります。「正しくおそれる」ためには「正しく疑う」ことも必要なのでしょうね。

コロナウイルスは、直径約100nmの球形で表面には突起が見られます。その形状が王冠に似ていることからギリシャ語で王冠を意味する「コロナ」が付けられました。しかし、天文ファンとしては、コロナと言えばやはり太陽コロナですよね。皆既日食時に肉眼でも観察できる、高温の薄い太陽の外層大気です。この太陽の周りに見えるオーラのようなものに「コロナ」と名付けたのは、スペインの天文学者ホセ・ホアキン・デ・フェレールと言われていまして、1809年のことです。これに対し、ウイルスの発見は1892年、コロナウイルスが電子顕微鏡で捉えられたのは1964年です。その形状を最初に記録に残したジューン・アルメイダ女史は、「太陽の周りに現れる光の輪（コロナ）に似ている」と記したそうです。この歴史的経緯に敬意を表して「withコロナ」などでなく（大変紛らわしいですよね）、「withコロナウイルス」と省略しないでほしいところです。

本日はコロナウイルスの丸くて３次元的に突起のあるイメージから、新種の金平糖も考えましたが、やはり太陽コロナのイメージで目玉焼きをご用意いたしました。そしてお飲み物は「コロナビール」です。メキシコ産のビールで、ボトルをキンキンに冷やし、カットしたライムを挿して飲むスタイルが定番ですよね。しかし、メキシコでも感染が拡大しており、４月にコロナビールの生産が停止されています。まさにパンデミック、全世界的のあらゆる場所に影響が広がっています。ビールに目玉焼きでは少々もの足りないかと存じますが、まだまだ自粛の途なかばでございます。悪しからずご了承下さい!?

（2020年６月）

＊１　2020年８月には、ハッブル宇宙望遠鏡の紫外線分光観測で、2019年９月～11月にベテルギウスの光球面上を移動する高温高密度の物質があったと発表されています。この物質は星の表面からアウトバーストしたもので、遠く離れるに従って冷えて塵の雲となり、一時的に明るい光球面を遮ったので暗くなったとの説も出されています。

＊２　参議院予算委員会集中審議での尾身茂氏（新型コロナウイルス感染症対策専門家会議副座長）の発言です。

二重××連星

ようこそいらっしゃいませ。宇宙料理店のシェフ、Dr.Nodaでございます。今年の夏はコロナウィルス禍もあって、一段と暑苦しく感じましたね。あのギラギラと輝く夏の太陽を見ていると、本当に一つしかなくて良かったと思ってしまいます。もし連星系で、太陽が二つあったなら……とつい妄想がふくらんでしまいますが、太陽のような単独星は、天の川銀河では少数派で、最近の観測によると多くの恒星が連星か多重星であることが分かってきました。例えば太陽程度の質量の恒星ではおよそ半分が、15倍以上の重い恒星ですと80%以上が連星なのだそうです。

太陽よりも重たい星たちは、その内部での核融合反応が進んでいくと、やがて赤色巨星となり、その質量に応じて白色矮星（太陽質量の８倍まで)、中性子星（太陽質量の８～30倍)、ブラックホール（太陽質量の30倍以上）へと進化していきます。しかも、重たい星ほど進化が速いですから、連星の場合も重い方の星が先に進化して、ブラックホール連星、中性子連星、または白色矮星連星になります。さらに時間が経つと、残りの一つの星も進化して、これも質量に応じてブラックホールなどへと進化します。すると、組み合わせによってはブラックホール同士の連星や中性子星同士の連星ができそうですが、そう単純ではありません。ブラックホールや中性子星になる前に超新星爆発が起こるからです。超新星爆発を起こした星はほとんどの物質を失います。連星系としてみた場合、最初の星の爆発では一部の物質が放出されるのみですが、残りの星が通常の超新星爆発を起こすと、その力学的なバランスが一気にくずれて、連星系を保てなくなる可能性があるからです。

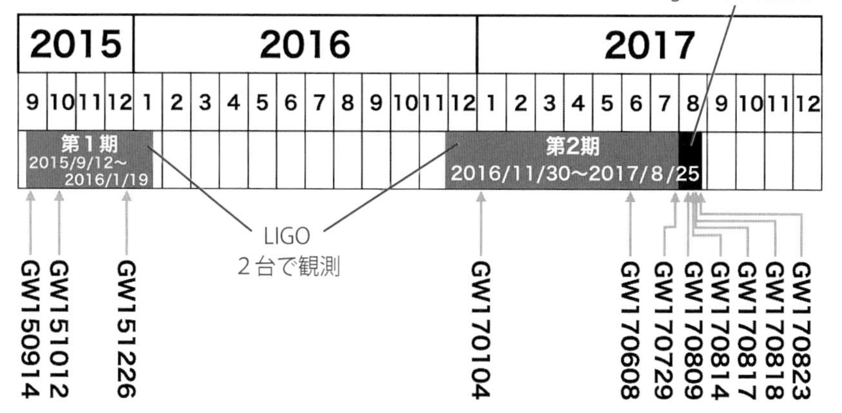

★LIGOの第1期、第2期の観測期間と重力波が観測された11例のイベント。イベント名は、GW（重力波 Gravitational Wave）、西暦年の下2桁、月（2桁）、日（2桁）で表されており、Virgoは2017年8月から観測に加わっている。

しかし、2015年にブラックホール同士の合体による重力波がLIGO[*1]によって観測されました。これは、一般相対性理論によりアインシュタインが予測した重力波が、100年の時を経て本当に観測されたと大変な話題になりましたね。それだけでなく、ブラックホール同士の連星が理論的な可能性だけでなく、10億光年以上離れたとある銀河で本当に存在していて、その合体の瞬間（10億年以上前に起こった瞬間を10億光年以上離れたところで観測した）をLIGOの正式な観測2日目にして捉えたという、偶然にしては出来すぎな現象でした。その後の約4ヶ月間の第1期と約9ヶ月間の第2期の観測で、10例のブラックホール同士の合体と1例の中性子同士の合体が確認されました。13ヶ月で合わせて11例。これはかなりの頻度ですね。

つまりブラックホール同士や中性子星同士の連星は結構残りやすいようです。後から超新星爆発を起こす星は、先の爆発で作られたブラックホールや中性子星の強い重力で、水素やヘリウムからなる星の外層をほとんどはがされます。どうやらこの状態で超新星爆発を起こしても、連星系がこわされるほどにはならないようなのです。また、合体前のブラックホールの質量が太陽の数10倍もあったことがわかってきましたが、（カラー口絵10をご参照下さい。）元の星はさらにその10倍近くの大質量を持っていたことになります。そんな大質量星が本当に存在できるのか、１回の超新星爆発で出来たのではなく、複数回のブラックホール合体でこの質量になったとしたら、そこはどんな環境（星が密集する星団？）なのか、合体で出来たより重いブラックホールもまた合体することがあるのか……まだまだ謎だらけです。アメリカのLIGOだけでなくヨーロッパのVirgo[*2]や日本のKAGRA[*3]も加わって、重力波の観測が精力的に続けられています。見つかる頻度が上がると珍しくなくなって、あまり話題に上らなくなりますが、重要度は逆です。ありふれた現象こそが宇宙を理解する上で欠かせないものなのです。

ちなみに「ブラックホール連星」は、ブラックホールとの連星のことで、相手は普通の星だろうとブラックホールだろうと構いません。片方がブラックホールならブラックホール連星、中性子星（パルサー）なら中性子星（パルサー）連星と呼ばれます。では、ブラックホール同士や中性子星同士の連星は良いネーミングはないのでしょうか。これには語順を変えて、連星ブラックホールとか連星中性子星がありますが、大変紛らわしいですね。この用法に倣うと、ブラックホールと普通の恒星の連星は、「連星ブラックホールではないブラックホール連星」ということになります……

こうした混乱を軽減するため、日本天文学会のインターネット天文学辞典[*4]（http://astro-dic.jp）では、「二重ブラックホール連星」「二重中性子星連星」を採用しています。

さて、料理でも語順が変わるとガラッとイメージが変わるものがあります。「焼きなす」とか「揚げ豆腐」では調理法が先、素材があとで名前からモノが想像しやすいです。これが「たこ焼き」「鉄板焼き」となると、必ずしも素材と調理法という関係ではなくなります。違和感なく使い慣れてる方もいらっしゃると思いますが、日本語を学ぶ人にとっては紛らわしいでしょうね。そこで今回は焼きダコを使ったたこ焼きをご用意いたしました。たこ焼きでタコのプリプリ感を楽しんで頂くには生ダコが一番なのですが、今回は食感より語感を大切にしてみました。「焼きダコ入りたこ焼き」略して「焼きたこ焼き」です。

そう言えば、ブラックホールは「星」ではありませんから、そもそもブラックホール同士の連星というのも矛盾していますね……

（2020年９月）

＊１　LIGO：Laser Interferometer Gravitational-Wave Observatory。米国の重力波検出器で、ルイジアナ州のリビングストンとワシントン州のハンフォードの２つの観測所に設置されているＬ字型構造をしたレーザー干渉計です。

＊２　Virgo：イタリア、フランスなどヨーロッパの６か国の研究所による重力波検出プロジェクト。イタリア・ピサのカシーナに基線長3kmのレーザー干渉計が設置されています。

＊３　KAGRA：岐阜県飛騨市にある神岡鉱山の中に建設された日本の大型低温重力波望遠鏡。2020年２月から観測を開始しています。

＊４　インターネット天文学辞典は、日本天文学会が製作し2018年４月から公開・運用されています。天文・宇宙に関する3,000以上の用語を該当分野の研究者が執筆している信頼性の高い辞典です。カラー画像や動画も豊富で、最新の情報などが随時更新されている「生きた」辞典ですので、天文用語で何か調べたいと思ったら、まずここがオススメです。

銀河・銀河団編

銀河の渦状腕

いらっしゃいませ。宇宙料理店にようこそ。

秋晴れの良い天気が続いていますね。こんな月の出ていない、初秋の宵の空では、天の川を天頂あたりに見ることが出来ます。光害のない空のきれいなところでは、ぼんやりとした帯状に地平線までつながって見え、中国では銀河または銀漢（漢は中国の大河「漢水」のこと）、英語圏ではミルキーウェイ（Milky Way）と呼ばれたりしています。これは怪力ヘルクレスが赤ん坊の時に女神ヘラの乳房を強く握ったため、ほとばしった母乳が天の川になったというギリシア神話がもとになっており、洋の東西を問わず液体の流れをイメージしていたようですね。

この天の川の正体が星の集まりであることを最初に発見したのがガリレオ・ガリレイです。2009年はガリレオが望遠鏡を宇宙に向けてから400年、世界

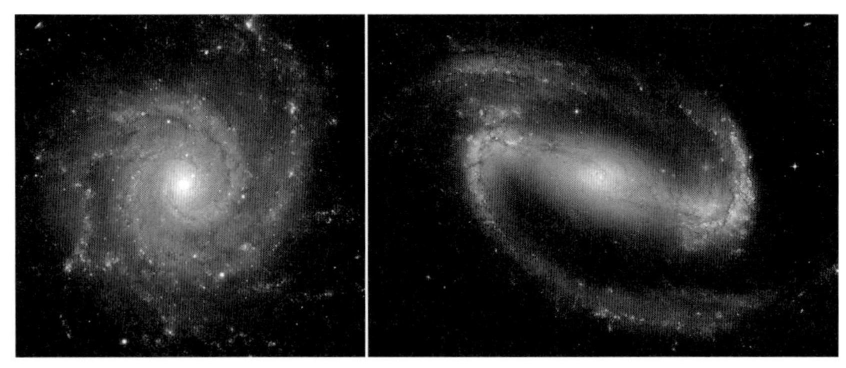

★渦巻き銀河（M74：左）と棒渦巻き銀河（NGC1300：右）
(M74; NASA, ESA & GMOS Commissioning Team (Gemini Observatory)/NGC1300; NASA, ESA & Hubble Heritage Team (STScI/AURA))

天文年ですね。そして今ではこの天の川が太陽系を含む銀河系の姿であるとわかっています。銀河系の直径は約10万光年。およそ２千億個の恒星とその１割ほどの質量を持つガスが円盤状に広がっています。太陽は銀河円盤のはずれ、中心から2.8万光年ほど離れた薄い円盤の中に位置しており、この円盤の中から銀河系を真横から眺めた姿が天の川なのです。そんな関係から、私たちのいる銀河系のことを「天の川銀河」と呼ぶこともあります。

その中にいる私たちにとって、天の川銀河（銀河系）全体の姿をイメージすることは結構大変です。それは鏡のない世界（宇宙には天の川銀

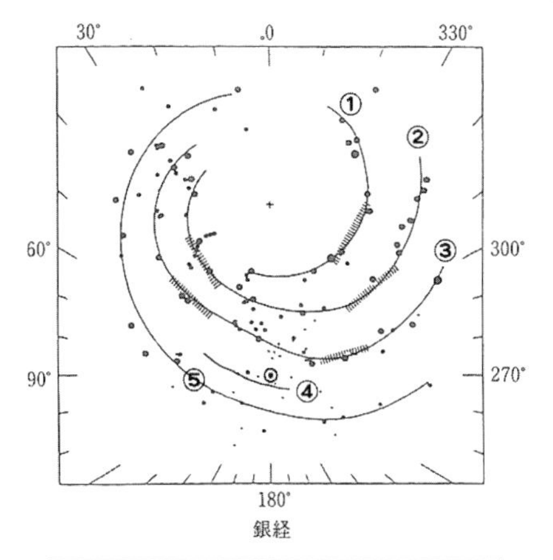

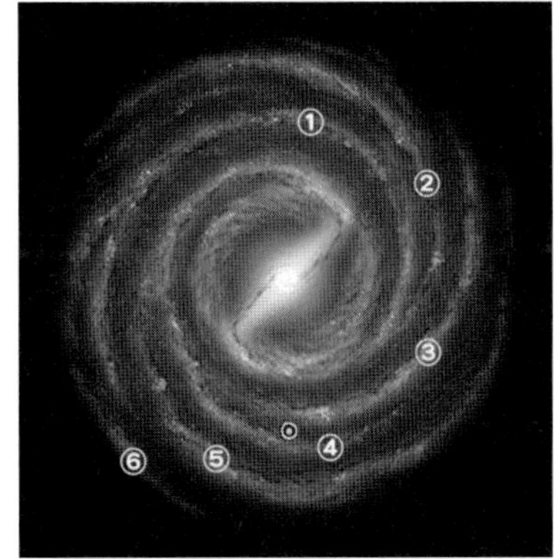

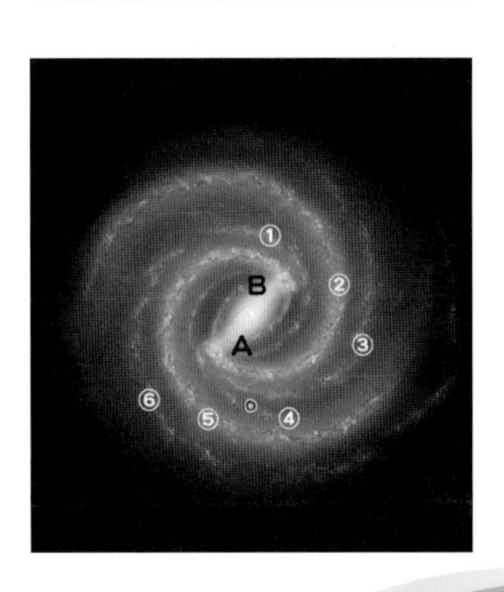

★研究者が考えた銀河系イメージの変遷

20 世紀後半（上）
2005 年頃（中）
2008 年現在（下）

① じょうぎ座腕
② たてーケンタウルス腕
③ いてーりゅうこつ腕
④ オリオン腕（あまり目立たない）
⑤ ペリセウス腕
⑥ 外縁腕（あまり目立たない）
A バルジの太陽に近い側
B バルジの太陽より遠い側
⊙ 太陽

「銀河系と銀河宇宙」岡村定矩、東京大学出版会、スピッツアー宇宙望遠鏡イラストレーション・アーカイブ画像
（NASA/JPL-Caltech）より

河を映す大きな鏡はありません）で、自分自身の姿を知る難しさにも例えられます。自分の姿は自分から離れて見られない以上、鏡がなければ直接見ることはできません。各部を触ってみたり、(同じ人間なら自分と大差ないだろうと考えて）周囲の人の顔を見たりして、自分は鼻が高いとか目が小さいのではないかと想像することになります。天の川銀河も同じで、星の分布や動きを観測したり、遠くの他の銀河たちの全体像を見比べて、その姿を想像しているのです。

さて、太陽系近傍の明るい星を調べると円盤面上におおよそ３列に並んでいます。一方、他の渦巻き銀河の観測から渦巻きの腕（渦状腕）にそって明るく寿命の短い星が分布していることがわかっています。すると天の川銀河のこの３つの列は、３本の渦状腕と考えても良さそうです。内側の腕を「いてーりゅうこつ座腕」（図中③）、太陽系を含む列を「オリオン座腕」（または局所腕 図中④)、外側のものを「ペルセウス座腕」（図中⑤）と呼んでいます。いずれも、これらの腕に含まれる星の集団が、その星座の方向に見えることから名付けられていますが、オリオン座腕はあまり目立っていません。電波によるガスの観測からも腕構造は確認されており、さらに内側に「じょうぎ座腕」（図中①)、「たてーケンタウルス腕」（図中②)、外部には「外縁腕」（図中⑥）があると考えられています。

また、円盤部には星間ガス雲がたくさんあり、その中に含まれるチリが光を吸収したり散乱したりするため、可視光では銀河系の全体像はおろか中心付近の様子も調べることが出来ません。より波長が長く吸収されることが少ない赤外線や電波を使った観測によって銀河中心を見通したり、天の川銀河全体の様子を知ることが出来るのです。これらの観測によると、中心部にはバルジと呼ばれる細長い楕円体状に星が集中している部分があり、その東側（銀経が小さい側、図中A）の方が西側（銀経が大きい側、図中B）より系統的に近い星が多いことがわかっています。これは銀河系が中心部に傾いた棒状構造を持つ棒渦巻き銀河であるとすると説明がつきます。

最近は、赤外線天文衛星スピッツアーの中間赤外線での観測から何と1.1億個もの恒星が調べ上げられ、銀河系は他の棒渦巻き銀河同様、バルジの両端から２本の渦状腕が発達した銀河であるとのイメージがかたまりつつあります。2005年頃は目立つ腕が４本の、ちょっと変わった銀河と考えられましたが、いて－りゅうこつ座腕とじょうぎ座腕の２本の腕はガスは多い（電波では明るい）が星の数はそんなに多くないことがわかり、今年になって２本腕にその描像が修正されています。

本当にこんな立派な姿をしているのであれば、一度外から眺めてみたいものですね。そして、太陽系付近の回転速度は秒速およそ220km。2.4億年で天の川銀河を一周することになります。気の遠くなる時間のようですが、太陽系の年齢を考えると、我々は既に天の川銀河を20周ぐらい回ったことになります。

そんな最新の銀河像をイメージしながらロールケーキを作ってみました。卵と砂糖、小麦粉でスポンジ生地を作り、その表面に厚めにクリームを塗るところまでは普通のロールケーキと同じです。しかしそのまま巻いてしまうと、普通の渦の形にしかなりません。そこで生地を半分に切り、片方を裏返しにして端を３センチほど重ねます。あとは型くずれしないように、クリーム面に気をつけて巻き込めば、重ねた部分が２倍の厚さのバルジとなり、両端から腕の出た模様が出来上がります。

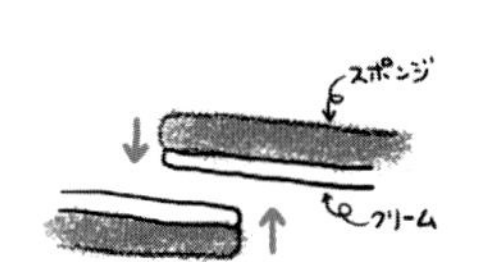

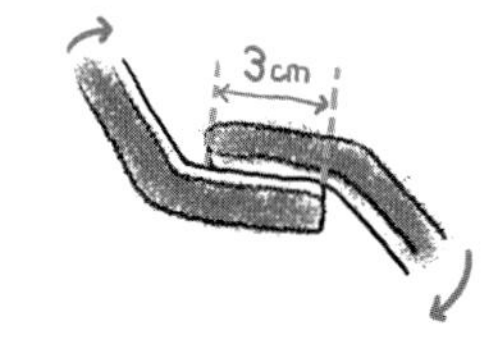

今回は神話にちなんでクリームに母乳を加えてみました。これぞまさにミルキーウェイ・ロール、ほんのりとした天然の甘みをご堪能下さい。えっ、JAS法に基づく加工食品品質表示基準に従って製造元が知りたいですって……そんなプライベートな質問は、お答え致しかねます。

（2008年９月）

ブラックホール

いらっしゃいませ。宇宙料理店へようこそ。

私、シェフのDr.Nodaでございます。宇宙の話の中には赤方偏移やブラックホールといった耳慣れない言葉や、不思議な現象が出てくることがあります。宇宙をおいしく味わっていただくために、そんな素材を口当たり良くご紹介するのが当店のモットーで……と前口上を述べていながら、当のブラックホールは扱ってまいりませんでした。しかし、今年（2013年）の夏はブラックホールが話題になりそうです。

我々の銀河系の中心部には「いて座A*（エー・スター）」と呼ばれる太陽の370万倍の質量を持つ巨大なブラックホールがあると考えられているのですが、そのブラックホールの周りを回っているガス雲が、2013年7月にブラックホールに最接近すると予測されているのです。その一部または全部がブラックホールに落下すると、いて座A*は爆発的に輝くかもしれないと期待されています[*1]。

そもそもブラックホールとは、重力が強すぎて物質だけでなく、光すら出てくることが出来ない天体です。例えば、地球の重力を振り切って宇宙に出ようとすると、秒速11km（時速で約4万km！）の速度が必要です。地球の約33万倍の質量の太陽では脱出速度は秒速620kmとなり、重くてコンパクトな天体ほどその重力を振り切るために大きな速度を必要とします。より重くなると脱出するための速度がどんどん速くなり、やがては光速を超えてしまうことになります。つまり、表面からの光は重力に引き戻されて我々まで届くことができなくなってしまいます。光が来なければその天体は見えません。まさに「黒い穴」のように見える（見えない？）ことでしょう。

★「いて座A*」に落下するガス雲のシミュレーションの1シーン。
図は2021年の予想で、中央の光っている部分が「いて座A*」。軌道が描かれているのはブラックホールを回っている星たち。左手に引き延ばされたガス雲があり、その一部がブラックホールに落ち込んでいる。（ESO/MPE/Marc Schartmann）

実際にはそれほど単純なものではなく、ブラックホールを考えるにはアインシュタインの一般相対性理論が必要です。相対論によれば、重力によって時空は曲げられます。光は時空の中を直進しますが、その時空間自体が曲がっているので光の進路も重力の強いところでは曲げられてしまいます。重力が強いともっと光の進路は曲げられ、ついにはそこから外向きに光を発しても、時空にそって進むうちに内側に曲げられてしまい、外に出られなくなってしまいます。これがブラックホールなのです。

この光さえ出られない（従って情報が一切やって来ない）領域と、宇宙のそれ以外の領域を隔てる境界は「事象の地平面」と呼ばれ、ブラックホールの大きさとして使われます。例えば太陽と同じ重さの天体を小さく潰し続けることが出来たとしたら、直径6kmが事象の地平面（ブラックホールの大きさ）になります。地球に至っては、わずか17mmまでつぶさないとブラックホールにはならないのです。

こんなブラックホールにもし近づきすぎてしまったら、どんなことになるでしょうか。ブラックホールの中心に向かって足から落ち始めた場合を考えてみ

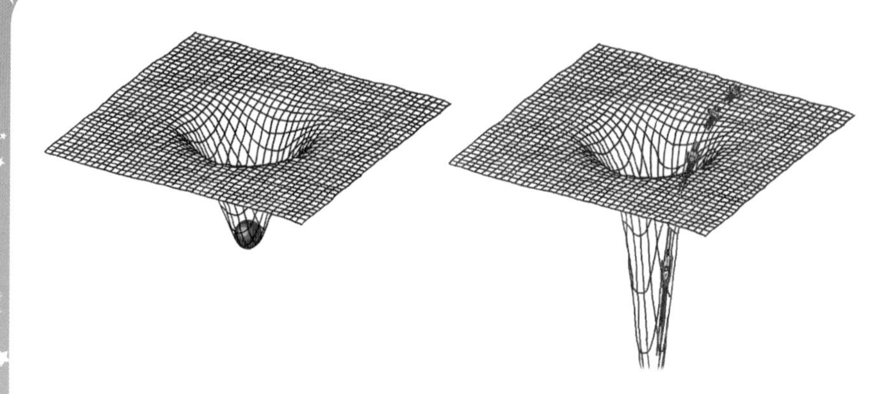

★重力によって曲げられた時空のイメージ。質量に応じて時空の曲がりが大きくなり（左）、ブラックホール（右）では際限なく時空がゆがんでいる。そこに落ちていくと、縦方向に引き伸ばされてしまう（スパゲティ化）。

ましょう。ぐんぐん引き寄せられて、重力は加速度的に増加していきますが、落ちていく人は重力そのものは全く感じません。自由落下状態なので単に無重力状態にあるからです。しかし、中心に近づくに従って「潮汐力」をより強く感じるようになります。地球上で潮の満ち引きが起きるのと同じ力です。大きさのある物体では、重力源に近い側と遠い側では重力の大きさが違います。この場合は頭より足の方がブラックホールに近いので、足の方がより強い重力を感じます。この差が縦に引き延ばす力（潮汐力）となるのです。重力は距離の２乗に反比例し、潮汐力は距離の３乗に反比例します。ブラックホールに近づけば近づくほどこの潮汐力は強くなり、やがて物体を保っている分子結合の強さを超えてしまいます。すると体は真っ二つに裂かれ、裂かれたものがまたさらに引き裂かれ……ついには有機分

★普通の星と連星系になっているブラックホールの想像図。ブラックホールの周りには高温の降着円盤ができている。（ESA, Hubble）

子の破片にまで裂かれてしまうことになるでしょう。こうして細く引き延ばされる現象は英語でspaghettification（スパゲティ化）とも呼んでいます。

お食事前にこんな話を、とお思いかもしれませんが、大丈夫です。皆様がブラックホールから離れた場所で見ていても、そんなおそろしいシーンを目撃することは多分ありません。物体が事象の地平面に近づくにつれて、どんどん遅くなっていくように見えるからです。相対論的効果により、曲がった時空では時間の進み方が遅れるように見えるため、観測者からはブラックホールに落ちていく物体は、落下が徐々にゆっくりになり最終的に事象の地平面の位置で永久に停止するように見えるのです。同時に、物体から出た光は重力場の外へ向かうにつれてエネルギーを失い、波長がだんだん長くなっていきます。つまり落ちていくにつれて次第に赤くなっていき、やがては赤外線や電波でしか見えなくなってしまうのです。

ブラックホールは光やその他のエネルギーを一切出していないので、直接見つけることはできません。しかし、ブラックホールが普通の星と連星系をなしている場合は別です。相手の星からのガスが、ブラックホールの強力な重力に引っ張られ、その中に落ち込んでいきます。この時ガスは、ブラックホールの周りを回りながら速度を上げて落ち込んでいくので、ガス同士の摩擦で温度が上がり、高温高密度の円盤（降着円盤）となります。100万度を超えるほどになった円盤は、エックス線を放射するため、ブラックホールはエックス線天体として観測される可能性があるのです。この夏、銀河系の中心部でもこれと同様な、しかももっと大規模なガスの降着によるエネルギー放出が起きると考えられているのです。

さて、きょうは打ち立てのパスタをご賞味いただきたく、デュラム小麦100%の生地をご用意いたしました。こちらはLHC[*2]社のパスタメーカー。高エネルギー実験で作られたマイクロブラックホールを閉じ込めた試作品です。生地を小さくちぎって投げ込むだけで、ブラックホールの強い重力でだんだんと引き延ばされ、まさにスパゲティーのパスタが出来上がります。適当なところでうまくすくい出すのがコツです。事象の地平面内に入ってしまうと永遠に取り出すことができなくなるのでご注意下さい。

えっ、それ以前になかなか細くならないですって。そりゃ近づくほど時間の進みが遅くなりますから……申し訳ありませんがお急ぎでしたら少し手前で取り出して頂き、パッパルデッレ（太麺の一種）でお召し上がり下さい。

（2013年５月）

＊１　その後、「G2」と呼ばれるガス雲が予想通りブラックホールに近づきましたが、吸い込まれることなく通り過ぎた様子が観測されました。よって、期待されていた増光現象は起こりませんでした。

＊２　CERNの大型ハドロン衝突加速器（LHC）とは何の関係もありません。念のため。

アンドロメダ銀河

いらっしゃいませ。宇宙料理店でございます。

今日も真っ青に晴れわたった、気持ちの良い一日でしたね。こんな日には山奥へまいりますと、ほぼ頭の真上に、あのアンドロメダ銀河が肉眼でもぼんやりと見えます。淡い天体は、しっかりとその方向を見て視野の真ん中で見るのではなく、ちょっと外れた方に視線を向けながら目の端で見ると、確かに見えてきます。私も初めてアンドロメダ銀河を肉眼で見た時は、まさに「星雲」という呼び方がふさわしいと感じると同時に、250万年前の光をこの目で見たという事実に、お尻の穴がむずかゆくなるような不思議な感覚に襲われたことを憶えています。

近年の望遠鏡や写真技術の発達によって、その渦巻き銀河の姿が鮮明に捉えられるようになりましたが、21世紀になって私たちは、さらに驚きの映像を見ることができるようになりました。まずは日本のすばる望遠鏡。すばる望遠鏡の特徴は、8.2mもある世界最大級の口径と、その主焦点（副鏡のあるところ）に視野の広いカメラ[*1]が備え付けられていることです。その視野は、横18分角、縦25分角。満月のほぼ半分を一度に、大口径の高解像度を生かしたままで撮影することが出来るのです。この特徴が遺憾なく発揮されているのが、アンドロメダ銀河の南西部を撮った画像です。（カラー口絵11をご参照下さい。）左上がアンドロメダ銀河の中心方向で、各星から縦に伸びる線は、その星が明るすぎる(！)ためにあふれ出てしまった光のにじみです。頭の中で画像処理をして、この線は無視して下さい。口絵カラー画像の左上から右下にかけて、色が全体的に黄色から青色に変わっていくのがおわかりいただけるでしょうか。この色の変化は、星の形成や進化の歴史を反映しています。銀河の中心方向（左

★アンドロメダ銀河（距離 250 万光年）の全体像と、すばる望遠鏡で撮影された拡大像。カラー画像は口絵 11 を参照。（国立天文台）

上）には、アンドロメダ銀河が作られた頃に出来た年老いた星（温度が低く、オレンジから黄色で光っている）が多く残っているので、全体的に黄色に見えているのに対し、銀河の周辺部（右下）では、現在でも星が生まれつつあるので、若い星の出す青白い光が見えているのです。チリが濃く集まった暗い帯状の吸収帯の細かい構造や、若い星の強い光で電子をはぎ取られた水素ガスが出す赤い光（Hα線）も鮮明に見えています。

天の川銀河とアンドロメダ銀河は良く似ているとも言われていますので、天の川銀河も外から見るとこのような形をしているのでしょう。この画像を天の川銀河だと思いますと、私たちの太陽は天の川銀河の少し外れに位置していますので、画像中央付近の光のしみを構成する星のひとつということになるのでしょう。

一方、ハッブル宇宙望遠鏡ではアンドロメダ銀河のハロー領域を撮影しています。ハロー領域は、銀河の円盤部を丸く取り囲んでいる領域で、球状星団などの年老いた星が多いと考えられています。撮影された範囲は3.1分角と、すばるの画角に比べましておよそ1/47と大変狭いですが、84時間の露出で限界等級30.7等という、これまで撮られた天体写真の中でも最も暗いものが写っています。アンドロメダ銀河までの距離を考えますと、絶対等級が６等程度の普通の星まで写ってしまっているという、すさまじいものなのです。この画像から約22万個のハローの星々を選び出して調べたところ、年老いた星ばかりでなく、若い星も多く含まれていることがわかりました。このことから、アンドロメダ銀河は別の銀河と数十億年ほど前に衝突したのではないかと考えられています。

またこの画像の背景にはアンドロメダ銀河のハロー領域をすかして、数千もの銀河が写っています。250万年前の銀河の向こうに10億光年、100億光年かなたの過去の宇宙が重なって見えているのです。

★ハッブル宇宙望遠鏡で撮影されたアンドロメダ銀河のハロー領域（NASA, ESA and T.M. Brown (STScI)）

さて、透けて見えるものといえば､ふぐの刺身。本日は三重県阿児町で水揚げされました新鮮な安乗（あのり）のとらふぐを使った「ふぐづくし」をご用意いたしました。まず刺身を、おはしでつまんでみて下さい。抜けるような白身は、まさに向こうが透けて見えるようです。そう言えばとらふぐの姿は流線型というか楕円形というか、銀河の姿を連想させますね。銀河の中心には巨大なブラックホールが隠れており、近づいたものは帰ってくることの出来ない禁断の領域です。ふぐの「きも」にも猛毒が含まれており、手を出したものは二度とこの世に帰ってくることのない禁断の領域をその身の内に含んでいます。また､銀河の円盤部は新しく星が生まれている、渦巻き銀河の中でも新鮮な場所です。ふぐで言えばまさに身の部分。ぶつ切りにした新鮮な身を「てっちり（ふぐ鍋）」としてお召し上がり下さい。そしてアンドロメダ銀河の外縁、ハロー領域には年老いた星のみならず若い星も含まれており、違った成分が程良く混ざり合っていることがわかりました。ふぐの

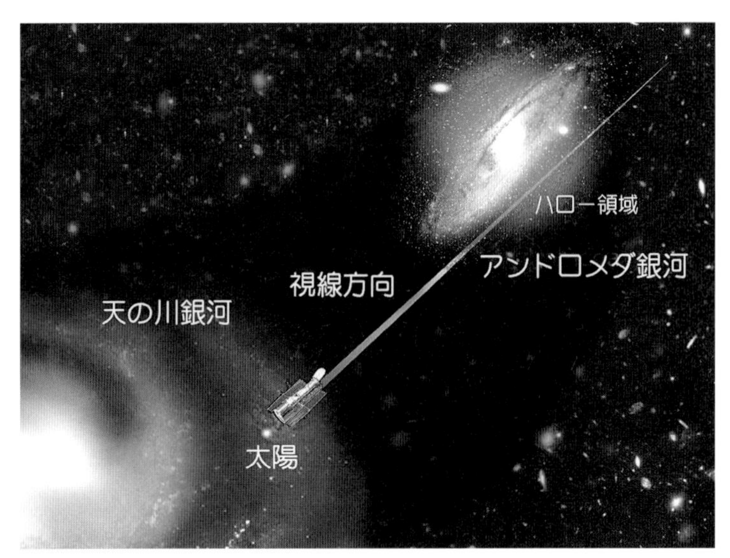

★アンドロメダ銀河のハロー領域を透かして、さらに遠方を撮像するハッブル宇宙望遠鏡の概念図（NASA and A. Feild (STScl) より）

外縁、「ひれ」には多様な成分が混じり合ったうまみが含まれています。ひと肌程度に温めました燗酒をご用意いたしましたので、ひれを浮かべてしばしお待ちいただきますと、濃厚な「ひれ酒」に生まれ変わります。

お気に召していただけましたら、次回は是非グループでお越し下さい。数十人の銀河群コース、数百人の銀河団コース、さらに数千人の銀河の泡構造コースと、お値打ちなコースをご用意させていただいています。

（2003年11月）

＊1　すばる望遠鏡に当初から搭載されている広視野カメラSuprime-Cam（シュプリーム・カム）。2013年以降は、この後継機として開発された113個のCCD素子で構成される超広視野主焦点カメラHyper Suprime-Cam（ハイパー・シュプリーム・カム, HSC）に置き換わっています。

銀河のでき方

いらっしゃいませ。宇宙料理店へようこそ。私、シェフのDr.Nodaでございます。当店では宇宙をおいしく味わっていただくために、難しそうな物理用語や不思議な宇宙の現象を口当たり良くご紹介するのがモットーでして、これまで「ダークマターまん」とか「クエーサー・ドーナッツ」などを作って参りました。皆さんにごひいきにしていただいたおかげで、ようやくお店も軌道に乗ってきたところでございます。

ところが先日、驚きました。なんとあのアメリカ航空宇宙局、NASAが宇宙料理のレシピを公開したのです[*1]。タイトルは、

“How To Bake a Galaxy：銀河の焼き上げ方”。

当店の秘伝に類するものが公開されてしまったのかとあせりました。しかし、そんな心配の必要もなかったようです。NASAが公開した銀河の作り方のレシピはいたってシンプルでした。

・大量のダークマターを用意します。

・次にガスを注ぎ込み、かき混ぜます。

・この生地をじっくり寝かせます。

・しばらくすると銀河が浮かび上がってきます。

これだけです。これでは実際に作りようがありませんね。正直ホッといたしました。

そもそも、銀河は星の大集団です。しかしそれは可視光で見た場合の話です。そこには自ら光を発しないチリやガスも含まれており、銀河系のような渦巻き銀河の場合には、これらのチリやガスから新たに星が生まれています。しかし、銀河の本当の主役は、可視光はおろかどんな電磁波でも観測できないダークマ

ター（暗黒物質）です。X線でも電波でも観測できなければ、その存在を知りようがないはずですが、目に見える物質と同じように質量を持っていますので、普通の物質との重力作用からその量を推定することが出来るのです。銀河内でのその分量は、普通の物質の数倍～10倍です。これだけのダークマターがあったからこそ、ガスが集まり、その中で銀河が生まれることができたのです。ちょうど生地を膨らませてパンを形づくるのに、陰の主役イースト菌が必要であるのと同じように、ガスを収縮させて銀河を作るにはダークマターが不可欠だったのです。

多くの銀河が出来たのは何十億年も前です。その頃の様子を知るためには、何十億光年離れた深宇宙を観測しなければなりません。そんな遠くの銀河は暗くしか見えないはずなのですが、爆発的な星生成のために明るく輝いている、生まれたての銀河もあります。ただし、これらの銀河には大量のチリやガスが含まれているので、星からの光は吸収されてしまい、可視光では明るく見えません。しかし、光の吸収によってあたためられたチリが再放出した赤外線で、とんでもなく明るく見えているのです。この「ウルトラ赤外線銀河」の明るさは、太陽１兆個分にも相当します。普通の銀河は太陽100億個分程度の明るさですから、普通の銀河を100個近く集めてそのエネルギーをほとんど赤外線に寄せ集めたような銀河なのです。

これらウルトラ赤外線銀河をスピッツアー宇宙赤外線望遠鏡で数百個観測し、その分布の様子から周りにあるはずのダークマターの量を調べたところ、どの銀河の周辺にも、なんと太陽10兆個分！　にもなるダークマターがあることがわかりました。これよりダークマターが少ないものはひとつもなかったのです。きっと質量の小さいものは、銀河になり損ねてしまったのでしょう。

もちろんウルトラ赤外線銀河は特別な銀河なので、全ての銀河が太陽の10兆個分のダークマターを必要とするわけではありません。しかし、太陽数千億個～１兆個分程度のダークマターはどの銀河のレシピにも必要とされるのでしょう。

さて、当店には宇宙料理用の特製機材がそろっておりますので、NASAのレシピに沿って銀河を作ってみましょう。まずは「ダークマターまん」を作るときに使った未知物質収集圧縮装置でダークマターを集めます。さすがに太陽質量の10兆倍は無理なお話ですので、1kgほどにしておきましょう。これを水素ガスに混ぜ合わせますが、ダークマターを100、水素ガスを１の割合にし、チリを少々加えておきます。これを特製スケールダウン再現容器の中に密封して静かに置いておきますと、自己重力によるガスの凝縮がテーブルサイズのスケールで発現いたします。ただし、時間を短縮することは出来ませんのでお気をつけ下さい。そのまま数億年ほどお待ちいただきますと、重い星から核反応が始まり、やがて銀河が浮かび上がって参ります……

（2006年７月）

＊１　https://www.nasa.gov/vision/universe/starsgalaxies/spitzerf-20060615.html

銀河団

いらっしゃいませ。宇宙料理店でございます。

暑い日が続きますね。こんな時期は蒸し暑い名古屋から離れて、涼しい山や海へゆっくりと出かけたいと毎年思うのですが、なかなか果たせません。今年（2004年）は８月16日が新月になりますから、お盆の頃にペルセウス座流星群（今年の極大予想は12日～13日）もかねて出かけられたら最高ですね。８月中旬の22時頃には天の川が頭の真上を通過していきますので、都会を離れた際にはこれも見ておきたいところです。頭の真上から南西へ延びる夏の天の川は、天の川の中でも明るく川幅の広いところにあたります。

天の川は銀河系を、その中にいながらにして見ている姿ですね。銀河系（天の川銀河）には１千億～２千億個の星が渦を巻いて円盤状に集まっています。直径はおよそ10万光年で、私たちはその中心から３万光年ぐらいはずれた、銀河のいなか？　におります。その銀河のはずれから周囲を見渡すと、ぐるりと円盤にそった方向は星が多く、特に銀河の中心方向はその厚みが深い分だけ星が密集して見えます。これがいて座の方向の夏の天の川なのです。

私たちの銀河系のような星の集団を銀河と呼びます。「銀河系」は私たちの銀河を表す固有名詞、「銀河」は一般名詞、ちょっとややこしいですね[*1]。銀河はその形から渦巻き銀河、ラグビーボールのような楕円銀河、形の定まらない不規則銀河と分類されます。また、集まっている星の数が少ない矮小銀河などもあります。数個～十数個の銀河が寄り集まって銀河群となり、銀河系もお隣の銀河といわれるアンドロメダ銀河（M31）と、その周りを取り巻く十数個の矮小銀河からなる銀河群を作っています。

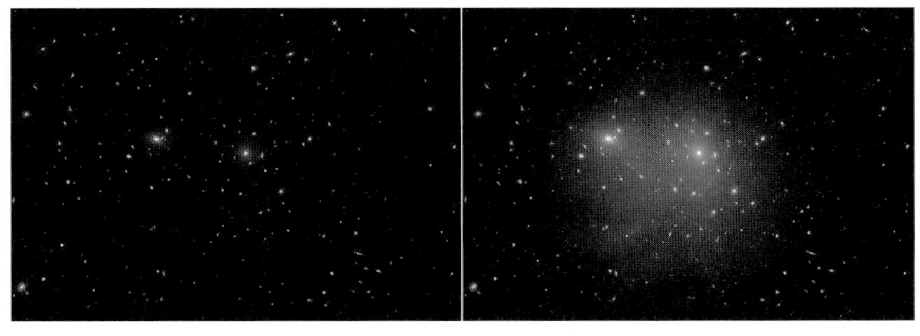

★かみのけ座銀河団の可視光像（左）とX線を重ねた画像（右）。
画像の中央付近に銀河団中心部の巨大楕円銀河が2個（NGC4874（右）とNGC4889（左））見えており、その周辺に点在する広がりを持った点はほとんどがかみのけ座銀河団の銀河である。この銀河団の中にX線を出す高温ガスが閉じ込められている。（X線：NASA/CXC/Univ. of Chicago, I. Zhuravleva et al, 可視光：SDSS）

さらに銀河が集まった、数十個から数百個の集団が銀河団です。光の観測では銀河たちしか見えていませんが、その周囲には高温のガスや、見えない物質「ダークマター」が大量に存在しています。高温のガスの温度は、１千万度〜１億度と非常に高いので、X線を出します。よって、X線の観測衛星などでその様子を調べますと、薄いとはいえガスは銀河団全体に広がっていますから、その全質量は、銀河全部を合わせた質量を上回っていることがわかります。また、この高温ガスが銀河団の外へ飛び散っていかないようにするためには、これら「目に見える物質」を合わせたものの、さらに10倍程度大きな質量を持つ「見えない物質」が必要となります。銀河団の成分の量を表すと、

ダークマター　>　銀河間空間に広がる高温ガス　>　銀河

となっているのです。星が集まって銀河を作り、銀河が集まって銀河群や銀河団となります。さらに銀河群や銀河団が超銀河団や宇宙の大規模構造を作ります。このように宇宙は階層構造をなしており、私たちは光で見える天体がその主役と思いがちですが、実は銀河や銀河団の周辺には光の観測ではわからない物質が大量に存在しており、それが宇宙のありようを決めているのです。

そこで今日は、周辺に広がっているモノをいつも以上に感じていただくために、すいかをご用意いたしました。お皿にのるくらいのミニチュアすいかです。

当店が品種改良にも積極的に関わった、こだわりの一品でございます。まずは卓上ナイフで半分に切ってみてください。すいか特有の甘い香りがただよって参ります。夏はやっぱりこの香りですよね。そして中には大粒のタネが目をひきます。いつもは邪魔ものとばかりにスプーンでかき出してしまうところですが、赤い実の丸い断面に存在感を主張するタネを眺めておりますと、タネが銀河、赤い実がその周辺のダークマターに見えてきませんでしょうか。

お隣の方のすいかとも見比べてみてください。タネの個数、分布の様子ともに違っているはずです。個体ごとに違ったパターンのタネをつけるところが、この品種のみそでございます。さしずめタネが多いのは「銀河団すいか」、タネが少ないのが「銀河群すいか」といったところでしょうか。中心近くにひとまわり大きなタネがあるものもございます。銀河団の中には、複数個の銀河の合体によってできたと考えられている巨大な楕円銀河を中央付近に持つものもありますよね。

いくつか切っていただきますと、銀河が誕生せずダークマターのみの「種なしすいか」もございます。一瞬ハズレをひいたような損をした気分になりますが、実は一番実が多くて食べやすいものでございます。えっ、「じゃあ何でわざわざ種が大きく食べにくい品種を作ったのか」ですって？　そっ、それは……

（2004年７月）

＊１　英語でも一般の銀河は「galaxy」、太陽系が属している銀河はこれと区別して「(the) Galaxy」あるいは「(our) Galaxy」と表記され、これもややこしいです。そこで近年英語では、私たちの銀河の一部が天の川として見えていることから、「銀河系」を「Milky Way Galaxy」とする表記が増えてきており、これに合わせて日本語でも「銀河系」より「天の川銀河」を当てることが増えてきています。

クエーサー

いらっしゃいませ。宇宙料理店にようこそ。

空気の澄んだこの季節は、望遠鏡を使って淡い天体を眺めてみるのもいいものですね。出来るだけ遠くの天体を見てみたいなら、クエーサーがおすすめです。「クエーサー（quasar）」は準恒星状電波源を意味する英語「quasi-stellar radio sources」の略称から作られた造語です。元々は1950年代に電波を出す天体として見つかり、その後可視光で星のように見える点状の天体が、その位置に見つかりました。この段階では、どのくらいの距離でどのように光っている天体なのか、その正体は全く分かりませんでしたので、見たままにクエーサーと名づけられたわけです。

★同じような点状の天体として見えているが、中央右側は私たちの銀河内の普通の星で、左側は約 90 億光年の彼方にあるクエーサー。周辺に見えている面積をもった像は普通の銀河。（C.Steidal (Cal Tech) & NASA）

1963年には、3C273と呼ばれるクエーサーのスペクトルが初めて測られ、その赤方偏移から、銀河系外の非常に遠方の天体であることがわかりました。距離と明るさから（例えば3C273は、距離19億光年、見かけの明るさは13等級）、クエーサーが放射するエネルギーを見積もると、普通の銀河全体のエネルギーの100 ～ 1000倍というとんでもないものになります。これはおよそ太陽１兆個分のエネルギーに相当するので、星のよう

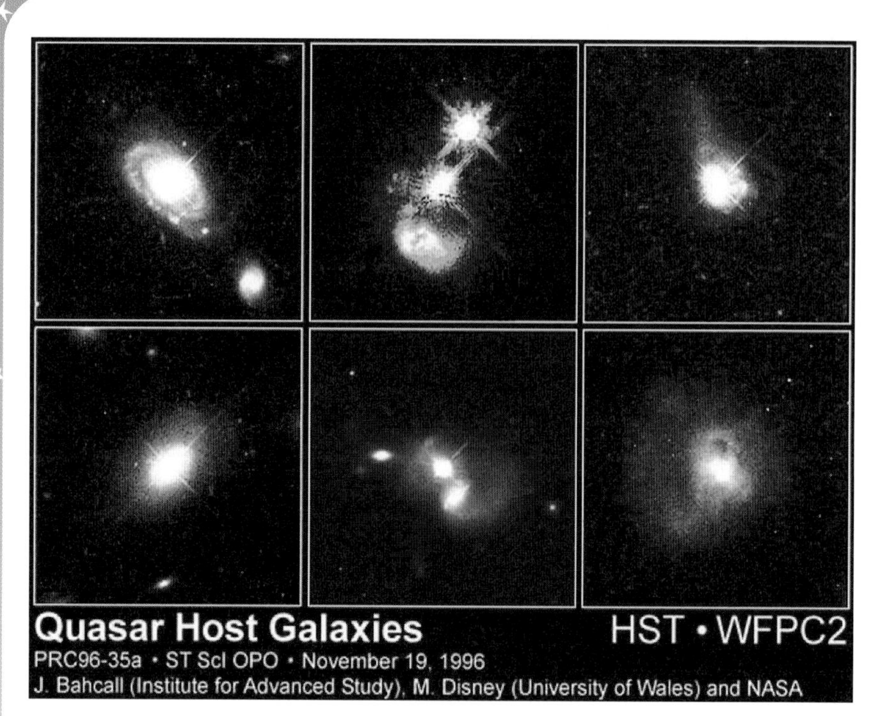

★ハッブル宇宙望遠鏡で確認された、中心にクエーサーをもつ銀河たち。左２つは普通の銀河（渦巻き銀河（上）と楕円銀河（下））、中央２つは衝突している銀河、右２つは特異銀河。（John Bahcall (IAS), Mike Disney (University of Wales) & NASA）

に見えているとはいえ、星であるはずがありません。どうやってこれだけのエネルギーを生み出すことが出来るのか、クエーサーが「謎の天体」と言われてきたゆえんです。

しかし、その後の観測技術の進歩によって徐々に秘密のベールがはがされていき、ついにハッブル宇宙望遠鏡によって決定的な証拠が見つかったのです。星のように点として見えていたクエーサーの周囲に淡く広がる銀河の姿が捉えられました。クエーサーは銀河の中心核の最も明るく輝いている部分だったのです。そして、その中心には超巨大なブラックホールがあり、途方もない量の物質が落ち込んでいると考えると、クエーサーが放出する莫大なエネルギーを説明することが出来るのです。

クエーサーのような明るく輝く銀河の中心核は活動銀河核と呼ばれます。そ

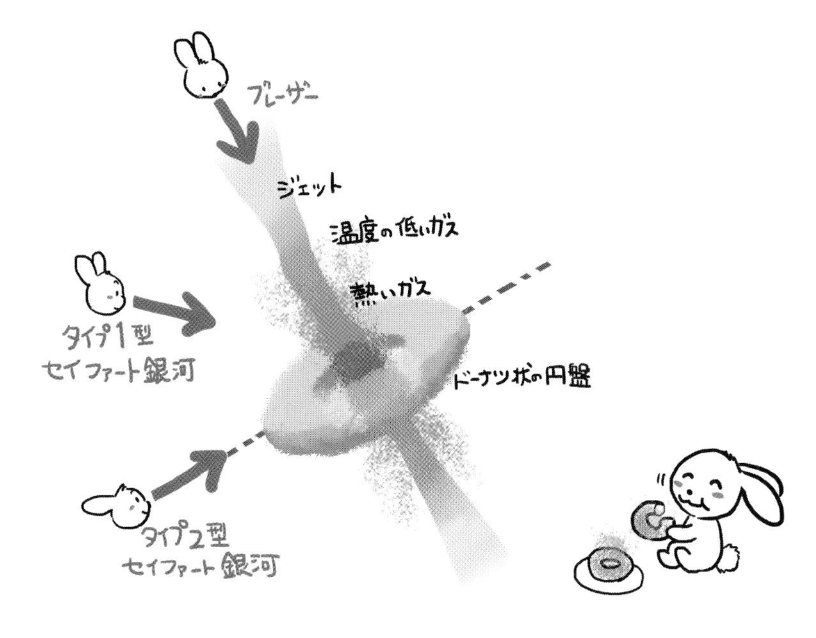

★クエーサーの見え方による名称の違い（活動銀河核統一モデル）のイメージ

の中心には超巨大なブラックホールがあると考えられており、ガスやチリなどの物質が、ドーナツ状にそのまわりを取り巻いて、グルグルと回転しながら中心に落ち込んでいるのです。そしてブラックホールからは、このドーナツ状の円盤と垂直な方向にジェットが吹き出していきます。ジェットを見るか、ドーナツ円盤を見るか、見かけの方向によって活動銀河核は、様々な顔を見せることになります。歴史的な経緯や発見の手段などによって、活動銀河核は色々な名前で呼ばれてきましたが、現在では見ている方向によって、次のように分類分けをする考え方が主流になってきています。

地球との位置関係で、たまたまジェットを正面から見ている場合、電波が非常に強く観測され、そのジェットの特徴だけが浮かび上がってきます。このようなタイプの銀河核が「ブレーザー」「とかげ座BL型天体」と呼ばれます。少し角度が変わって、中心核が見えるぐらいの斜めの方向から見ている場合は、中心核まわりのとても熱いガスと、周辺の温度の低いガスの両方の特徴が見えます。これが一般的なクエーサーや「タイプ１型セイファート銀河」に分類されます。そして、ドーナツを真横から見た場合は、中心部は見えず、ドーナツの上下に広がっている温度の低いガスのかたまりしか見えません。このタイプが電波の強いクエーサーや「タイプ２型セイファート銀河」です。

そこで今回は銀河中心核を立体的にイメージしていただくために、ドーナツをご用意いたしました。普通のドーナツは真ん中が中空ですが、当店のドーナツはそこに熱いガス領域を模した球形の食材が浮いております。その中心に超巨大なブラックホールがあると思って下さい。トーラス状のドーナツの中心に球形ドーナツ食材を浮かせるために、ドーナツの生地に薄力粉とクァサール社製の超強磁力粉末を練り合わせ、その強力な磁場の反発力で浮かせてあります。さらに超強磁力粉末を混ぜ合わせたグラニュー糖もご用意いたしましたので、お好みにあわせて振りかけてみて下さい。かたまりとなって球形ドーナツの周囲に浮いている様子は、温度の低いガス領域のようです。ドーナツを傾け、色々な角度から眺めながらお召し上がり下さい。もちろん超強磁力粉末は人体に無害なものを使用しておりますのでご安心を。ただし良く噛んで食べていただかないと、胃の中でも反発力で浮いてしまい、十分に消化されないことがありますのでご注意下さい。

（2005年９月）

宇宙論編

膨張宇宙論

いらっしゃいませ。宇宙料理店へようこそ。当店では宇宙をおいしく味わっていただくために、物理用語や不思議な宇宙の現象を口当たり良くご紹介するのがモットーでございます。末永くおつき合いをお願いいたします。

先日ご来店いただいた大学生のカップルさんと話をしてちょっと驚きました。彼らは文科教育系の学生なのですが、宇宙が膨張していることを初めて聞いたと言うのです。膨張宇宙なしには現代の宇宙論は語れません。それほど重要な概念を最高学府の学生が、文系とはいえ知らないなんて……しかし、考え直してみると仕方がないのかもしれません。今の子どもたちは義務教育では小学校4年で月と星の動きを学習し、あとは受験で忙しい中学3年の後半に天文の単元を勉強するだけです[*1]。しかも惑星や星の動きが中心ですから、「天動説の宇宙＋α」でおわってしまうのです。そして高校では地学を選択しないと、宇宙のことは勉強しないわけですから、自分で興味を持たない限り膨張宇宙に触れる機会がないのです。科学的にとても面白いこの発見に触れる機会がない一方で「理科離れ」と聞くと、何かが間違っているのではないかと思えてしまいます。

さて、その膨張宇宙論。私たちの宇宙はビッグバンと呼ばれる大爆発からはじまり、膨張し続けていると言いますよね。私も良くそんな説明をするのですが、本当は「大爆発」という言い方は大変誤解を招きやすい表現です。あたかも宇宙のどこかで何かが破裂して、周囲の空っぽの空間に銀河をまき散らしているようなイメージを浮かべやすいからです。そもそも「ビッグバン（Big Bang)」という言葉自体も、何かしら爆発を連想させる響きがありますよね。

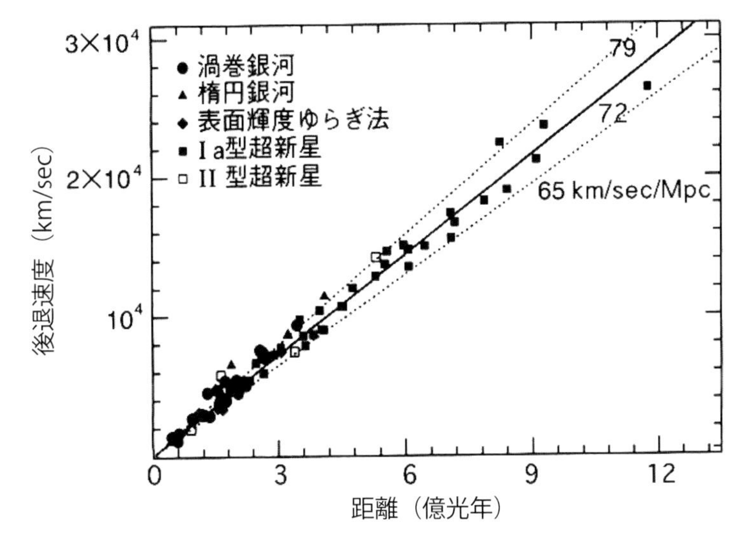

★様々な手法で観測された銀河の後退速度と距離の関係（ハッブル・ルメートルの法則）。2004 年に出版されたこの論文では、赤方偏移が 0.1 以下の範囲で、H_0（ハッブル定数）= 72 ± 7km/sec/Mpc が採用されている。

（https://www.researchgate.net/publication/252951983_Status_of_Cosmology_on_the_Occasion_of_the_Carnegie_Centennial より）

しかし、ビッグバンは宇宙自体（空間も時間もすべてを含んでいるのが宇宙です）の膨張ですから、膨張の起点となるような中心や、そこへ向かって広がって行く外側の空間（宇宙の外？）を考えたりはしません。一般相対性理論では、空間はより次元の高い空間や「外」を考えなくても、それ自体で広がったり縮んだり、曲がったりすることが出来るものです。ですから、広がって行く先なんてものは、空間自体の膨張には必要ないのです。ビッグバンでは空間自体がいたる所で同時に爆発的に膨張を始めた、と考えるのが正解です。また宇宙膨張の証拠として、ハッブルの法則（ハッブル・ルメートルの法則）があります。より遠くの銀河ほどより速く遠ざかっている（光の波長が伸びて赤い方へずれる）というアレです。これはドップラー効果で説明されますが、これも誤解を招きやすいものです。音源の救急車が近づく／遠ざかるによって、そのサイレンの音が高く／低く聞こえるドップラー効果は、日常でも良く経験することなので、光の波長の伸び縮みもこの延長線上で説明されがちです。しかし、決して銀河が宇宙空間を自ら移動して、我々から遠ざかっているわけではありません。銀河は特別な事情がない限り空間に対して静止しています。その空間自体が膨張しているため、光が伝わる間に波長が引き延ばされ、徐々に赤くなっていくのが遠方銀河の赤方偏移なのです。

別にどちらの説明でも大した差がないとお感じですか？　しかし、十分遠方の銀河を考えると様子が違ってきます。もし銀河が空間を移動しているならば、（特殊相対性理論により）遠ざかる速度は決して光速を越えることが出来ません。しかし空間の膨張ならば、赤方偏移から計算される後退速度は、空間内を移動する物体の速度ではありません。そこで、特殊相対性理論の制約を受けずに、光速よりも大きくなることができるのです。実際、計算上、超光速で遠ざかっていることになる銀河は既に1000個近くも観測されています[*2]。

さらに、何もかも膨張しているのなら、天の川銀河（銀河系）は将来、宇宙膨張の影響で大きく膨らんだり、地球も膨張したりするのでしょうか。答えはノーです。重力でまとまっている銀河団よりも小さなサイズの天体では、互いに及ぼし合う重力が膨張の効果を上回っているので、空間が膨張してもまとまったままです。将来的に天の川銀河が膨らんで、星々がバラバラになってしまう心配はありません[*3]。

どうでしょう。少しは宇宙膨張のありようをリアルに感じていただけたでしょうか。今日はそんな宇宙膨張を模して、豆もちをご用意いたしました。もち米には、新潟県産の「こがねもち」を当店が独自に品種改良いたしました「おおがねもち」を使用しております。お餅の粘りの成分であるデンプンの高分子、アミロペクチンがパワーアップしたスーパーアミロペクチンが含まれておりますので、焼いた際に大きくふくれあがるのが特徴です。その生地の表面に国産青大豆をちりばめてあります。これを卓上七輪に金網をのせてじっくりと焼いてみて下さい。お

餅がふくれ上がるに連れて豆同士の間隔は開いていきますが、豆のサイズは変わりません。お餅が宙にふくれて行く様子はいささか誤解を招きますが、膨張する宇宙の中で個々の天体が膨張しない様子をイメージしていただけると思います。ちなみにスーパーアミロペクチンは伸縮自在です。そのまま網から降ろしていただくときれいに縮んでいき、豆（銀河）同士がぶつかる「ビッグクランチ（Big Crunch）」もご体験いただけます。

（2008年７月）

＊１　2001年度までは小学校５年、６年、中学校１年で天文や宇宙の学習単元がありましたが、いわゆるゆとり教育により、内容がかなり削られて小学校４年と中学校３年生の後半に移行しました。2011年度からは小学校６年での学習単元が復活しています。

＊２　宇宙膨張による後退速度を「膨張率」×「距離」で定義すると、赤方偏移が１あたりで後退速度が光速を超えてしまうことになります。

＊3　宇宙膨張を加速させるダークエネルギーが一定または減少していくのであれば心配はありませんが、増え続けるようなことがあると、全てのものはどんどん引き離されていき、原子に至るまでバラバラになってしまいます。このような宇宙の未来は、ビッグリップ（Big Rip）と呼ばれています。

宇宙の年齢

いらっしゃいませ。

宇宙料理店へようこそお越し下さいました。秋の夜長の澄んだ星空を眺めておりますと、宇宙は私の存在などには関わりなく、過去から未来永劫にわたって変化することなく続いているのかな、と思えてしまいますね。しかし、この宇宙はビッグバンと呼ばれる、空間の急激な膨張から始まったと考えられています。そして現在も宇宙の膨張は続いており、遠くの銀河ほどより速く遠ざかる現象として観測されています。これは1929年に発見され、ハッブルの法則(ハッブル・ルメートルの法則)と呼ばれていますね。距離(d)と遠ざかる速度(v)に比例関係があることから、

$$v = Hd$$

と表されます。

この比例係数Hはハッブル定数と呼ばれます。ハッブルの「H」もしくは、現在の値ということで添字に0を付けて「H_0」で表されます。どの方向で調べてみても、どんな種類の銀河を調べてみても、ハッブルの法則は同じように成り立つ(アンドロメダ銀河に代表される近くの銀河などに例外はありますが)ことから、これは個々の銀河の性質によるのではなく、宇宙全体の性質による現象だということがわかります。

このハッブル定数は、例えば70km/秒/Mpcと表されます。現在の距離が1Mpc(メガパーセク:1パーセクは3.26光年なので、1メガパーセクはおよそ326万光年)のところでの後退速度(遠ざかる速度)が70km/秒(時速に直すと25万km/時、結構速いです)ということを表しています。

では、速度vのままで距離dを移動するのに、どれくらい時間がかかるでしょうか。かかる時間は距離を速度で割れば良いので、

$$t = d/v = d/Hd \qquad (\leftarrow v = Hd)$$
$$= \frac{1}{H}$$

となり、距離に影響されない値になりました。これは、どの距離にあってもt時間前には全てが一点に集まっていたことを意味しています。これこそが宇宙の始まりにほかならず、1/Hはハッブル時間と呼ばれ、現在までの（膨張速度が変わらない場合の）宇宙の年齢を表すことになります。

具体的に計算するには、単位を合わせるのがコツです。ここでは距離をkm、時間を年に統一すると、

$$1\text{Mpc} = 326\text{万光年} = 3.09 \times 10^{19}\text{km}$$
$$1\text{年} = 365\text{日} \times 24\text{時間} \times 60\text{分} \times 60\text{秒} = 3.15 \times 10^{7}\text{秒}$$

つまり、1秒 $= 3.17 \times 10^{-8}$ 年ですから、
$H = 70\text{km/秒/Mpc}$ とすると、

$$t = \frac{1}{H}$$
$$= 1/70 \times 3.17 \times 10^{-8} \times 3.09 \times 10^{19}\text{年}$$
$$= 1.40 \times 10^{10}\text{年} = 140\text{億年}$$

となります。三角関数や微積分を使うことなく、自分の手で電卓を叩くだけで宇宙年齢を求めることができるなんて、ちょっと楽しくないですか。

しかし、1929年当時、エドウィン・ハッブルが求めたハッブル定数は500km/秒/Mpcでした。これは70km/秒/Mpcの7倍ほどですから、宇宙年齢は1/7となり、20億年程度になってしまいます。一方で地球の年齢は46億年ほどと見積もられていましたから、宇宙よりも地球のほうが先に出来ていたことになり、「年齢の矛盾」として問題になりました。これは1950年代にセファイド型変光星の種族が2つあることが分かり、その補正をすることで解決していきます。ハッブルは銀河までの距離を見積もるのに、リービットが1907年に発見したばかりのセファイド型変光星の「周期光度関係（変光の周期が短

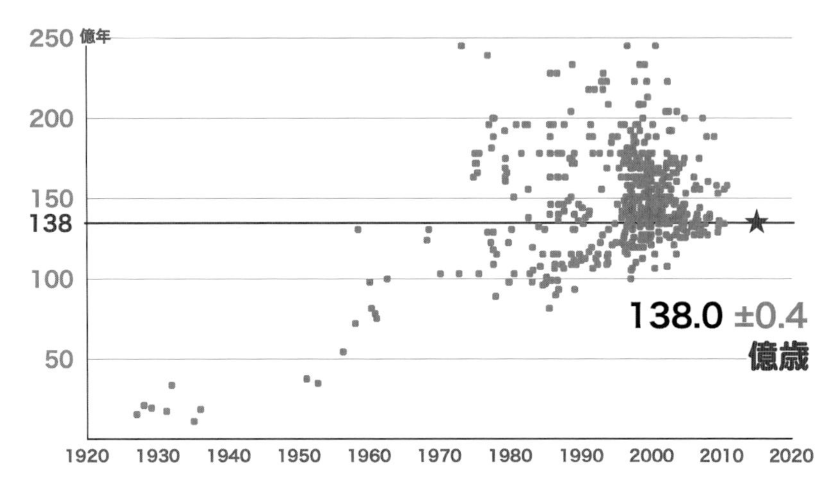

★宇宙年齢推定の変遷（名古屋市科学館）

いものは暗く、長いものは明るい）」を使いました。遠くの銀河の個々の星を分離して写真に収め、光度変化を記録することは、アナログの時代にあって大変なことでしたが、周期さえわかればそこから絶対的な明るさが推定でき、見かけの明るさと比較して距離が求められたのです。

しかし、遠くの銀河の距離の推定は依然として難しく、1970年代には、H＝100派（100億歳）とH＝50派（200億歳）に分かれ、見積もられた値は倍も違っていました。1991年に打ち上げられたハッブル宇宙望遠鏡は、大気の影響を受けない精密観測でより遠くの銀河のセファイドを見つけ、キープロジェクトとしてH＝72km/秒/Mpc（誤差およそ10%）という値を出しています。

しかし、より正確に宇宙年齢を求めるには、この宇宙の構成要素も知らなければなりません。これまでは一定の膨張速度を仮定していましたが、宇宙にモノがたくさんあればその重力によって膨張速度は遅くなりますし、逆に重力に打ち勝つようなエネルギーがあれば速くなります。2009年には宇宙背景放射をより詳しく観測する目的でPlanck衛星が打上げられ、宇宙の構成要素が明らかにされるとともに、宇宙年齢も138億年±0.4億年と1億年以下の精度で決められるようになりました。ここ数十年の進歩には、本当に目を見張るものがあります。

と言うわけで、もうお食事も終盤ですね。

本日はシメといたしまして、濃厚梅茶漬けをご用意しました。奈良県の中屋に伝わる、1576年に漬けられたという日本最古の梅干しです。貴重すぎて私も試食しておりませんが、本当に食べられるのか、いえいえ、400年以上もさかのぼる、その長い歴史の味をご賞味下さい。

えっ、宇宙年齢に比べれば新しすぎるですって……滅相もございません。その梅干しを構成している炭素などの原子は、50億年ほど前に太陽系ができる以前に存在した、どこかの恒星の内部での核融合反応で作られたものでございます。さらにその元になる陽子や中性子、電子は、宇宙誕生の最初の３分間に作られた、138億年の宇宙の歴史あってこそのものでございます。

（2016年11月）

ハッブル・ルメートルの法則

いらっしゃいませ。宇宙料理店へようこそお越しいただきました。自然科学には惑星運動に関するケプラーの法則のように、発見した人の名前がつけられている法則が多々あります。遠くの銀河ほどより速く遠ざかっていること（すなわち宇宙の膨張）を表す「ハッブルの法則」もそのひとつで、アメリカのエドウィン・ハッブル（E.Hubble）にちなんでいるのですが、この法則名の改名を推奨する提言が日本学術会議より出されました。昨夏（2018年）のIAU総会[*1]とその後の電子投票で、「今後宇宙の膨張は『ハッブル・ルメートルの法則』と呼ぶことを推奨する」という決議がなされたのです。とは言っても、これまで使われてきた「ハッブルの法則」は間違いで、今後は「ハッブル・ルメートルの法則」と呼ばなければならないという○×問題や、規則改定のようなことではありません。近年明らかとなった歴史的経緯を踏まえて、宇宙膨張の発見に寄与したルメートルを讃えることが主眼であり、当座はどちらを使っても問題にしないけれども、出来るところから呼び方を変えていこう、という提言です。

ジョルジュ・ルメートル（G.Lemaître）はベルギーの神父であり宇宙物理学者で、銀河の後退速度と距離の比例関係を1927年、フランス語の論文としていたのです。アメリカのハッブルが英語で論文を出版したのが1929年ですから、その２年も前です。しかもこのルメートルの論文が1931年にイギリスの王立天文学会誌に英訳された際に、肝心の銀河が遠ざかるスピードについてふれた部分がすべて削除されていたのです。彼こそが膨張宇宙の第一発見者であることをアピールする絶好のチャンスだったのに、誰が英訳を行ない、大事な

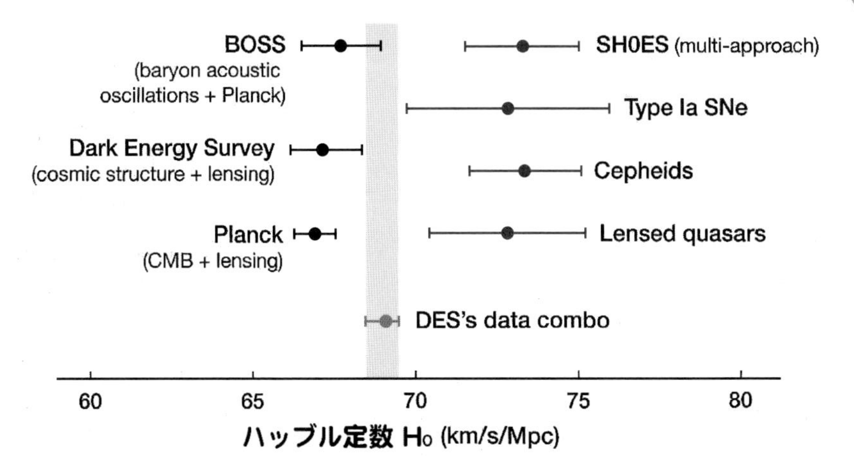

★手法の違いによるハッブル定数のばらつき。初期宇宙の観測から推定される値と、銀河系を取り巻く領域の観測から求められる値とに、別れているように見える。（sky & telescope2018 年 5 月号より）

部分を削除してしまったのでしょうか。

何やらスキャンダラスな匂いがしますが、事実はそうではなく、ルメートル自身が英訳し、削除したという証拠が英国王立天文学会に残っていた記録から近年得られたのです。ルメートルは残された手紙の中にも「すでに（ハッブルによって）発表されたことをもう一度載せても面白くないので、代わりに過去の引用文献や新しい論文のテーマを載せたほうが良い」と書いているのです。自分自身の知名度よりも科学の発展により高い価値を見いだしたルメートルの知的高潔さ、「２番では意味がない」といわれる科学の世界での何と信じられない無欲さでしょう。これは今からでも法則に名を追加し、後世に語り継ぐべきことと多くの研究者が賛同したのです。

しかし、それだけではなかったのではないかと三田一郎名古屋大学名誉教授は考えています。カトリック教会では当時の教皇が、ビッグバン理論を旧約聖書の「創世記[*2]」を証明するものとして歓迎の意を示し、ルメートルをその発見者として讃えようとしました。これに対しルメートルは、教皇に拝謁して「それとこれとは違うのです」と懸命に否定したことに注目し、カトリックの司祭である自分が発見者として名を残すことは、ガリレオ裁判のようなかつての科学と宗教の悲劇的な記憶を呼び覚まし、いらぬ誤解を招きかねないと考えたからではないだろうか、と言うのです。

はたして何が真実なのか、今となってはルメートルの心情を推察するのみですが、少なくとも歴史的事実の一片が明らかとなりました。そして観測的事実も新たな局面を迎えています。一時はひとつの値にまとまっていくように見えたハッブル定数[*3]ですが、測定誤差が小さくなるにつれて観測手法により２つの値に分かれているように見えるのです。より精密な観測によって値が収束するのか、分裂は正しくてそこから新たな発見につながるのか、まだまだ注目していたいところです。

ちなみに英語（ラテン文字）では “Hubble-Lemaître law” で二人の名前をそのまま連記してもハイフンでつないでも問題ありませんが、日本語ですと、「ハッブルルメートル」「ハッブルールメートル」となってしまい、おさまりが悪いですね。「ハッブル・ルメートルの法則」と中点でつなぐぐらいが程良いでしょうか。

さて、料理にも人の名前が付けられたものがあります。例えばサンドイッチ。18世紀頃イギリスのジョン・モンタギュー・サンドイッチが賭け事をしながらでも食事を取れるよう、パンの間にコンビーフ等を挟んだのが始まり、という話が有名です。日本でも、「キンピラごぼう」は江戸時代に人気があった「金平浄瑠璃（きんぴらじょうるり）」の登場人物、坂田金平（さかたのきんぴら）にちなんでいると言われています。坂田金平は、すごい怪力の持ち主で彼に勝てる者はいなかったことから、歯ごたえがあって精がつくごぼうに強いものの例えとしてキンピラが接頭語としてつけられたのです。ちなみにこの坂田金平は、足柄山の金太郎の息子です。金太郎は青年となり、源頼光（みなもとのよりみつ）（歴史に残っている平安中期の武将）の目にとまって家来となり、京に上って坂田金時（きんとき）を名乗るようになります。坂田金時は色白の美青年でしたが、いざ戦いの場に出ると体が紅潮して真っ赤になったことから、赤いものに「金時」の名がつけられています。そこで本日はキンピラごぼうをご用意いたしました。ごぼうと一緒に炒められている人参は金時人参、赤い豆は金時豆でございます。お鉢の中での坂田親子の協演、ぜひご賞味下さい。

（2019年１月）

＊１　世界の天文学者の国際組織、国際天文学連合（International Astronomical Union：IAU）の３年に一度の総会です。2018年はオーストリア、ウィーンで開催されました。2006年の時には冥王星を惑星から外す決議がなされています。

＊２　創世記第１章天地創造において「神は『光あれ』と言われた。すると光があった」と記されています。これが超高温、超高密度の状態から宇宙が始まったとするビッグバン理論と矛盾しないと考えられていました。

＊３　銀河の遠ざかる速度とその距離の間の比例係数。現在の宇宙の膨張率を表しています。ちなみに「ルメートル」をつけるのはハッブルの法則のみで、ハッブル定数やハッブル時間などはこれまで通りとされています。

「ダーク」

いらっしゃいませ。毎度ごひいきにありがとうございます。宇宙料理店でございます。

来る10月18日から名古屋市科学館でアートオブスター・ウォーズ展が開かれる[*1]のはご存じでしょうか。急きょ開催が決まった特別展でして、映画「スター・ウォーズ」のエピソードⅣ（新たなる希望）、Ⅴ（帝国の逆襲）、Ⅵ（ジェダイの復讐）で実際に使われた模型や衣装が展示されるそうです。もちろんあのダース・ベイダーのコスチュームもやってきますが、一度あのヘルメットとマントを身につけて「こー・ふぉー」と言いながら、館内を練り歩いてみたいものです。

ところでダース・ベイダーは、ルーク・スカイウォーカーの父アナキンが、フォースの「ダークサイド」に落ちていった姿でありますが､実は宇宙にも「ダーク」なものがたくさんあります。ダーククラウド（暗黒星雲）、ダークマター（暗黒物質）、ダークエネルギー（暗黒エネルギー）……でも宇宙が邪悪なもので満たされているわけではありません。「ダーク：dark」を英和辞典で引いてみますと、

① 暗い、暗黒の、闇の

② （色彩が）薄黒い、黒ずんだ

③ （知的・道徳的に）暗黒の、暗愚な、無知文盲の

④ 秘した、隠した、一般に知られていない

⑤ 腹黒い、陰険な、凶悪な

⑥ （顔色の）曇った、喜びのない、陰気な

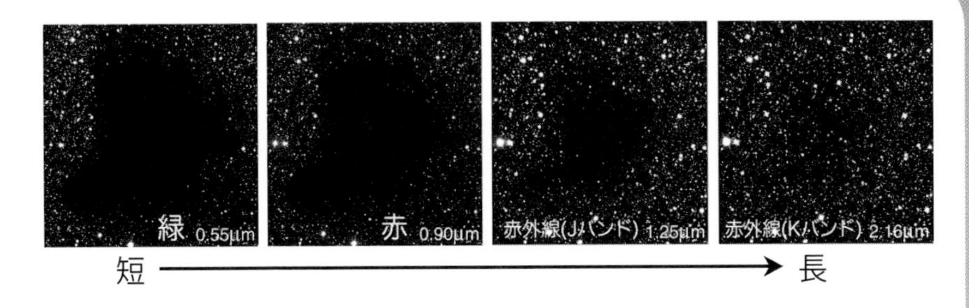

★異なった波長で見た暗黒星雲 B68。波長が長くなるほど中を見通すことができる。
(ESO より)

⑦　意味が明らかでない、謎のような

……

と出ています（研究社新英和辞典・第５版）。スター・ウォーズでのダークサイドは⑤の意味合いですが、ダーク・クラウドは「光をさえぎって暗く見える星雲」なので、①の意味で使われています。ガスやチリが濃く集まっていますので、背景にある天体からの光が吸収されてしまい、暗い穴のように見えるのです。しかしガスやチリによる吸収の度合いは、電磁波の波長が長くなると小さくなりますので、光よりも波長の長い赤外線や電波は、ダーククラウドの中まで見通すことができます。色々な波長の観測によって、今やダーククラウドの性質はよく分かるようになってきており、「正体不明な」という意味合いはなくなってきました。

ダークマターには④と⑦の意味が含まれており①の意味では使われていません。ですから暗い物質ではなく、しいて言うなら無色透明の物質、そこにあるけれど「見えない」物質です。渦巻き銀河の回転速度を調べますと、中心から外側へと離れていっても遅くなりません。外側へ行くほど見える物質が減っているのに回転速度が落ちないということは、目に見えない、すなわち「隠された」物質があるということになります。Ｘ線や電波など、どの電磁波でも「見る」ことができませんが、力学的にはあるはずの物質がダークマターです。電磁波での観測ができないため、正体がよくわからず、その性質はいまだに謎に包まれています。

しかし、一番謎が深いのがダークエネルギーです。これは⑦の意味です。暗黒エネルギーと訳してしまうと、とっても怪しい感じになりますが、得体が知れないだけでいかがわしいものでありません。宇宙は130 ～ 140億年ほど前にビックバンと呼ばれる大爆発から始まり、現在も膨張しています。宇宙にある物質の量が多ければ、その重力によって宇宙膨張が止まり収縮に転じます（閉じた宇宙）が、物質の量が少ないと膨張し続ける（開いた宇宙）ことになります。最新の宇宙背景放射の観測から、宇宙は「閉じた宇宙」と「開いた宇宙」のはざまの「平坦な宇宙」で、膨張し続けることがわかってきました。しかし一方で、ダークマターを含む全物質量は、宇宙が平坦であるために必要な量の３割程度しかありません。とすると、あとの７割は観測することもできなければ、重力によって物質に影響を及ぼすこともない不思議な形で存在することになります。これがダークエネルギーであり、このエネルギーの存在によって、宇宙膨張は加速していると考えられているのです。

何とも奇妙でその正体は謎としか言いようのないダークエネルギーですが、全宇宙のエネルギーの大半（７割）を占めるわけですから、私たちの宇宙のありようは、ダークエネルギーで決まっているはずです。そして銀河の形や分布、宇宙の大規模構造はダークマターによって決まります。私たちが観測することができる、バリオンと呼ばれるいわゆる普通の物質は、宇宙全体のエネルギーの４％にしか過ぎないのです。まさに宇宙は「ダーク」なものに支配されていると言っても過言ではないでしょう。

さて、ダークな食材といえば、色彩がモノトーンで彩りの少ないものを想像しますね。そうです、見た目の印象は悪いのですが、食べてみると味わい深くクセになる、そんなイカ墨スパゲティをご用意いたしました。当店では今朝水揚げされた新鮮な日本近海の「あおりいか」を使っております。麺はデュラムセモリナ100％のオーガニックな食材です。フランス、ボルドー産の赤ワイン、シャトー・ラトゥール[1997]と一緒にお召し上がり下さい。この深いルビーから紫色のクラレットは、まさにダークと表現したい赤ワインです。クランベリー・ジャムとブラックカラントの絡み合ったアロマを放ち、まぎれもないラトゥールのしるしである強いミネラル分が、イカ墨の味とこくを引き立てます。食後には、ビターなテイストのブラックチョコレートとエスプレッソコーヒーをご用意しております。

また、ご希望がございましたら、北海道いかすみソフトクリームと海鮮チョコレートいかすみ風味もご用意しております。ああ、そう言えば、函館いかすみキャラメル、みちのくのいかすみ冷麺、島根のいかすみせんべい、沖縄のいかすみ汁も……

（2003年９月）

＊１　2003年10月18日から12月７日まで名古屋市科学館とシーボルト財団の主催で開催された特別展。ミレニアム・ファルコンの模型やR2-D2のメカニカルスーツなども展示され、約４万人の入場者がありました。

ダークマター

いらっしゃいませ、宇宙料理店へようこそ。

寒い日が続きますが、お変わりございませんでしょうか。こんな寒い時期は肉まんやあんまんが恋しくなりますね。今でこそコンビニエンス・ストアの暖かい店内に肉まんの保温器が置かれておりますが、一昔前にはパン屋さんやお菓子屋さんの寒い店先に並んでおりまして、保温器から立ちのぼる湯気を見るとつい「おばちゃん、一個ちょうだい」とばかりに、店先でほおばってしまったものでした。白い息を吐きながらハフハフして食べる肉まんやあんまんは、ことのほかおいしく感じられましたが、惜しむらくは手に持ったときの感触が軽いことです。ふわふわっとしたあの食感はそのままで、中味を期待させる手応えと言いますか、手に持ったときの充実感があれば良いのに、と思ったのは私だけではないと思います。そこで本日は点心といたしまして、ダークマターまんをご用意いたしました。

ダーク（dark）は暗黒、マター（matter）は物質を意味していますから、ダークマターはそのまま暗黒物質と日本語訳されています。つい、黒いものをイメージしがちですが、実は無色透明、見ただけではそこにあるとは分からない不思議な物質なのです。

私たちが星や銀河を望遠鏡で観測する場合は、星や銀河からの光を見ていますよね。そして暗い宇宙空間には何もないと思ってしまいがちですが、そこには光では見えない物質で満たされている場合があります。例えば、電波や赤外線で観測できる低温のガスや、Ｘ線でしか観測できない高温のガスなどです。これらの物質は、光で見えなくても電波望遠鏡やＸ線望遠鏡で「見える」わけ

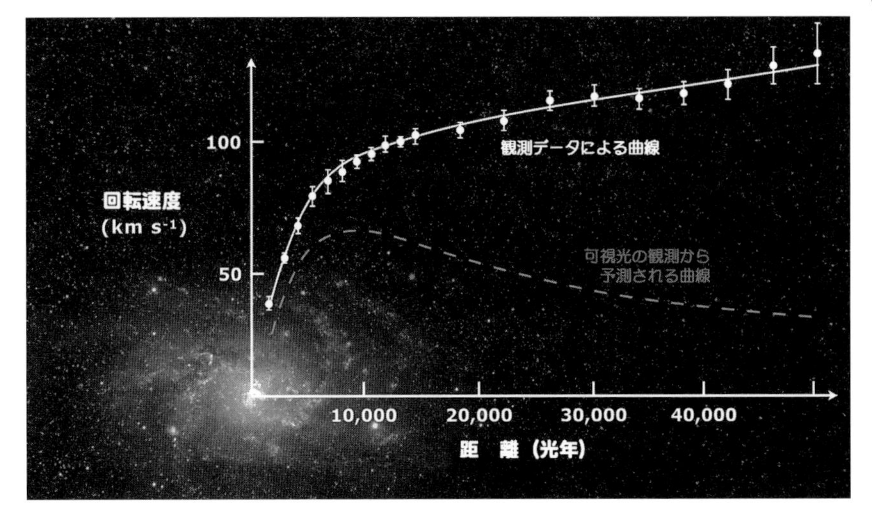

★M33の回転曲線。銀河中心から離れるほど星が少なくなっているので、目に見える物質しか存在していなければ、外に行くほど回転速度は小さくなるはずである。しかし、星がほとんど存在していない外の方であっても回転速度は落ちない。（Mario De Leo）

ですから、私たちが普通に知っている「物質」です。では、どのような電磁波で見ても暗い宇宙空間はどうでしょう？　何も見えないのだから何もないと思いたいところですが、どうやらそうではなく、全く電磁波を出さない（したがって暗黒というか、無色透明な）物質があるらしいのです。それがダークマター（暗黒物質）です。

目に見えないものをどうやって「見つける」ことができたのでしょうか？結論を言いますと、このダークマターにも「重さ」があったので「そこにある」ことを知ることができたのでした。

宇宙では、星や銀河に限らずすべての物質は、お互いの重さ（質量）で引っ張り合いをしています。その引っ張り合いの力が万有引力（重力）で、例えば地球は、地球の33万倍もの質量を持つ太陽の重力に引っ張られています。これだけでは地球は太陽に落っこちてしまうので、太陽の周りを秒速30kmものスピードで回る公転運動によって釣り合いを保っているのです。この力の関係を逆に考えると、ある天体や物質の回転速度を観測で求めることができれば、その天体が回っている円周の内側から働く重力が計算でき、そこにある物質の総質量も計算できるということになります。

この方法は回転する渦巻き銀河にも使うことができます。光で見える銀河の星々の外側にもガスが広がっていますから、ガスの回転速度を電波で観測することによって、銀河の中心から遠く離れたところまで回転速度を求めることができます。すると、銀河の回転速度は遠く離れてもほとんど一定のままであることがわかりました。これは外へ行くほどその円の内側にある物質の質量が増えていることを意味しています。星が外側まで続いていれば、外に行くほど円の内側にある星の数は増えていきますから、それに合わせて質量が増えるのも合点がいきます。しかし、星の見えないもっと外側でも相変わらず回転速度は変わらないのです。ということは、そこにどのような電磁波でも見ることができないけれど重さだけはあるものがなければいけないということになってしまいます。どうやら目に見える普通の物質の５倍以上のダークマターが存在しているらしいのです。これは渦巻き銀河だけではありません。回転をしていない楕円銀河にも同様に、目に見える物質の５倍から10倍のダークマターがあると考えられています。

私たちの銀河系も渦巻き銀河のひとつですから例外ではありません。私たちの銀河のすみずみまでダークマターは広がっており、従って私たちの身近にもダークマターはあるはずなのです。無色透明で見えないので私たちは全く気がつかないだけなのです。そこで、そんなダークマターを集めて、ダークマター圧縮機にかけながら肉まんの具と練り合わせたのが「ダークマターまん」です。普通の物質とダークマターの練り合わせの比率を色々と変えてみましたので、どれがイメージされる手応えと一致するか､手にとってお選び下さい。ただし、くれぐれも一番重いものがたくさん具が詰まっていると思って、お選びになりませんように。中味がダークマターのみで出来ている「純粋ダークマターまん」も含まれております。お食べいただいても全く具が入っていないかのように見え、何の味もいたしませんのでお気をつけ下さい。

（2001年１月）

冷たいダークマター（CDM）

宇宙料理店へようこそいらっしゃいませ。シェフのDr.Nodaでございます。当店は1999年５月にオープンしておりまして、時々お休みをいただきながらも20周年を迎えました。こうして営業を続けてこられましたのも、皆様にご来店いただけているおかげです。誠にありがとうございます。

さて先日、過去のメニューをなつかしく見ておりましたら、2001年冬のダークマターまんを見つけました。「ダークマター圧縮機」でダークマターを集め、肉まんの具と練り合わせたものです。そんな頃から20年以上もダークマター探しが続けられていますが、まだ「これ」と言ったものが見つかっていません。その全質量は、光や電波などの電磁波で観測できる普通の物質の５倍以上あるにもかかわらず、です[*1]。一時期は褐色矮星や浮遊惑星など、暗すぎて観測できていない普通の天体なのではないかと考えられ、重力マイクロレンズ現象[*2]の観測が精力的に行われました。しかし、予想ほど重力マイクロレンズ現象は頻繁には起こっていないことがわかり、どうやらマイクロブラックホールも含め、暗すぎて見えない既知の天体ではないと考えられるようになってきました。

とすると、普通の物質ではないもの（非バリオン）に頼らざるを得なくなります。その性質（粒子の運動速度）によって、熱いダークマター（Hot Dark Matter: HDM）、冷たいダークマター（Cold Dark Matter: CDM）、その中間の温かいダークマター（Warm Dark Matter: WDM）に大別されますが、まるで蕎麦かうどんのようだと思っていただくと親しみがわきますよね。例えばニュートリノは、ほぼ光速で飛んでいるので運動速度が速いHDMの候補でした。しかし、スーパーカミオカンデなどによるニュートリノ振動の発見から、ニュートリノ

★スイス・フランスの国境を横断して作られている大型ハドロン衝突型加速器
（黄色の円。地下 50m から 175 mに埋設されている）（CERN）

の質量が推定されるようになると、とても軽すぎてダークマターの役割を担うことが出来ないことが分かってきました。しかもダークマターは銀河や銀河団にとどまって普通の物質を集め、いわゆる宇宙の構造形成に不可欠と考えられていますが、HDMではその役割を果たせません。そのスケールにとどまれるほどの、冷たさ（速度の遅さ）が必要なのです。

というわけで、最近はCDM探しが流行りになっています。ちなみにこのCDMを早い時期から研究し、積極的に支持してきたのが今年（2019年）のノーベル物理学賞受賞者のジェームズ・ピーブルスです。彼の理論的研究は宇宙背景放射からダークマターさらにはダークエネルギー（宇宙定数の存在）にも及んでいますから、まさに知の巨人ですね。そんなCDMの有力な候補として理論的に考えられたのが超対称性粒子です。その中でも電気的に中性な粒子たちは「ニュートラリーノ」と呼ばれています。予想される質量はエネルギー換算で100GeV ～ 1000GeV[*3]程度と重く（陽子は0.938GeV）、ダークマターとしては申し分のない重さです。しかも中性なので、他の粒子とほとんど反応しない（相互作用が弱い）というわけです。しかし、ほとんど反応せずにすり抜けていってしまうと言っても、CDMがたくさんあれば、ごくマレに原子核に衝突することがあるはずです。これが「反跳現象」で、ぶつかられた原子核はその運動エネルギーを周囲の物質に渡したり、電子を外側の軌道に弾き飛ばしたりして何らかの痕跡を残します。この弱い信号を地下奥深くの静かな環境で検出しようというのが、日本のXMASS実験（岐阜県飛騨市神岡鉱山内[*4]）やアメリカのLUX実験（サウスダコタ州ホームステーク金鉱）、イタリア・グランサッソ国立研究所のXENONプロジェクトなどです。

一方、座して待つのではなく、捕まえにくい粒子なら逆に作り出してやろうというのが加速器での衝突実験です。大型ハドロン衝突型加速器（Large Hadron Collider: LHC）は、CERN（欧州原子核研究機構）が運用している、地球上で最も高いエネルギー状態を作り出せるリング型の加速器で、リングの全周がなんと27kmもあります[*5]。互いに光速近くにまで加速させた陽子のビームを衝突させて、高エネルギー下でしか単独で存在できない素粒子の振る舞いを観測します。その衝突エネルギーは8TeV ～ 10TeV。衝突で生まれた粒子がエネルギーを失いながら崩壊・変化していくさなかに100GeV ～ 1000GeV程度のCDMの痕跡を探すのです。

こうして触ることも感じることも出来ないダークマターですが、我々の周りにも普通に存在しているはずなので、本当に不思議な気がします。そこで例のダークマター圧縮機を復活させまして、今度は粒状に集めてタピオカ風にし、特殊コーティングしたカップに入れてみました。何も入ってないように見えますが、その上からスムージーを注ぎますと、その流路からダークマタータピオカの存在が見えてきますね。ダークマター増量のリクエストですか。もちろん大歓迎ですが、ダークマターが増えた分だけスムージーの量が少なくなるのが目に見えておわかりかと思います。「タピオカ増量中」で得した気分にさせるタピオカショップではありませんが、十分にご堪能下さい。

（2019年11月）

＊１　最新のプランク衛星の観測から、宇宙の組成比はダークエネルギー68.3%、ダークマター26.8%、普通の物質4.9%と考えられています。よってダークマターと普通の物質を比べると、26.8÷4.9＝5.47倍。

＊２　重力を及ぼしている天体が背景の星の前を通るときに、一時的に増光したように見える現象。重力レンズによる像の歪みを画像としてはとらえられませんが、光が集まることによって増光したように見えます。

＊３　アインシュタインが導いた有名な「エネルギーと質量の等価性を示す式」$E=mc^2$により、質量はエネルギーに換算できます。電子ボルトはエネルギーの単位で、1Vの電位差の間を移動することによって電子が得る運動エネルギー。その109倍が1GeV（ギガ電子ボルト）で、さらにその1000倍が1TeV（テラ電子ボルト）です。

＊４　日本のXMASS実験は2019年２月に終了しています。

＊５　LHCのリングの大きさを表す例に、環状線というだけでよく山手線が使われますが、全長34.5kmと大きすぎの感があります。それよりも名古屋の地下鉄名城線なら全長26.4kmで、ちょうど良いサイズです。しかも、地上の山手線とは違い、日本初（2004年開業）の地下鉄環状線なので、例えとして積極的に使ってほしいところですが……

ダークエネルギー

いらっしゃいませ。宇宙料理店へようこそ。

先日ギリシアで一風変わった食材エキスを手に入れましたので、本日はこれを使った料理をご賞味いただきたいと思います。それは、古代ギリシアにおいては空気、地、火、水に続く第５の元素として崇高かつ完全無欠の物質と考えられていたクイントエッセンスです。現代においては、宇宙膨張を加速させるモノとしてこの名前がよみがえり、にわかに脚光を浴びてきております。

宇宙は今からおよそ130億年前[*1]、ビッグバンと呼ばれる大爆発から始まり、現在も膨張を続けております。空間が広がっていくにつれて宇宙の温度が下がりますと、物質が集まって原子や分子ができ、さらには星や銀河などが造られて、現在に至ったと考えられています。では、この先宇宙はどうなるのでしょうか？

宇宙膨張が止まって収縮に転じるか、それとも未来永劫に膨張し続けるのか、それは宇宙の中の全物質量によって決まります。物質の量が多ければ、物質同士の自己重力によって膨張は止まりますが、少ないと永遠に膨張は止まらないことになります。この境目の質量を臨界質量と呼びます。最近の観測から私たちの目に見える普通の物質のみならず目に見えない「暗黒物質（ダークマター）」を含めても、臨界質量の1/3ほどにしかならないことがわかってきました。つまり宇宙は膨張し続けるようなのです。それどころかその膨張速度が速まっているらしいことが超新星の観測からわかってきました。

太陽の質量の８倍以上もある重たい星は、その最期に超新星爆発を起こします。その爆発の仕方によって分類分けがされており、Ia型と呼ばれる超新星は

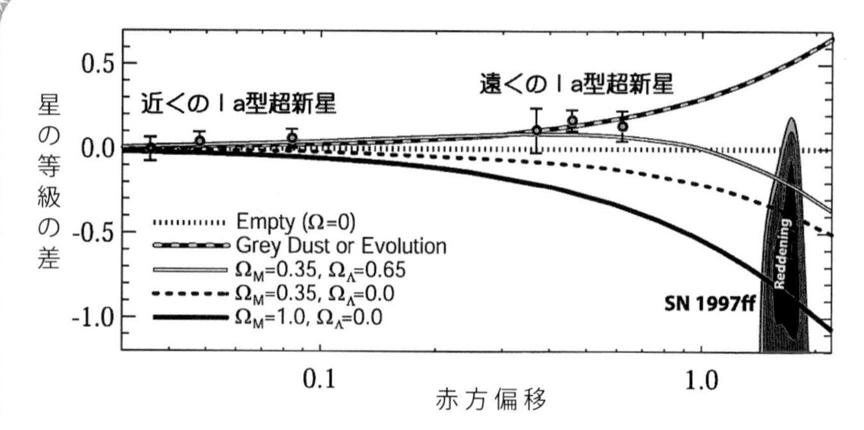

★Ia 型超新星の明るさの比較。宇宙の膨張速度を一定としたときの超新星の見かけの明るさと、観測された明るさが同じであれば、「星の等級の差」は0になる。観測された明るさが暗いと上側（プラス）に、明るいと下側（マイナス）になり、右に行くほど天体の距離は遠くなる。5つのモデルに従って線が引かれているが、物質のエネルギー密度ΩMが35%、ダークエネルギーの密度ΩΛが65%を占める宇宙モデル（白線）が一番良く観測点に合っている。（A. G. Riess et al, Astrophys.J. 560 (2001) 49-71. より）
これらの観測を主導したことにより、S. パールマター、B. シュミット、A. リースの3氏が2011年のノーベル物理学賞を受賞している。

大変素性が良く、爆発したときの絶対的な明るさが非常に良くそろっています。遠方の銀河でこのIa型の超新星爆発があった場合、銀河の赤方偏移を測ることによってハッブルの法則から距離が分かります。絶対的な明るさと距離が分かれば見かけの明るさが予想されますが、観測された見かけの明るさが赤方偏移から予想される明るさより暗かったのです。これは、宇宙膨張が加速したために、赤方偏移から求められる位置より遠方にあるからだと考えることができます。

一方、ハッブル宇宙望遠鏡の観測によって、もっと遠く、およそ100億光年の距離にあるIa型超新星SN1997ffが見つかりました。今まで観測された中で最も遠いこの超新星は、逆に明るく観測されたのです。これは宇宙の膨張が昔は遅かったとすると説明ができます。つまり、宇宙膨張の速度は、100億年ほど前よりも現在の方が速まっているらしいのです。

宇宙膨張を加速させるためには何らかのエネルギーが必要です。その正体は今のところ謎につつまれており、得体の知れないエネルギーということで、ダークエネルギーと呼ばれていますが、その候補のひとつがクイントエッセンスなのです。

膨張を加速させるエッセンスならば、パンケーキの生地をふくらませる材料としてピッタリです。本日はこのクイントエッセンスを使ってパンケーキを焼いてみました。どうですか、このふっくら感。ふくらし粉とは違った、まったりとした食感を感じていただけると思います。ご希望の方にはクイントエッセンスをお分けいたしましょう。ただし使う分量にご注意下さい。多く入れすぎますと程良くふくれあがったパンケーキが重力不安定となり、銀河形成論のパンケーキ説（トップダウン・シナリオ）よろしく、パンケーキ内の密度のでこぼこが成長して小さな固まりに分裂するおそれがあります。

それでは、ああっ、クイントエッセンスがこぼれてしまっ

（2002年7月）

＊1　2002年当時の推定値。近年宇宙年齢はより精度高く推定されるようになってきており、2003年にはWMAP衛星の観測から137±2億年、さらにプランク衛星の観測も加味され、2015年には138.0±0.4億年とされています。

宇宙背景放射

いらっしゃいませ。毎度ありがとうございます。宇宙料理店へようこそ。

早生の赤いイチゴが目に鮮やかな季節になって参りましたね。フルーツの鮮やかな色彩は見ているだけでも楽しく、私たちの食欲を刺激いたしますが、なぜイチゴは赤く見えるのでしょうか？　それは、イチゴが波長の長い赤い光を反射し、ほかの光を吸収しているからです。みかんがオレンジ色に見えるのも、オレンジの光を反射しているからです。物体は、ある波長の光を選択的に反射することによって、色がついて見えるのです。

では、すべての波長の光を反射することなく吸収するとしたら、その物体は何色に見えるでしょうか。すべての色がはね返ってこないので色がない、つまり真っ黒に見えることになります。このような理想的な物体のことを「黒体」と呼びます。身近なものでは、炭が黒体に近い性質を持っています。しかし、黒体だからといって、吸収だけを続けることはできません。光を吸収することはエネルギーを吸収することですので、物体の温度がだんだんと上がっていき、その温度に見合った熱を放射することになります。黒体は吸収と放射が熱的につり合った状態の物体であり、黒体が出す放射を黒体放射と呼びます。

最初は黒く見える黒体ですが、温度が上がっていくとどうなるでしょうか。熱放射が強くなると、次第に赤く見えるようになります。さらに温度が上がると、オレンジから黄色、さらには白色から青白い色へと変化していき、まぶしくて見ていられなくなってきます。これは、黒体が特定の波長の熱や光を出すのではなく、物理法則に従ってどの波長の光もまんべんなく放射しているからです。例えば、緑色あたりを中心に波長の短い青色から、波長の長い赤色まで

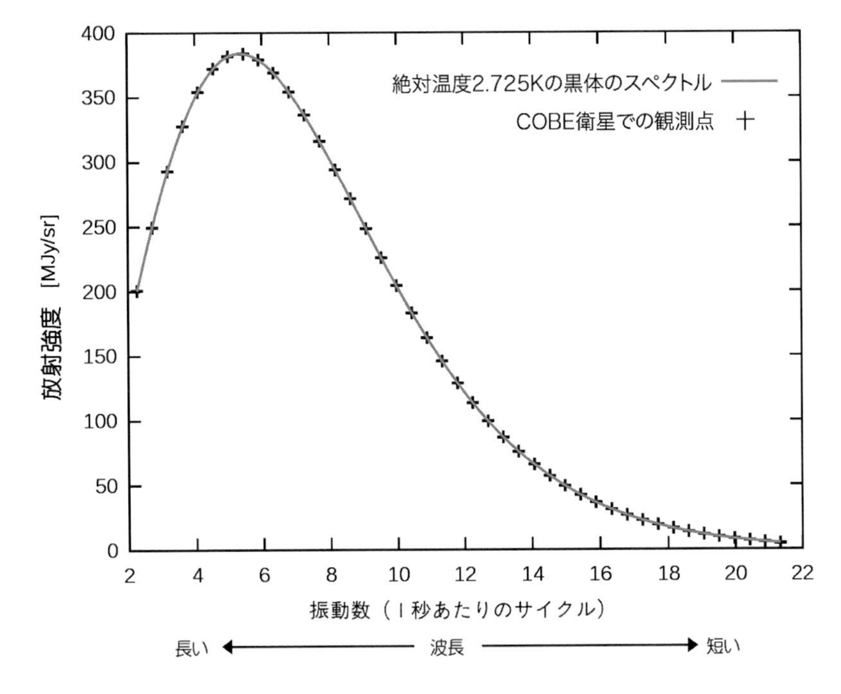

★3K 宇宙背景放射が、黒体放射であることが初めて実証された、COBE 衛星の歴史的な観測データ（1990 年）。スペクトルの理論曲線に観測データがピタリと合っている。

の光が混ざると、人間の目には白〜黄色に見えます。恒星も黒体放射と良く似た放射をしていますので、星の色からその温度を推定することができるのです。

さて、宇宙はビッグバンと呼ばれる大爆発から始まりました。宇宙の初期は温度が非常に高く、陽子や電子などが自由に動き回り、物質が混ざり合った超高温のスープのような状態でした。電子と光は絶えず衝突を繰り返していたので光は直進できず、見通しがきかなかったと同時に、吸収と放射が頻繁に行われ、熱的につり合った状態でした。すなわち宇宙全体が高温の黒体放射をしていたのです。しかし、この熱い宇宙は膨張とともに冷えていきます。ビッグバンからおよそ40万年後、宇宙の温度が３千度になると電子と陽子が結びついて、水素原子になりました。光と衝突を繰り返していた（自由に動き回る）電子がいなくなったので、急に光は直進できるようになり（宇宙の晴れ上がり）、熱的につり合った状態も解消され、３千度の黒体放射が取り残されました。この放射が、宇宙膨張とともに赤方偏移して波長が長い方へずれながら冷えていき、現在では絶対温度で約３度（記号は3K）の黒体放射として残っているのです。宇宙全体の温度ですから、宇宙のあらゆる方向からまんべんなくやってくるはずです。これが3K宇宙背景放射なのです。

1965年にペンジアスとウィルソンによってこの背景放射は発見され、1990年には宇宙背景放射探査衛星COBEによって2.725Kの黒体放射にピッタリ一致することが確認されました。そして、2003年にはマイクロ波非等方性探査衛星WMAPによって10万分の１以下のわずかな温度むらが精密に測定され、この結果により宇宙の年齢が137億年[＊1]と推定されたのです。

黒体放射に近い熱放射をする炭や石で焼いた焼きいもは、中までじんわりと熱が通り、うまみが閉じこめられて、ホクホクとした食感がたまりません。そこで当店では、コズミック社特注の黒体放射炉を使い、いもを甘くする酵素βアミラーゼの働きが活発になる80度の熱平衡状態で、産地直送のさつまいもを焼いてみました。いかがでしょうか？　違う温度での焼き上がりをお楽しみになりたい方は、この黒体放射炉を使っていただいて結構です。ただし、放射炉の温度を太陽の表面温度と同じ６千度にしますと、いもは一瞬で炭化してしまうばかりでなく大変に危険ですのでお気をつけ下さい。また、宇宙背景放射と同じ3Kにしますと、カチカチに凍ってしまいますので、くれぐれも無茶はしないで下さいね。

（2005年１月）

＊1　2003年にWMAP衛星の観測から求められた宇宙の年齢は137±2億年。その後打上げられたプランク衛星の観測も加味されて誤差も小さくなり、2015年には138.0±0.4億年と推定されています。

マルチバース

いらっしゃいませ。宇宙料理店へようこそ。この秋は新型インフルエンザが猛威を振るっており、外出を控えている方もいらっしゃるようですが、耳寄りな情報がございます。あの佐藤勝彦さんが名古屋で講演をされるのです。毎年クリスマスの頃に名古屋市科学館と名古屋大学大学院理学研究科との共催で行われる「坂田・早川記念レクチャー」。第８回の今回は、インフレーション宇宙や宇宙の多重発生（マルチバース）を提唱し、国際的にも著名な佐藤勝彦さんに来ていただけるそうです。[*1]

「インフレーション」は元々経済用語で、物価が持続的に上昇する現象、いわゆるインフレのことです。これをアメリカのアラン・グースが加速度的に膨張する宇宙モデルに「インフレーション宇宙」と名付けたことにより、広く知られるようになりました。

「宇宙は真空」と良く言われますが、真空だから何もない空っぽの空間というわけではありません。現代物理学的な見方によると、何もないはずのところに、物質と反物質のペアがポッと生まれたり、それがまた合体して消えるといった、生成と消滅を繰り返しているのです。つまり量子論に従えば、真空は確定的に「無（何もない）」なのではなく、はげしく「ゆらいでいる」状態なのです。この「ゆらぎ」によって物質と反物質が生成したり消滅したりしているのです。何もエネルギーのないところに「ゆらぎ」は存在しません。ゆらぎがあるということは、真空の宇宙に一定のエネルギーがあることを意味しています。

さて、火の玉として始まった宇宙が膨張を始めると、宇宙の温度が下がっていきます。そしてある温度を下回ったところで、宇宙が「相転移」を起こします。相転移は同じH_2Oが液体の水になったり固体の氷になったりする、アレです。

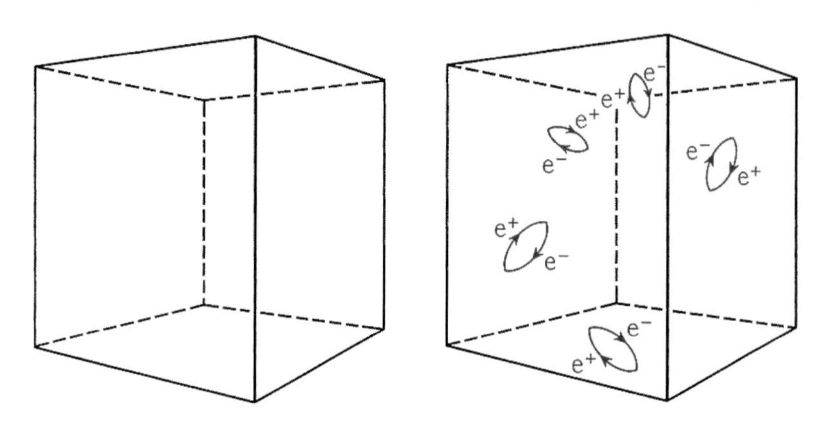

★何もない空っぽの真空のイメージ（左）と量子論の真空（右）。物質と反物質のペア（ここでは電子 e^- と陽電磁 e^+ が生成したり消滅したりしている。

温度を変えるとものの性質が突然変わったりする状態の変化ですね。水が特定の条件のもとでは、０度に下がってもすぐに氷にならない（過冷却の状態）のと同じように、宇宙も相転移が起こる臨界温度になってもすぐに相転移が起こらず、エネルギーが高い状態でしばらくガマンしたらしいのです。このガマンの期間に真空のエネルギーが支配的となって、空間を急激に押し広げました。この指数関数的な宇宙の膨張がインフレーションです。

しかし、このガマンはそう長くは続きません。ある時点になるとガマンの限界に達し、急激に相転移が起こって真空のエネルギーが急落し、本来のレベルに落ち着きます。こうして宇宙は誕生直後の 10^{-36} 秒から 10^{-34} 秒間にエネルギーの高い真空（偽の真空とも言います）から低い真空（真の真空）に相転移したのです。インフレーション時に何百桁と増大した宇宙の体積と同じように、真空のエネルギーも増大し、それは相転移の終わりとともに潜熱として宇宙空間に解放されました。このエネルギーによって、宇宙は一挙に火の玉状態に戻ります。この火の玉がビッグバン宇宙の始まりです。

このインフレーションは宇宙のあらゆるところで全く同時に起こるのではなく、デコボコに起こったと考えられています。つまり、ある領域は相転移の最中でインフレーションを起こしているのですが、その周りではすでに相転移が終わり真空のエネルギーが消えている、ということがあり得ます。するとエネ

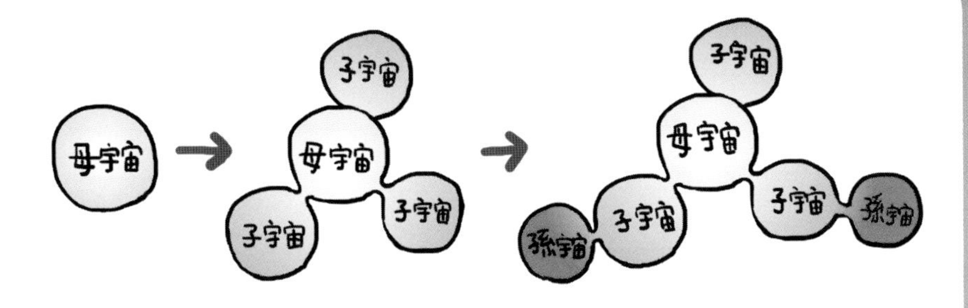

★相移転による宇宙の多重発生（マルチバース）のイメージ。

ルギーが高くインフレーションを起こしている宇宙の一部が、きのこが生まれてくるように、元の空間から別の空間としてニュッと分岐してしまうことも起こり得ます。元の空間を「母宇宙」と呼ぶならば、分岐した空間はまさに「子ども宇宙」です。ただし、両者をつなぐくびれた空間には「事象の地平線」がありますので、行き来することは出来ません。

子ども宇宙ではまだインフレーションが続いています。すると、母宇宙で起こった子ども宇宙の形成と同じことがここでも起こります。つまり子ども宇宙からたくさんの孫宇宙が作られるはずですね。さらに孫宇宙からひ孫宇宙が……というように、宇宙は無限に作られることになります。宇宙を意味するユニバースのユニは「単一」を意味しますが、こうして多種多様（マルチ）の宇宙が作られるのであれば、それは「マルチバース」と言っても良いでしょう。そのきっかけは相転移や量子論的ゆらぎなど諸説ありますが、最初に真空のエネルギーのデコボコさえできれば、マルチバースとなるのです。しかし、私たちはそれを知ることが出来ません。その中のたったひとつの宇宙に住んでいるにすぎないからです。

こんな気宇壮大なお話は、鍋でもつつきながらゆっくり語り合うに限りますね。そこで今日はきのこ鍋をご用意いたしました。マイタケやえのきたけには免疫力を高めると言われているベータグルカンが含まれており、風邪やインフルエンザの予防にも役立つと言われ、今年のこの時期にピッタリです。特に当店栽培のえのきたけは品種改良を重ねまして、元から束になって出るのではなく、あちらこちらに３段～４段構造で伸びております「マルチえのき」でございます。お好みにより、「マルチしめじ」や「マルチなめこ」も一緒にお鍋に入れていただくと、見かけも味もより多種多様な「マルチナーベ」としてお楽しみいただけます。

（2009年11月）

＊１　第８回坂田・早川記念レクチャーは2009年12月26日、明星大学・東京大学国際高等研究所カブリ数物連携宇宙研究機構教授（当時）の佐藤勝彦氏を迎え、「宇宙の創生とマルチバース」と題して行われました。

原始重力波

いらっしゃいませ。宇宙料理店へようこそ。

私、シェフのDr.Nodaでございます。宇宙の話の中には赤方偏移やブラックホールといった耳慣れない言葉や、不思議な現象が出てくることがあります。宇宙をおいしく味わっていただくために、そんな素材を口当たり良くご紹介するのが当店のモットーでございます。とは言うものの、最近は手強い素材が多いです。2014年３月17日のビッグニュースもそうでした。[*1]

「宇宙誕生の重力波を初観測」「宇宙誕生直後のインフレーション的宇宙膨張の決定的証拠を発見」「ノーベル賞級の成果」などの言葉が飛び交いましたよね。おっ！　と思って本文を読んでも、分かったような分からないような……。これは、ヒッグス粒子発見の時などにも感じたのですが、ひとつの発見でひとつの現象が解明されるという、単純な構図ではなくなってきたからなのでしょうね。精密で分かりにくい観測結果から何段階も理論を積み上げて、ようやくコトの本質が見えてくるわけですから、なかなか一筋縄ではいきません。しかし、ひとたび理解が進むと、その着眼点の鋭さや十年単位の手間ヒマかけた辛抱強い実験や観測に、「世の中にはすごい事を考える人がいるのだな」と、感心させられます。

重力波は、質量を持った物体が運動する際の空間のゆがみの伝搬です。例えば、私の体重（質量）で私のまわりの空間はゆがみます（ごくごくわずかですが）。ここで私が飛び跳ねれば、その空間のゆがみが変化して周りに波のように伝わっていきます。これが重力波です。もちろん私の体重で作れる重力波は小さすぎますし、普通の星でも現在の技術で観測できるほど大きくはありません。重

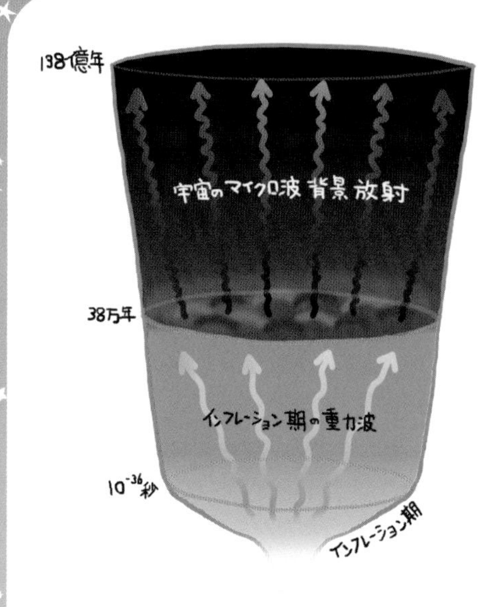

★原始重力波はインフレーションの期間に生成され、38万年後の「晴れ上がり」前のプラズマ中をこだまし、宇宙背景放射をわずかながら歪めることになる。

力が格段に強い中性子星やブラックホールの合体といった、特異な天文現象での重力波の直接観測計画が進行中です[*2]。

その重力波は宇宙誕生直後にも発生していたと考えられています。極微の宇宙が出来るやいなや10^{-36}秒というわずかな時間に、何十桁も膨張したというのが宇宙のインフレーション理論です。量子論で考えるような極微の世界の真空では、仮想的な粒子・反粒子対の自発的な生成消滅が絶えず繰り返されています。これが真空のゆらぎでしたね。このゆらぎにちなんだ「きのこ鍋」をご賞味いただきました(2009年151号参照)。重力波の量子論的粒子が重力子ですが、これも生成消滅を繰り返しており、たまたまインフレーションの瞬間に生成された重力子対は消滅する前に引き離されてしまいます。さらにインフレーションの急激な膨張により、重力子の波長は長大な長さに引き伸ばされていくのです。こうしてインフレーション後の宇宙には、波長が1cmから何10億光年までの波（原始重力波）が残されることになるのです。この超長波長の重力波は、その後の宇宙では作り得ないレベルのものですから、もし見つかれば取りも直さずインフレーションの強い証拠となるわけです。

しかし、超長波長の重力波の直接測定は原理的に大変難しいものです。重力波の直接観測は、空中につるした物体までの距離をレーザー光などを用いて精密に測定しておき、重力波が通り過ぎた際の空間の伸び縮みを、距離の変化としてつかまえます。ある波長の重力波を観測するためには、波長と同程度以上の距離が必要なので、超長波長の重力波の場合は、億光年単位の距離が必要になってしまうのです。

そこで、あの「宇宙背景放射」を利用します。インフレーション後の宇宙は高温のため、陽子と電子がバラバラの状態（プラズマ状態）で飛び回っていましたが、温度が下がった38万年後には、電子が陽子に捕まって「晴れ上がり」が起こりました。この時の放射が宇宙背景放射です。インフレーションで生み出された超長波長の重力波は、インフレーション後の高温のプラズマに満たされた空間を伸び縮みさせたはずです。その影響がプラズマの分布に、ひいては背景放射に刻み込まれているはずなのです。この理論で予想されたツメ跡が、「偏光」の独特のパターンとして実際に見つかったらしいのです。それはどのような観測かと申しますと……。

おっと、ついおしゃべりが過ぎました、すみません。もうお食事はお済みですね。続きはまたご来店いただいた時にいたしましょうか。

本日はデザートとして、わらび餅をご用意いたしました。わらび粉やくず粉のデンプンのみならず、こんにゃく芋に含まれるグルコマンナンを特別に加え、あり得ないぐらいプリプリの弾力になっております。それを一口サイズより、ふた回りほど大きな球体に仕上げてみました。お手元の竹串で上から押さえてみてください。縦がつぶれて横に広がりますよね。手をはなすと、反動で縦に伸びて横に狭まり、次の瞬間にはまた横にひしゃげます。このわらび餅を空間だと思っていただくと、こうしたゆがみが重力波として伝わることになるのです。そして、竹串の先で突いていただくと空間が一点だけ潰れていきますね……ブラックホールの誕生です！　と、楽しみ方いろいろですが、大変噛み切りにくいのが玉にキズです。喉に詰まらせないよう十分ご注意下さい。

（2014年５月）

＊１　例えば、「https://www.natureasia.com/ja-jp/ndigest/v11/n5/宇宙急速膨張の証拠、検出される/53088」を参照して下さい。

＊２　直接観測計画の一つである米国のレーザー干渉計重力波検出装置LIGO（Laser Interferometer Gravitational-Wave Observatory）で、2015年９月14日に太陽質量の約36倍と29倍のブラックホール同士の合体による重力波が初めて直接検出されました。P81もご参照下さい。

重力波の偏光

いらっしゃいませ。宇宙料理店へようこそ。

先回は重力波による偏光に話がおよんだところで、時間がなくなってしまいましたね。早く続きがお話したくて、ずっとご来店をお待ちしていました。さ、さ、まずはこの食前酒をお飲みいただいて、おくつろぎ下さい。当店からのサービスでございます。

まずは偏光とは何か、から始めてよろしいですか？

光（電磁波）は真空中を伝わる横波で、その振動方向は進行方向に直角です。普通の状態の光は、その個々の光が集まっている集合体で、振動は進行方向直角のあらゆる向きに無秩序に向いていますから、トータルで無偏光になります。この光を偏光フィルターや偏光グラスに通すと、特定の方向に振動する光だけが透過します。偏光とはこのような波の振動方向が一方向に偏った（定まった）光です。

さて、宇宙背景放射は宇宙の晴れ上がり直前、自由に動きまわる電子によって散乱された光が赤方偏移したものを今、私たちが見ています。まずは電子1個が起こす光の散乱を考えましょう。（カラー口絵12をご参照下さい。）原点にある電子を考え、その上下左右から光がやってくるとどうなるでしょうか。例えば上からやってくる光（カラー口絵12では緑色で表しています）は、x軸方向とz軸方向（進行方向と直角方向）に振動しているとします。光が電子に当たると、電子が光の振動方向に揺さぶられて、電子から光が放射されます。これが散乱です。この時、私達がz方向から観測しているとしますと、この方向に進む光は、進行方向（z方向）には振動できませんし、もともとの電子はy方向

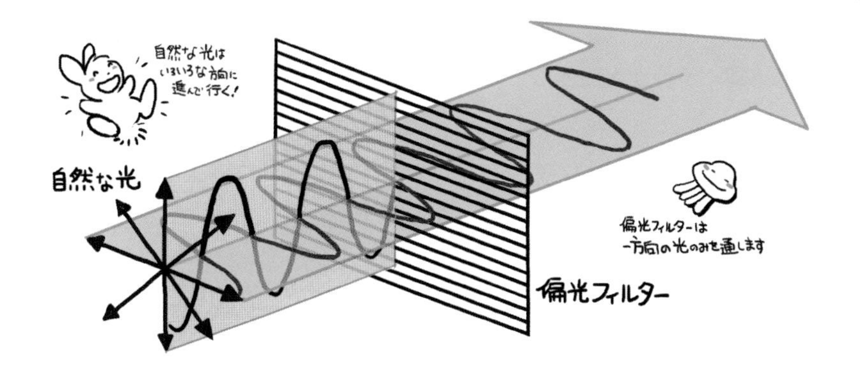

★自然な光は様々な振動方向を持つ光の集まりだが、偏光フィルターを通すと偏光した光になる。

に揺さぶられていないのでy方向の振動成分もありません。よって、x方向だけに振動する波になります。つまり、y方向に進む偏りのない光が、電子の散乱によってz方向に進む際に、x方向の偏光が生じたことになります（カラー口絵12でz軸上矢印の方向に進む光の黄と緑成分がx方向しかないことに対応しています）。同様にx方向からの光（カラー口絵12の赤と青で表された光）は電子に散乱されると、y方向に偏光します（z軸上矢印の方向に進む光の赤と青成分はy方向のみです）。ただし、上下左右からやってくる光の強さが同じであれば、z方向に出ていく光の波の振動はどの方向も同じ強さになるので、結果的には偏光のない光になります。

では、注目している電子の左右（x方向）が高温、上下（y方向）が低温であるようなペアの温度ゆらぎがある場合はどうでしょうか。高温部からの光の方が低温部より強いので、私たちの方にやって来る散乱光は上下方向に偏った偏光になるはずです。そこで、重力波です。先回お話ししましたように、重力波によって空間は伸び縮みします。（カラー口絵13をご参照下さい。）この空間の伸び縮みの様子を楕円の変化で表しますとカラー口絵13のようになり、楕円が引き伸ばされる方向が低温（青色）、押し縮められる方向が高温（赤色）と、ペアの温度ゆらぎを作ります。従って、重力波が存在すれば、左右が高温の瞬間には上下方向、上下が高温の瞬間は左右方向の偏光になり、重力波の進行に従ってこれが繰り返されるのです。

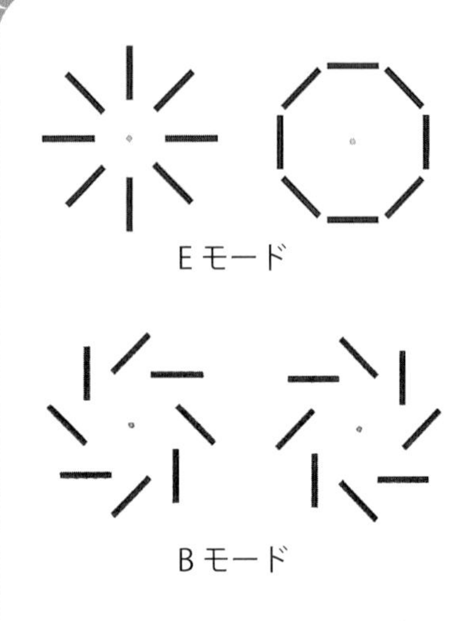

これは一方向に進む重力波による温度ゆらぎの偏光パターンですが、重力波は天球面上のあらゆる方向に伝わっています。よって、私たちの真正面を中心に放射状に考えると、偏光の向きを表す棒線が放射状に並ぶパターンと、リング上に並ぶパターン（各棒線を90度回したもの）が交互に繰り返されることになります。これはEモード偏光と呼ばれ、元々の上下左右方向の重力波の伸び縮みパターンを＋モードと呼んでいます。

しかし、あらゆる方向の空間の伸び縮みを考えるためには、45度傾いたXモードも考えねばなりません。（＋モードとXモードの組み合わせで全方位の偏光を表すことが出来ます。）この場合は温度ゆらぎの模様が45度傾いたものになり、偏光パターンも45度傾き、偏光の向きを表す棒線はEモードのものを各々 45度傾けたものになります。すると、右回りか左回りの渦模様になりますね。この渦巻き型のBモード偏光こそが「原始重力波が宇宙背景放射に残した特徴的なしるし」なのです。

実際には、色々なスケールの偏光が重なりあっていたり、重力波以外にも偏光を起こす要因があったりして、ひと目ですぐ分かるようなものではありません。慎重に様々な要因を差し引いた結果として上図のような渦巻きパターンが2014年３月に発表されました。しかし、手前の銀河の重力レンズ効果とか、もっと近くの天の川銀河内の向きがそろったチリの影響でBモード偏光が現れる可能性も指摘されています。正しい手続きを踏めば、誰がやっても同じ結果が得られるのが科学です。別のグループが独立な方法で観測しても同じ結果が得られるか否か、多くの研究者が納得できる原始重力波の証拠の発見には、もう少し時間がかかりそうです[*1]。

話ばかりで、料理の方が……とご心配ですよね。大丈夫です。こんな事もあろうかと、シンプルなお吸い物をご用意いたしました。「ふき」と「なると」

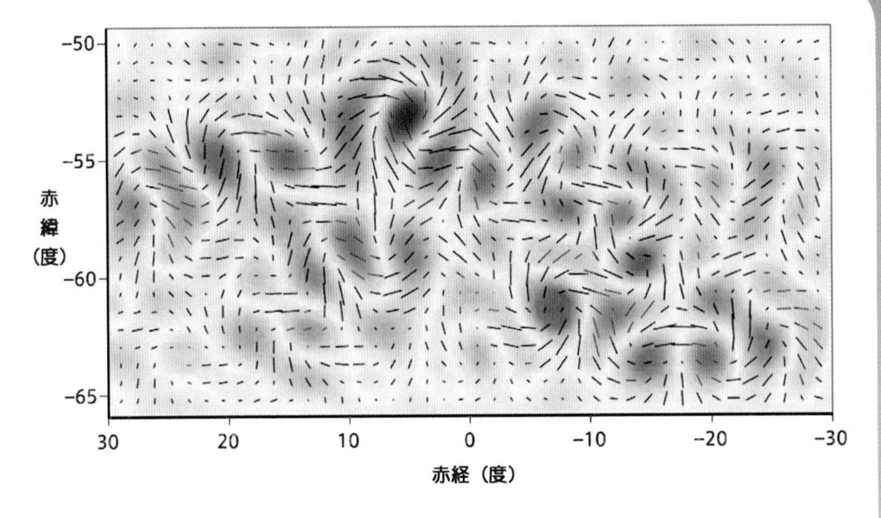

★ハーバード・スミソニアン天体物理学センターなどによるBICEP2プロジェクトが発表した宇宙背景放射のBモード偏光の様子。線の方向と長さが偏光方向と強さを表し、右回りを赤、左回りを黒で色付けしている。（BICEP2 COLLABORATION）

のお吸い物です。円を描くようにうまくかき混ぜて頂くとふきが回転方向に並び、特製なるとに描いてあるようなBモードを呈します。きれいに円を描きすぎるとEモードになってしまいますし、円が描けないとランダムな向きになってしまいます。Bモードを作る（見つける）ことがいかに大変なことであるか、自らの手でお試し下さい。ただ、あまり何度もチャレンジしますとお吸い物が冷えてしまいますので、お早めにお召し上がり下さい。私の長い話で既にぬるくなっております……

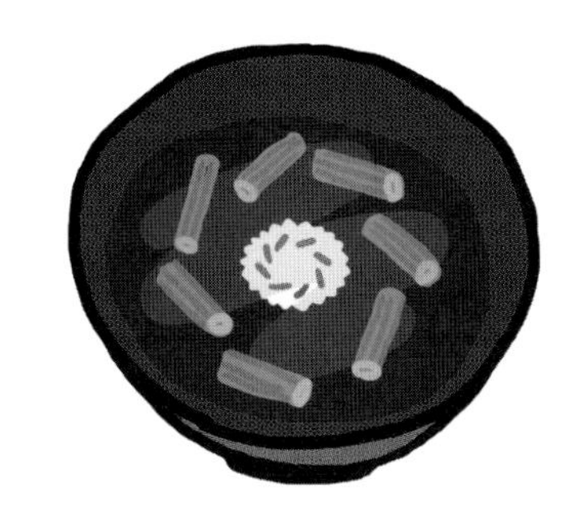

（2014年7月）

＊1　残念ながら、その後のプランク衛星の観測チームとの共同解析で、観測されたBモードは銀河内のチリによるノイズであった可能性が高いと、2015年2月に発表されました。

★参考文献

『基礎からわかる天文学』（半田利弘著　誠文堂新光社）
『最新天文百科』（有本信雄監訳　丸善株式会社）
『ニュートリノで探る宇宙と素粒子』（梶田隆章著　平凡社）
『相対論の正しい間違え方』（松田卓也・木下篤哉著　丸善出版）
『宇宙論入門』（佐藤勝彦著　岩波新書）
『星が「死ぬ」とはどういうことか』（田中雅臣著　ベレ出版）
『科学者はなぜ神を信じるのか』（三田一郎著　講談社ブルーバックス）
『新しい１キログラムの測り方』（臼田孝著　講談社ブルーバックス）
別冊日経サイエンス 136「宇宙論の新次元」日経サイエンス社
別冊日経サイエンス 156「宇宙創世記」日経サイエンス社

★著者略歴

野田　学（のだ　まなぶ）

1962年、愛知県名古屋市生まれ。名古屋市科学館・主幹（天文）。京都大学理学部物理学科卒、名古屋大学大学院修了、博士（理学）。名古屋市工業研究所に４年間勤務した後、1997年から名古屋市科学館の学芸員となり、2005年より天文係長、2015年より現職。大学院生、研究生時代はロケットや衛星に載せる赤外線観測装置の開発や、それを使った宇宙の過去を探る研究を手がけ、現在は天文学や天文教育のみならず科学リテラシーの普及にたずさわっている。

著書
『やりなおし高校の物理』（ナツメ社）
『理系のためのはじめて学ぶ物理（力学）』（ナツメ社）
など。

Dr.Nodaの **宇宙料理店**

2021年８月５日　第１版第１刷発行

著　　者………野田　　学
発 行 者………麻畑　　仁
発 行 所………㈲プレアデス出版
〒399-8301　長野県安曇野市穂高有明7345-187
電話 0263-31-5023　FAX 0263-31-5024
http://www.pleiades-publishing.co.jp
イラスト・装画…長岡　理恵
組版・装丁 ……松岡　　徹
印 刷 所………亜細亜印刷株式会社
製 本 所………株式会社渋谷文泉閣

落丁・乱丁本はお取り替えいたします。
定価はカバーに表示してあります。
ISBN978-4-910612-00-3　C1044
Printed in Japan